空 间 链 接

——复合型的城市公共空间与城市交通

The Link of Space：Compound Urban Public Space and Urban Transportation

钱才云 周扬 著

中国建筑工业出版社

图书在版编目(CIP)数据

空间链接——复合型的城市公共空间与城市交通/钱才云，周扬著．—北京：中国建筑工业出版社，2010

ISBN 978-7-112-11867-0

Ⅰ．空…　Ⅱ．①钱…②周…　Ⅲ．①城市空间—空间规划—研究—中国②城市规划：交通规划—研究—中国　Ⅳ．TU984.2　TU984.191

中国版本图书馆 CIP 数据核字(2010)第 035395 号

空　间　链　接

——复合型的城市公共空间与城市交通

The Link of Space：Compound Urban Public Space and Urban Transportation

钱才云　周扬　著

*

中国建筑工业出版社出版、发行(北京西郊百万庄)

各地新华书店、建筑书店经销

北京天成排版公司制版

北京世界知识印刷厂印刷

*

开本：787×1092 毫米　1/16　印张：15　字数：375 千字

2010 年 8 月第一版　　2010 年 8 月第一次印刷

定价：**42.00** 元

ISBN 978-7-112-11867-0

(19117)

随着城市化的不断加速，城市土地资源日益紧缺，同时城市空间与城市交通发展的矛盾和问题更是层出不穷，因而城市土地集约利用的理念在全球得以倡导，人们也更日益关注城市空间的紧凑、集约与高效发展和城市交通的高可达性与舒适性，二者互为关联。

本书结合国内外案例对复合型的城市公共空间内涵进行解析，并在此基础上，对其系统层次及主要内容范围展开阐述，总结归纳其主要特征，同时分析了我国发展复合型的城市公共空间的必要性和必然性。

为了探求复合型的城市公共空间与城市交通相互发展的内在关联与规律性，本书对城市交通的发展进行了一定程度的理论探究并且深入剖析两者在一体化过程中相互作用的关键性要素。在上述研究的基础上，依据我国城市发展情况，本书从总体策划、动态规划以及建构大公共交通系统三个方面总结归纳了复合型的城市公共空间与城市交通一体化的规划策略，并对设计方法进行了分类研究。

为保障复合型的城市公共空间与城市交通一体化的顺利建设与发展，本书从法规制度、联合开发、设计交流以及管理技术四个方面对其内在运行机制展开深入研究。

* * *

责任编辑：姚荣华　张文胜
责任设计：赵明霞
责任校对：赵　颖

前　言

纵观当前世界城市发展状况，城市空间发展与城市交通的相互关联与渗透日益紧密。加强城市设计理论中城市公共空间与城市交通的研究对于当前城市空间与主要交通问题的解决甚为必要。目前城市设计理论中还需关注对城市空间的主要组织脉络——城市公共空间与城市交通的关联研究，而且当前城市交通的发展也处于一个艰难的境地，如何突破现状走出困境已是城市公共交通发展亟待解决的大问题。值得注意的是，城市交通的发展对城市公共空间系统的建立和完善也有着很大影响。

对于当今的城市发展，我们应当注重城市空间发展的土地集约利用观念，以城市发展战略的“区域视野”来对城市发展模式进行“理性预期”，并通过行之有效的城市规划与城市设计策略来加强城市可持续发展和解决城市交通问题的综合能力。对于中国，土地资源和许多能源比一些西方国家更为紧缺已是不争的事实，加强土地的集约利用必将是我国城市空间发展的一个基本原则。

在知识经济时代，我们大力提倡土地集约利用的同时，城市功能的变迁使传统的城市功能正发生着深刻的转型，城市功能的变迁必然将通过城市土地使用方式发生作用，引起城市空间结构的变化。笔者通过对诸多国内外城市的多次考察与比较分析，发现我国许多城市与国外一些城市都已在不同程度上关注未来城市空间结构与城市交通的发展方向，并针对现存和将来可能出现的城市问题展开对策研究。

在高速城市化背景下，面对层出不穷的各类城市问题，需要在认清我国城市集约化发展要求的前提下，分析未来综合密集型城市中城市公共空间的“转型问题”，深入探究城市公共空间组织结构与城市交通发展的密切联系。面对我国城市空间发展中城市公共空间环境的现状和存在的诸多问题，我国城市正处于逐步从传统型朝向综合密集型城市发展的过程中，人们生活与交往的纽带——城市公共空间也必将发生革命性的变化。在综合密集型城市中，为了实现人性化理念和城市空间综合开发与土地集约利用等方面的有机结合，同时强调体现建筑功能群组与城市空间组织的三维性和四维性，需要采取以城市公共空间、建筑公共空间以及城市主要交通要素等相结合的有机组合体来联系开放的建筑功能单元，在城市交通规划的共同作用下加强建筑群组与城市功能的一体化。在城市空间的组织构成中更多地关注和尊重生态环境、历史文化，满足人们工作、社会生活、游憩等多方面的要求。城市功能的变迁也要求城市公共空间在城市职能的发挥上有新的突破。

城市交通技术的快速发展、城市交通枢纽站点功能的复合化和城市交通系统的建立与完善，为城市公共空间突破传统职能模式的局限提供了技术支持与发展条件，从而促进了传统型城市公共空间向功能复合化的复合型城市公共空间的转型。本书主要以对未来综合密集型城市中复合型的城市公共空间与城市交通的关联研究为契机，发展城市设计的理论和方法，希望能为指引城市建设起到抛砖引玉的作用。

本书主要从城市设计整体层面出发，以综合密集型城市中公共空间与城市交通相关联的要素层面为研究切入点，来对复合型的城市公共空间与城市交通一体化发展进行研究。主要研究内容包含三个部分：第一部分主要解析复合型的城市公共空间内涵并指出其发展的必要性与必然性；第二部分对城市交通的发展进行研究，并从复合型的城市公共空间与城市交通两者的联系要素方面探究其内在关联性与规律性；第三部分主要在上述研究基础上，对复合型的城市公共空间与城市交通一体化的规划策略与设计方法进行归纳总结，并对其内在运行机制作了研究。

钱才云　周扬

2010 年 3 月于南京工业大学

目　录

导　论

在当今的城市发展状况下，若想立足当今、面向未来，则对城市交通的关联研究必将成为城市空间发展研究的一个重要组成部分，城市空间与城市交通“并案研究”的时代已经到来。

0.1　问题的提出

目前的城市设计理论中对未来城市发展方面的前瞻性理论研究偏少，对城市空间的主要组织脉络——城市公共空间与城市交通的研究也需加强。与此同时，当前城市交通的发展也处在一个艰难的境地，如何突破现状走出困境已是目前城市公共交通发展亟待解决的大问题(见图 0-1)。值得注意的是，城市交通的发展对城市公共空间系统的建立和完善有着很大的影响。

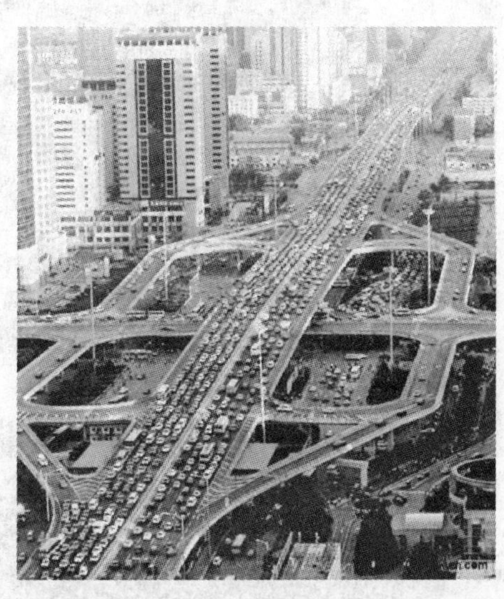

图 0-1　拿什么拯救你，城市的交通

奥地利的斯普林格出版社 2007 年出版了一本新书，书名是《期望的概念——城市对自己的未来应当知道些什么》，书中认为：一个城市的规划不可能也不应当做出十分硬性和统一的规定，即在动态化和个性化日益彰显的时代中，它只能提供一个基本的框架(包括多个层次的“平台”)，让个人在各自选择的平台中体现自己的个性和整体的多样性❶。这对于我们在这个动态发展的时代确立如何解决城市公共空间与城市交通相关问题的思路又有何启发呢?

处在高速城市化的今天，面对各类城市问题层出不穷的现状，首先需要在认清我国当代城市在集约化发展要求的前提下，分析未来综合密集型城市中城市公共空间的“转型”问题，然后深入探究城市公共空间的组织结构与城市交通发展的密切联系。以对未来综合密集型城市中复合型的城市公共空间与城市交通展开关联研究为契机，来充实和发展城市设计理论和方法，更重要的是，

❶ 张钦楠．城市应当如何发展［J］．读者，2007(12)：3～10

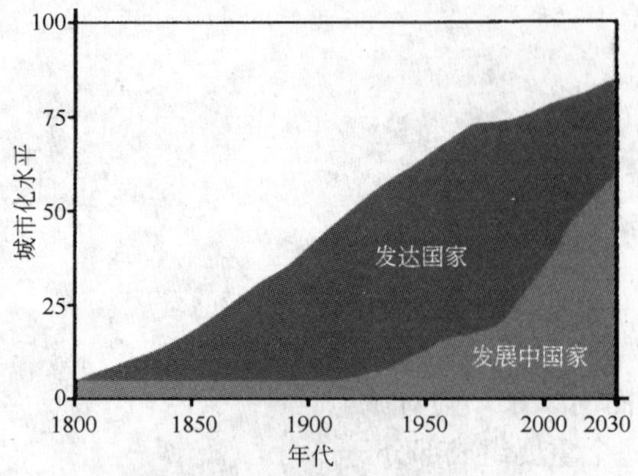

图 0-2 发达国家与发展中国家城市化发展水平比照

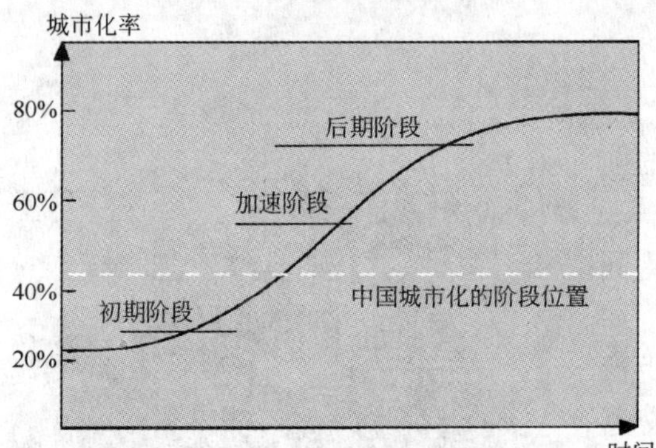

图 0-3 城市化率和社会经济发展水平之间所具有的关系

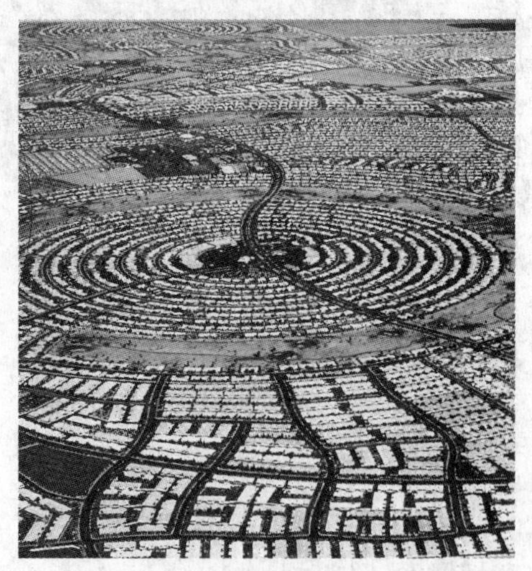
图 0-4 无目的的城市蔓延

以期逐步解决目前与将来城市发展中所可能出现的各种问题，并希望能为指引未来的城市规划和建设起到抛砖引玉的作用。

0.1.1 当代我国城市在集约化发展要求下朝综合密集型城市演进的趋势

正如诺贝尔奖得主、经济学家斯蒂格利茨(Joseph. Stiglits)所提出的那样，中国的城市化和美国的高科技是21世纪世界的两件大事。目前我国共设660个城市，2万多个建制镇，城镇化率(同城市化率)为45%，大体上每年增长一个百分点，预计2020年将达到50%～55%，至2050年可能达到60%～70%(见图0-2)❶。城市化是人们的生产方式、生活方式、交换方式转化升级过程中经济、政治、文化等社会活动向特定空间集聚的过程，它主要表现为人口空间布局结构的改变，即城市人口密度的增大，以及国民经济发展载体的空间转移。美国城市地理学家雷·诺桑姆(Ray M. Northam)用S形变动轨迹曲线来表明城市化率和社会经济发展水平之间所具有的关系以及我国目前的城市化水平如图0-3所示，城市化经历了发生、发展、成熟三个阶段，而我国已经开始进入城市化的加速发展阶段。

在世界性的快速城市化进程中，许多国家城市周围的农田都将不断转化为城市区域以满足城市扩张的需要(见图0-4)。“而与此同时，中国不仅是一个农业土地紧缺的国家(见表0-1)，还是一个能源短缺性的国家，面对严峻的土地资源和能源挑战，作为土地使用和能源消耗的中心——城市，其发展的模式也将面临很大的改变。……提高城市资源的开发效益，引导城市合理地向集约化的用地模式发展，将是城市政府面临的一项艰

❶ 周干峙. 春日保健争丰收——在2005城市规划年会上的讲话［J］. 城市规划，2005(11)：14

中国在世界大国中的地位 **表 0-1**

项目	俄罗斯	加拿大	中国	美国	巴西	澳大利亚	注释
人口密度(人/km^2)	8.6	3.2	131	27.5	19.1	2.4	中国居第一，是大国中密度最小者的54.6倍
"成熟土地"面积占国土面积的比例(%)	12	8	27	45	28	60	中国居中
人均"成熟土地面积"(hm^2)	1.39	2.5	0.21	1.64	1.47	25	中国居最末

注：国土面积大于700万km^2者为本表所列大国；"成熟土地"指具备生产能力的土地。

巨的任务"❶。西方国家提出的新城市主义、精明增长和紧凑城市都是在可持续发展背景下，探讨高密度的开发、混合使用的土地利用模式，旨在减少对能源和资源的消耗和浪费，达到保护生态，创造适宜人居环境的目的。

对于中国，土地资源和许多能源较一些西方国家更为紧缺已是不争的事实，加强土地的集约利用必将是城市空间发展的一个基本原则。对于城乡界限不甚明显的苏南城镇，正以实际行动贯彻着集约用地的思路。"家家有轿车，户户住别墅"曾经是江苏华西村农民的骄傲。然而，如今的华西村决定不再新建别墅式住宅，取而代之的则是兴建高层农民公寓。正在兴建的328m"集约式高层农民公寓"就是"华西村向天空要土地"的重要举措之一(见图0-5)❷。该建筑投资10亿元，总建筑面积20万m^2，74层(包括地下两层)。该建筑公共功能完善健全：一至四层为裙房，功能为入口大堂、商场和可容纳1500人的大宴会厅及辅助用房；五层以上为可供770余户村民居住的公寓，共3幢塔楼，可节约土地近30万m^2；其中共设有5层公共活动空中花园，顶部球体功能为旋转餐厅、展示厅及观光厅。其可谓真正贯彻了"集约用地"的新思路。

图0-5 江苏华西村兴建328m高层农民公寓

知识经济时代，在大力提倡土地集约利用的同时，

❶ 李翅. 土地集约利用的城市空间发展模式［J］. 城市规划学刊，2006(1)：49～55

❷ http://pop.pcpop.com/zpt/default.html? MainUrl 2008-01-25

相关背景简述：无锡人均耕地仅0.55亩，在江苏13个地级市中最少。高水平的节约、集约是拓展发展空间的唯一选择。建设高容积率、低密度的农民公寓，是无锡节约、集约用地的创新举措。无锡市国土部门提供的最新数据显示，到目前为止，全市累计建设多层、中高层和高层农民拆迁安置房超过3500万m^2，节约土地超过10万亩，在全国领先。随着节约、集约用地的不断深入，无锡出台了"城乡企业建设用地坚持高容积率、高密度，城乡住宅用地坚持高容积率、低密度，城乡所有建设用地坚持高投入、高产出、少用地、多产出"的用地原则，并采用倒逼、激励、问责三大机制强化用地管理。

城市功能的变迁使传统的城市功能正发生着深刻的转型，城市功能的变迁必然通过城市土地使用方式发生作用，引起城市空间结构的变化。“……建筑与城市相互交织联合，城市环境正朝向系统化、立体化和宜人化方向迅速演进，形成了未来城市空间结构的发展趋势”❶。譬如，早在1990年的浦东开放和开发就已标志着上海城市空间进入后现代化和再城市化阶段的开始，上海正在建设一种理想化的密集型城市。郑时龄院士认为，这是一种理想化的综合功能城市，一种有完善的公共交通及市政基础设施的城市，一种高效率的城市，生态适宜的城市，美观的城市，一种富于创造精神的城市，一种在它的市民中相互之间有着密切的邻里关系、易于交往的城市，一种居民和建筑相对密集又适宜居住的城市，一种多中心的网络城市，一种多重活动、多重功能叠合与包容的城市❷。笔者通过对香港、深圳、北京、上海、南京等国内城市与东京、大阪、京都、横滨、柏林等诸多国外城市的多次考察与比较分析，发现我国许多城市与国外一些城市都已在不同程度上关注未来城市空间结构与城市交通的发展方向，并针对现存和将来可能出现的城市问题展开对策研究。

之前，许多城市扩张的目的在很大程度上是为了满足广大农民从农村向城市的流动，以及城市之间的人口梯级转移，同时为他们提供居住、工作和生活的基础设施与环境。为防止城市的无限和无序扩张，我国许多专家已展开了广泛研究。

进入21世纪以来，我国处于高速城市化的增长期，伴随着城市行政区划的调整，给城市空间的拓展和城市功能的完善提供了许多机遇，同时也面临着经济全球化、城乡一体化和交通机动化的挑战。城市在扩大规模的过程中，已经注意到摊大饼模式的诸多弊端，城市发展方向正在寻求有利于经济增长、产业布局、居住环境和生态保护的区位集聚与扩散，以进一步提高城市综合竞争力和区域影响力，而构建一个强大的交通运输网络是实现这种目标的重要保障，同时，在城市发展中城市空间和城市交通的相互联系日趋紧密。

由此可见，对于当今城市的发展，应该加强城市空间发展的土地集约利用观念，以城市发展战略的“区域视野”来对城市发展模式作出“理性预期”，通过行之有效的城市规划与城市设计策略来增强城市的可持续发展和解决城市交通问题的能力。因此，以提倡功能综合化和交通便捷高效化为主要特征的综合密集型城市的产生和发展必将成为我国城市发展进程中一个不可逾越的阶段。

---

❶ 韩冬青，冯金龙编著. 城市·建筑一体化设计［M］. 南京：东南大学出版社，1999

❷ 王伟强著. 和谐城市的塑造——关于城市空间形态演变的政治经济学实证分析［M］. 北京：中国建筑工业出版社，2005

0.1.2 综合密集型城市中公共空间的转型以及与城市交通的关联

当今，随着全球经济一体化浪潮的到来，由于产业结构的调整，城市经济环境发生了极大的变化，很大程度上促进了城市公共空间的建设和改造，并且成为城市空间环境发展的先决条件。改革开放以后，中国经济步入转型期，到20世纪90年代，中国经济成功实现了软着陆。而我国经济转型以来的城市建设和发展，对城市生态环境、经济环境、社会和物质空间环境都产生了很多影响，正如多数人所认为的“目前的中国成为一个大工地”。而且由于城市的过快和超量发展，使得公共空间环境在发展过程中出现了许多问题，譬如自然生态系统的平衡遭到破坏，水域、空气环境污染日趋严重，城市资源被过度开发，尤其是土地资源被滥用，城市绿地面积锐减，许多城市的历史文脉在城市的一些不当开发中被无情割断，社区结构和邻里关系重组，同时城市交通拥堵问题突出，社会问题增加……，这些问题都亟需我们进行研究和解决。

在快速城市化的今天，面对上述我国城市空间发展中城市公共空间环境的现状和存在的诸多问题，当代我国城市处于逐步从传统型朝向综合密集型发展的过程中，人们生活与交往的纽带——城市公共空间也必将发生革命性的变化。一般而言，在城市的典型传统模式中，城市中建筑功能群组的组织是以单元建筑的功能为基本单元，在二维平面上用街道和广场等交通性要素作为纽带把这些多数处于封闭自足状态下的建筑功能单元联结起来。但是在综合密集型城市中，为了实现人性化理念和城市空间综合开发与土地集约利用等方面的有机结合，同时强调体现建筑功能群组与城市空间组织的三维性和四维性，所以采取以城市公共空间、建筑公共空间以及城市主要交通要素等相结合的有机组合体来联系开放的建筑功能单元，在城市交通规划的共同作用下加强建筑群组与城市功能的一体化(见图0-6)。在城市空间的组织构成中，更多地关注和尊重生态环境、历史文化，满足人们工作、社会生活、游憩等多方面的要求。城市功能的变迁也要求城市公共空间在城市功能的发挥上有新的突破，同时更为关键的是，城市交通技术的迅速发展、城市交通枢纽站点功能的复合化和城市交通系统的建立与完善，为城市公共空间突破传统职能模式的局限提供了技术支持和发展条件，从而实现从传统型的

图0-6 香港花旗银行大厦底部公共空间与城市步行系统的一体化衔接

城市公共空间向功能综合化的复合型的城市公共空间的转型。

0.1.3　复合型的城市公共空间与城市交通关联研究的提出

由以上相关论述可知，复合型的城市公共空间在当代城市中已初显端倪，它的产生与发展既是满足城市集约化发展要求又是顺应城市发展规律的必然结果。复合型的城市公共空间将是未来综合密集型城市中联系城市、建筑、交通和生活主体——“人”的纽带，也是整个城市活力得以充分发挥的大动脉。同时，无论是作为“点状形态”的公共空间节点或城市交通枢纽站点，还是作为“线状形态”的立体化城市商业、休闲、步行(人车分离)街道等都往往既是复合型的城市公共空间的关键性组成要素，又对综合密集型城市的空间结构发展起着重要引导和制约作用。因此，为了对未来城市空间的发展有进一步了解和有利于展开更深入的研究，本书选择了复合型的城市公共空间与城市交通作为关联研究对象，以此作为对未来城市设计理论进行研究的一个契机。

此外，有一点需要指出的是，在复合型的城市公共空间与城市交通一体化过程中，虽然在城市层面上，城市交通结构与复合型的城市公共空间结构在城市土地利用上相互影响与作用，但由于城市交通系统通常以城市交通枢纽换乘中心、城市交通站点以及城市建筑综合体交通组织空间等为主要衔接手段或媒介来与复合型的城市公共空间系统相互发生具体、活生生的作用。因此，笔者在复合型的城市公共空间与城市交通一体化的研究过程中，多会选用此类具体案例作为分析的切入点进行相关剖析，从而进一步展开更深层次的研究。

0.2　本书研究的目的和意义

复合型的城市公共空间与城市交通关联研究的目的：

一是通过历时性比较研究和跨学科综合性研究，来解析城市土地集约利用、城市功能、城市交通与复合型的城市公共空间形成与发展的关联性和相互依存关系，指出复合型的城市公共空间与城市交通一体化发展的必要性和必然性；

二是探求复合型的城市公共空间与城市交通一体化的规划设计策略；

三是对复合型的城市公共空间与城市交通一体化运行机制展开研究，其对扩展我国未来城市空间的理论研究和指引城市设计实践具有很大意义。

21世纪，中国正处于快速发展时期，在城市化逐渐进入快速发展阶段的同时，原有的城市空间结构正在经历着广泛而深刻的变革。对于当今城市的发展，应树立城市空间发展的土地集约使用和复合开发的理念，必须重视和加强对未来城市空间和城市交通发展做大量前瞻性的研究工作，笔者相信，“复合型的城市公共空间与城市交通的关联研究”这一课题的确立和展开研究对促进未来城市设计理论的发展必将具有抛砖引玉的作用，对城市建设实践的顺利进行也将具有一定的指导意义。

0.3 国内外相关研究进展状况

许多学者都认为城市设计中所强调的空间大多指的是城市公共空间，英国皇家城市规划学会(RTPI)前主席梯勃兹就主张城市设计是公共领域的物质设计这一观点。英国牛津大学莫伦教授也认为“城市设计的对象是城市的各种场所，各种建筑物之间的空间，是有关公共领域的物质形体设计”。在这一类观点中，芒蒂恩(C. Moughtin)曾更为深刻地认为，城市设计就是设计并组织与私人领域相对而言的城市领域(Urban Realm)，城市设计研究的是城市领域的设计而非私人领域，因为私人领域的设计无论是学术研究还是在实践活动中都属于建筑师份内的事。当然，以上诸观点对城市设计的论述存在一定的片面性，但有一点值得肯定的是，城市设计必须立足于城市公共空间才能更为有效地发挥作用。

复合型的城市公共空间与城市交通的关联研究这一课题主要是针对当前快速城市化背景下，在倡导城市土地综合开发和集约使用思想指导下对未来综合密集型城市及其公共空间与城市交通的发展趋势展开的前瞻性研究。由于城市公共空间与城市交通分属两个不同的专业领域，因此长期以来，国内外有关城市公共空间和城市交通分别在各自领域内的研究较多，而将两者进行关联的研究者甚少，本书为了下文对两者展开深入的关联研究，有必要对之前国内外有关城市公共空间和城市交通发展方面的相关研究进行系统的理论梳理，进而为将两者进行更好地关联研究提供一些启示。

0.3.1 与城市公共空间相关的国内外研究概况

1. 国外有关城市公共空间的历时性研究❶

城市公共空间是一个大家甚为熟悉的话题，它是人们城市生活的重要载体，其发展和建设自始至终贯穿于城市建设发展的全过程。从古希腊、古罗马、中世纪发展到文艺复兴时期，城市公共空间也完成了从最初的萌芽状态发展到第一个高潮时期的阶段性进程。

自古希腊起，哲学家已逐渐开始将空间作为探究对象。与早期

❶ 部分内容参见王鹏著. 城市公共空间的系统化建设［M］. 南京：东南大学出版社，2001

的希腊、罗马的城市以及后期的资本主义城市相比较而言，西欧中世纪城市空间具有一种平和、宜人、宁静的特质。这种自然、整体的城市设计艺术并非自发形成，而是在设计方法上，设计师们更倾向于“描述性”而非“独断性”的设计。该设计思想更侧重于根据人们生活的实际需求来反映当时基督教生活的有序化与自组织性，并且依照市民文化平等与公众利益的原则布置他们的生活环境。因而，中世纪城市空间和谐、统一的“美”实质上是当时城市社会生活高度有序化的客观体现，而非形式上的空间秩序设计的结果。

到文艺复兴时期，城市设计则往往针对城市公共空间的某个局部而进行，设计师也多致力于复兴古罗马时期的轴线秩序，以塑造出效果强烈的城市空间。再到巴洛克时期，设计师们更是将空间设计手法推向极致，更加关注强烈的图案设计，以营造具有戏剧性的空间效果。

自 19 世纪工业革命以来，由于社会、经济的发展变化和城市化浪潮对城市环境的冲击，给城市空间环境带来了诸多问题。对此，一些西方国家纷纷展开了对相关问题的探索。第二次世界大战后，随着西方发达国家经济高速增长，大规模的城市改造活动应运而生，并且出现了“逆城市化”的趋势，主要表现为新城建设、郊区化的兴起和城市中心区的衰败等现象。为了能恢复城市中心区空间环境的生机与活力，许多国家的城市通过提倡保护历史环境、创造以步行街区为典型代表的人性化的公共空间以及调整城市空间结构等措施，使得城市公共空间的发展和建设得到进一步加强。

19～20 世纪，城市空间的研究和设计理论呈现出多样化的趋势，许多学者从不同的角度来不断探索解决城市公共空间问题的策略和途径，主要包括关于城市空间形态与秩序的理论、城市空间分析的理论、环境知觉与行为的理论、生态与环境的理论研究以及多学科知识形成的综合性理论研究。本书主要选取关于城市空间形态与秩序的理论、城市空间分析的理论以及多学科知识形成的综合性理论研究概况进行阐述。

(1) 关于城市空间形态与秩序的理论研究

城市空间形态与秩序的理论是研究城市空间发展的形态变化和组织秩序以及两者之间联系规律的理论。这里的城市空间形态主要是指城市形成过程中所出现的总体形式，秩序则是指综合反映城市一定的社会、经济、政治、文化等方面因素的组织结构。影响和制约城市形态的主要因素有：城市发展的历史过程；地理环境；城市职能、规模、结构特征；城市交通的相对可达性；规模及政策控制[1]。

---

[1] 该处及下文相关内容参见黄亚平编著. 城市空间理论与空间分析［M］. 南京：东南大学出版社，2002

这些理论研究主要体现在“集中”与“分散”两种思想上。作为城市空间结构的一种基本状态，集中与分散反映了城市空间结构演化过程中的许多矛盾与问题，从而有助于我们把握城市空间结构的聚散状态，究竟在多大程度与范围内是符合人类社会对城市这一商品的最大的使用价值与价值的要求❶。

“分散”思想的渊源来自1898年英国学者霍华德所倡导的“田园城市”理论，与之相比，现代主义建筑运动对城市公共空间发展的思想和主张则可被认为是一种“集中”的策略和途径。主张集中思想的一个重要代表就是勒·柯布西耶以及他的“光辉城市”，其采用空间垂直发展的集中方法来体现集约化利用土地以及保留足够的开敞空间的规划设计理念。20世纪50年代以后出现的装配式城市、海上漂浮城市和抽斗式城市等具有科幻想象力的城市设计方案与模式也是以空间集中为基调的集中主义设计理念的体现。

然而，霍华德的“田园城市”理论和实践及柯布西耶的“光辉城市”、赖特的“广亩城市”等设想，都过于关注对理想城市模式的追求和探索，而且这些理论和方法偏重于城市良好的总体物质环境设计，却忽视了社会、经济和文化等一系列综合性问题的解决，从而在政治和经济的强大干预下把一种静态的城市模式强加到有生命的社会生活之上，导致其不能适应城市动态发展的需要。但伊利尔·沙里宁的“有机疏散”理论则突破了城市物质形态的层面，深入到城市内部组织结构。沙里宁认为，城市建设“是一个长期的缓慢过程”，因而，不仅应当有计划、有引导地“沿着预定方向，走向明确目标，形成逐步演进”，而且还要考虑适应将来目标演变的种种可能性。事实上，沙里宁的有机疏散并不是主张真正的分散，而是把城市放在社会、经济、文化、技术和自然等条件之中考虑，对未来问题的集中通过分散的办法加以解决，以便恢复其有机秩序。在对过度集中的城市空间实现“外科手术”时，他并没有把城市肢解分离，而是在生态原则下进行有机组合。他将“有机疏散”理论和城市设计思想相互结合，这对城市公共空间的研究和实践起到了很大推动作用，将城市总体可见的形体环境与社会、经济和文化活动相关联，在一定程度上也体现了当今城市设计的主导价值观念，极大地促进了城市公共空间系统的和谐发展。

(2) 关于城市空间分析的理论研究

美国加州州立大学艺术与建筑学院哈米德·雪瓦尼(Hamid Shirvani)教授对城市空间理论虽然没有进行系统建构，但对城市空间最基本的构成要素的特征及其作用颇有研究，并且关注具体的城

❶ 参见朱喜刚著. 城市空间集中与分散论［M］. 北京：中国建筑工业出版社，2002

市空间分析与设计。1985 年，他在《都市设计程序》(The Urban Design Process)一书中，探讨了土地使用、建筑形式与体量、交通与停车、开放空间、人行步道、支持活动、标志、保存与维修八种城市空间结构主要构成要素的相互关系。他认为良好的城市设计主要取决于城市各个局部地段物质元素的空间组织与处理，也就是格拉尔德·克兰纳(Gerald Cryane)所说的"城市设计是研究城市组织结构中，各主要要素相联系的那一级设计"❶。

19 世纪末，奥地利建筑师卡米洛·西特(Camillo Sitte)对于城市空间分析层面的理论对当今我们研究城市问题方面仍有重要影响。他在其著作《城市建筑艺术》一书中运用艺术原则对城市空间中的实体(主要指教堂)与空间(主要指广场、街道)的相互关系及形式美的规律进行了颇为深入的研究，并且提出了强调实空的整体性和注重它们内在性的关系和关联的"视觉艺术"之准则，强调人的尺度、环境的尺度与人的活动以及他们的感受之间的协调，这些准则在华盛顿中心区规划、堪培拉规划中得以体现。而源于心理学的知觉选择特征的"图—底关系理论"(Figure—ground Theory)为城市空间的认知与分析提供了有益的方法。我们借助图底关系分析方法，可以发现城市或城市局部地段的结构组织及其肌理特征，明确空间界定的范围并了解不同等级空间的组织效果等，从而为城市空间设计提供了一种组织基准与参照。

联系理论是研究城市形体环境中各构成元素之间存在的"线"性关系规律的理论，又被称为关联耦合分析，该分析方法更多的是从城市设计实践中得出结论。这些"线"可能是交通线、线性公共空间和视线，如各种交通性干道、人行通道、序列空间、视廊和景观轴等。通过对这些"联系线"的分析来控制挖掘形态元素的形成组合规律及其动因，其目的在于组织一种关联系统或一种网络，从而建立空间秩序的达成结构。概括来讲，关联耦合分析理论(Linkage Theory)主要强调城市空间中各种要素之间的联系，并通过对这些联系的分析来寻求空间形式组合规律和内在动因。从内在动因分析，最重要的是各联系线上的各种"流"，如人流、交通流、物质流和信息流等，各种流通过内在组织作用将城市空间要素联系成一个系统与整体。

"空间句法"(Space Syntax)分析理论是英国学者比尔·希列尔在1983 年提出的，是一种建立在"图—底关系理论"、"联系理论"等综合基础上的城市空间分析方法，也是希列尔在曾经研究的"环境范型"

---

❶ 田宝江著. 城市空间解析与设计 [D]. 上海：同济大学建筑与城市规划学院，1998

(Environmental Paradigm)和“逻辑空间”(Logic Space)基础上的延续。空间句法的分析过程，是用客观、精确的描述方法从城市与建筑两个层面上来实际调查研究对象，把社会可变因素与建筑形体严格联系起来，借助计算机技术进行模拟试验，以此作为空间分析、评价设计的工具。希列尔通过对一百多个城镇和城市设计方案的分析，证明了城市空间组织对活动与使用模式的影响主要涉及空间的可理解性、使用的连续性和可预见性三个方面。

(3) 多学科知识形成的综合性理论研究

20世纪50年代，城市环境学科不断兴起。随着战后经济复苏和人们物质、文化生活水平的不断提高，对人与空间环境、人与社会生活以及公众参与城市设计等问题都提出了适应时代发展的更高要求。

20世纪60年代以来，城市公共空间系统化理论和规划方法都有很大发展。在与城市相关的研究和论断中，以简·雅各布斯和亚历山大关于城市复杂性的讨论和认识最为突出。简·雅各布斯在《美国大城市的死与生》中提出了“城市多样性”的观点；亚历山大在《城市并非树形》一文中，从心理学和行为学的角度对城市的复杂性进行了深入的阐述。此外，拉普普特、柯林·罗、R·文丘里、A·罗西、J·巴奈特等西方学者也从不同角度对城市空间环境的复杂性进行过相关的研究和论述。从一定意义上看，关注城市公共空间系统的复杂性已经成为当代西方城市空间环境规划设计的一个基本依据和理论前提。同时，城市规划成为一门高度综合性的学科，城市设计工作也有了开创性的飞跃。随着系统思想和方法论等学术思想的兴起，城市规划更关注城市和区域的关系问题，希望借助数学模型来整合城市发展的过程并协调城市发展中不同要素之间的关系。

1971年，丹麦建筑师扬·盖尔的《交往与空间》一书首次在丹麦出版，以后各版先后在丹麦以及欧洲其他国家发行。盖尔在书中主要关注于日常生活和人们身边的各种室外空间，主要论述社会日常生活及其对人造环境的特殊要求。

霍夫(Michael Hough)于1984年出版的《城市形态及其自然过程》(City Form and Natural Progress)一书，从自然进程角度论述了现代城市设计实践中的失误和今后应该遵循的原则。霍夫认为城市环境是城市设计的必要部分，而城市环境中一些未被认识的自然进程就发生在我们的周围，它同样是景观形态的基础之一。他还认为，城市的环境观是城市设计的基本要素，景观规划设计并非简单地意味着寻求一种可塑的美，景观设计在某种意义上寻求的是一种包含人及人赖以生存的社会和自然在内的、以舒适性为特征的多样化空间。当前，城市景观存在的问题来源于城市，因此必须从城市本身来加以解决，所以我们的任务就是去建立一个城市与自然的整体概念。

2004 年 9 月，英国著名学者理查德·罗杰斯等所著的《小小地球上的城市》(Cities for a small planet)经东南大学仲德崑教授翻译成中文版，在我国受到城市规划与建筑界的广泛关注。该书的主要内容是根据理查德·罗杰斯 1995 年在 BBC 电台所作的蕾斯报告编撰而成，其引导人们以一种全新的眼光来审视城市——它们的过去、现在和未来。理查德·罗杰斯作为一个在全球尺度上漫游的警世者，他在书中有效地运用了关于生态危机的资料来警告当今的不稳定性，激励我们发挥更大的聪明才智，同时也通过该书向人们展示，公平的——最重要的是紧凑的——城市是多元化的、综合的、丰富的和有凝聚力的城市。用理查德·罗杰斯的话来说，结果应该是：一个密集型的和多中心的新型城市，一个多种活动同时展开的城市，一个生态的城市，一个易于交往的城市，一个公正的城市，一个开放的城市，更重要的是，一个美丽的城市，其中的艺术、建筑和景观能够使人类感动和获得精神上的满足。

通过参鉴诸多研究可知，城市是一个多目标、多层次、多功能的动态大系统，因此，对于城市中任何要素的认识和操作，都必须将其置于城市整体的背景中去研究，方能全面掌握其自身的运行规律及其整体和其他要素之间的相互关系。在城市研究中，需要重视城市公共空间的城市整体背景和历时性发展，同时需要通过具有前瞻性的研究成果进行规划控制和引导。

2. 国内有关城市公共空间的历时性研究

自古以来，我国在城市建设方面就有一些相关的系统理论，但主要是传统建筑文化中的有机整体学理论和城市建设模式、法则体系等。而近代以来，由于受到西方现代主义城市规划与建筑理论及其实践过程的影响，我国在城市设计与建设实践领域主要采取“学习、吸纳相关西方理论→繁荣发展→检验与反思→地域本土化”这样一个消化过程，其也正是一个从学习→发展→再反思→再成长与发展的进程。

20 世纪 80 年代，改革开放与经济繁荣为城市建设带来了巨大推动力，同时也为城市公共空间的发展建设创造了良好条件。城市公共空间的理论研究得到规划设计界的高度重视，推动了城市公共空间系统化建设实践的展开。

当时，吴良镛先生就提出城市是一个供上百万人生活的复杂的“有机体”的概念，认为其是一个“包括社会、经济、文化、政治、法律等多方面问题的庞大的复杂系统”。在《广义建筑学》一书中，他从理论到实践探索了城市系统发展的规律，关注城市的整体性问题，提出从“混乱危机”中探索发展中的整体规律。在北京的旧城更新过程中，他提出了有机更新的理论，营造了北京菊儿胡同“新四合院”空间体系，并在大量实践中寻求北京城市空间的整体秩序，这对于我国城市公共空间系统化的建设起到了一定的促进作用。

1991 年，王建国博士通过《现代城市设计理论和方法》一书全面梳理和剖析了当时现代城市空间设计的重要理论和方法。

1993 年，钱学森教授提出了“山水城市”构想，强调人与自然的和谐关系，从而把“生态城市”观念与城市设计中的环境艺术进行有机结合。

1997 年，齐康教授在《城市环境规划设计与方法》一书中，构建了“城市化—城市体系—城市形态—城市设计—建筑设计”的研究框架，从而构筑了具有中国特色的城市形态和城市设计的研究方法体系。

1997 年和 1998 年，以“城市公共活动空间”和城市设计为主题的中国建筑学会和中国规划学会学术会议分别在上海和深圳召开，这两次会议的举办把我国关于城市公共空间的学术研究推向了一个新的阶段。

2004 年，长期从事城市设计研究与实践的卢济威教授在其著作《城市设计机制与创作实践》中，提出了城市要素三维形态整合的城市设计机制，并进一步阐述了机制的层次、运作方式和整合机制下的城市设计内容，为我国城市设计实践提供了一些理论指导与案例参鉴。

此外，近年来《城市公共空间的系统化建设》、《城市公共空间建设的规划控制与引导》等书的出版，也在一定程度上推进了我国有关城市设计与城市公共空间方面的研究工作，同时我国高校的一些研究论文也在这方面进行着积极的探索。

0.3.2 与城市交通相关的国内外研究概况

对城市交通的研究由来已久，城市用地发展与城市交通系统复杂的相互作用的关系备受关注，尤其是自 20 世纪 20 年代以来，城市地理学家、经济学家、城市规划师和城市交通工程师们对此进行了大量的持续性研究工作。近年来，随着全球城市交通供需矛盾的进一步激化，城市土地利用规划与城市交通规划等持续分离所带来的严重后果不仅一直被理论研究者所关注，而且引起了社会各界与政府部门的高度重视。与此相关的各类研究也方兴未艾，为此，对长期以来国内外有关城市交通的研究状况进行归纳总结，来为本书的研究寻找一些启示。

1. 国外有关城市交通的历时性研究[1]

首先，从研究的阶段来看，随着城市发展，人们在对交通系统和城市土地利用相互关系的认识上得到逐步提高。第一阶段，早期的研究主要是关于传统的土地使用导向的理论研究。交通系统作为土地使用研究的一部分，土地使用和交通之间的关系是土地使用决定交通系统，交通系统只是作为影响土地使用区位的一个因素，这种思想在城市规划的研究中长期占据主导地位，并且在目前一些地方仍占据统治地位，同时这也是传统的以需求为导向的交通分析的思想根源，也是早期建立土地使用—交通系统框架的基础。第二阶段，随着人们对城市交通系统在城市土地使用区位影响要素中作用的逐步了解，城市交通学被逐渐独立出来作为一门学科以后，也是为了减少城市交通带来的能源、污染、拥挤等问题，城市土地使用规划和交通系统规划才作为城市规划设计中最为基本的两项工作，而城市交通系统在土地使用—交通系统整体框架中的作用日益突出。第三阶段，随着城市交通系统运行效率越来越受到关注，国外一些地区开始通过交通影响分析[2](Traffic Impact Analysis，TIA)来限定和制约城市土地使用。从这三个阶段来看，城市交通系统在城市土地使用—交通体系中的作用逐渐加强，土地使用和交通系统的协调就土地使用来讲可优化土地资源的配置，避免造成交通拥挤的土地过度集中，使土地使用效率得以提高。此外，从交通系统的角度来看，这种协调也是避免交通集中、缓解城市交通压力的有效措施和手段。

其次，从研究涉及的学科来看，出于问题的广泛性和复杂性，该研究涉及城市社会学、城市经济学、城市规划学、城市地理学、城市交通学以及计算机科学、数学、心理学和行为学等诸多学科。从问题研究的发展与过程来看，这些学科之间是相互关联与渗透的，且伴随着研究的深入和发展，这些学科自身都得到了很大的发展与完善。譬如，城市交通学本身也正是随着诸研究的深入和认识的不

[1] 下文部分相关内容参见黄建中著. 特大城市用地发展与客运交通模式［M］. 北京：中国建筑工业出版社，2006

[2] 交通影响分析(Traffic Impact Analysis，TIA)是指在开发项目的立项或者审批阶段，分析该项目建成后将会对周围多大范围内的交通环境产生何种程度的影响，从而在一定服务水平下确定对策以减小由该项目开发所可能带来的负面影响。交通影响分析不同于一般的用地分析和交通分析，它主要指用地变化对交通综合状况的影响，而交通综合状况则包括了研究范围内的所有交通方式、交通设施以及交通政策的运用等。交通影响分析是为了有效实施“增长管理”战略，进行合理征收新开发项目所应承担的交通设施成本。伴随着欧美城市大规模开发时期的结束，社区需要、本土建筑和小尺度开发成为后工业城市建设的新特征，因此更倾向于局部地块或者地段的交通分析和短期开发规划和管理。

断提高而逐步独立出来的一门学科。

再次，从研究的方法角度来看，是一个从定性到定量，又从定性和定量相结合的过程。工业化之前对土地使用和交通系统的研究主要都是定性的分析，工业化之后城市规划学和城市经济学分别从定性和定量两个方面对交通系统结合土地使用进行研究。土地使用模式的理论本身就是定性和定量结合的成果，对交通系统的建模以及交通影响分析的建模都是局部地区或某个点的土地使用和交通状况的定量化的研究。从总体上来说，定性分析的结论多来自宏观研究，定量分析的结论主要来自中观上的研究，而唯定量化的思想也逐渐受到质疑。从国外的研究趋势来看，为克服一些模型要么描述性过多或者定量分析过多的弊端，走定量和定性相结合的研究道路是科学合理的。

最后，从研究的层次和内容来看，主要可分为三个层次：(1)关于城市土地使用的区位理论、城市用地结构与布局形态的理论以及城市土地使用的模式理论等的研究，大体上都是从宏观层面上来探讨城市用地与交通系统及其相互关系的；(2)关于城市土地与交通的模型方法的研究也主要是从宏观和中观层面上来进行的；(3)城市交通影响分析、城市局部用地的开发则主要针对城市开发建设和实施的微观层面上的措施。

2. 国内有关城市交通的历时性研究

(1) 已有文献综述

1) 1995 年之前

1990 年代中期以前，因为交通还不是城市面临的普遍和严重问题，国内许多人并没有把城市交通及其政策当作一项重要的课题进行研究。即使政府官员，大多数也未能严格地把城市交通和其他交通区分开来予以关注，只认为交通就是公路、铁路和港口[1]。城市交通基础设施，在不少人看来，造价不菲，但却是没有社会和经济效益，所以，在相当长一段时期内，政府对城市交通的财政投入非常少，人们也极少独立关注城市交通。

1995 年举办的中国城市交通论坛[2]，是当时国内外交通专家和政策制定者等对中国城市交通政策和战略进行的一次系统性探索。

2) 1995 年至今

1995 年以后，随着交通拥堵在许多大城市从无到有、从小到

[1] 赵波平，孔令斌. 城市交通——中国面临的挑战 [J]. 城市规划，1999(3)：46～51

[2] 论坛的一些专题报告涉及了机动化、汽车尾气污染、城市交通管理、自行车和城市、大运量快速交通、公交改革、私营部门角色、交通收费、城市交通规划等课题。详见 Stares，S. and Liu Z. (eds). China's Urban Transport Development Strategy: Proceedings of a Symposium in Beijing. Washington，D. C.：The World Bank，1995

大，城市交通和有关政策逐渐成为研讨热点。仅 2000 年前后，就有多部城市交通方面的书籍出版，这种速度是前所未有的；针对城市交通问题以及相关政策的文章数量也是急剧上升。研究针对交通拥堵，指出道路建设（“硬件”）和交通管理（“软件”）都应给予重视，同时提出相关措施：①通过科学研究而不是领导意志来合理增加道路交通设施容量；②强化需求管理、优化出行结构，实施既有交通设施的全部容量；③管理个人出行需求，协调人、车、路的关系；④通过法律手段，处理好交通吸引、产生和“公交优先”等问题❶。

(2) 相关重要政策

面对日益恶化的城市交通形势，我国政府也作出了相应反应，制定和实施了一些重要政策，其中，“综合治理”、“公交优先”、“畅通工程”和“改善中国城市交通与环境的建议书”最为突出。

(3) 已有研究成果和政策的对照评价

在研究成果中包含了比政府部门已实施政策更多的建议与对策，如研究强调将可达性作为城市交通的核心之一。譬如对于“公交优先”原则，理论与政策实施之间存在很大差距，我国许多现有的交通政策或者其未预料到的政策影响，其实一定程度上都是鼓励私人汽车而不是公共交通的出行方式❷。在已有文献和政策中，虽然经常强调群众意见，但在现实中如何真正实现公众参与、能让交通决策和规划更好地反映百姓意愿的措施却亟需提高。因此，本书后文针对如何有效实行复合型的城市公共空间与城市交通一体化发展的公众参与管理技术作了详细论述。

0.3.3 国内外相关研究状况比照的结论

通过对国内外有关城市公共空间与城市交通所进行的历时性研究概况的比照，可以得出以下结论：

(1) 无论是有关城市公共空间还是城市交通方面的理论研究，我国在很大程度上均滞后于国外的同类研究水平，我国更多的是对国外研究成果的翻译与引用，同时城市建设实践方面的水准也与许多国外城市有相当大的差距。

(2) 我国出现这种理论研究滞后和建设实践差强人意的状况的主要原因来自两个方面：客观方面，由于我国自新中国成立以来理论研究和现代化建设时间不长，自然不能与已有长时期发展史

❶ 参见周江评. 关于中国城市交通的文献与政策综述 [J]. 城市规划学刊，2006(5)：73～80

❷ Liu，R. and Guan C.. Mode Biases of Urban Transportation Policies in China and Their Implications. Journal of Urban Planning and Development，2005，131(2)：58～60

的西方资本主义国家相等同；主观方面而言，由于长期以来我国一些地方政府在实行国家城市发展政策方面的“自利性”，产生了对城市空间结构、城市交通的建设与发展的轻视性和盲目性并存的思想，这在一定程度上违背了城市发展规律，导致了一系列城市问题的产生。

因此，在相当程度上而言，也正是由于政府“指挥棒”的偏差失调，许多从事城市研究的学者的正确理论成果在城市建设实践中不能发挥作用，导致我国许多城市理论研究与建设实践受到影响而无法相互促进与繁荣发展。

(3) 从目前国内外相关研究来看，均已开始重视城市交通、城市空间结构与城市土地集约化利用等方面的研究。而对于我国人口众多、交通压力大、城市土地与资源相对缺乏的现状，我们应将城市交通的研究与发展提上议事日程，而且在未来的日子里，城市发展必然日趋于实现城市功能、城市公共空间与城市交通的复合一体化，城市空间形态也将高度立体化。

0.4 研究框架和内容

0.4.1 研究框架(见图 0-7)

图 0-7 本书研究脉络框架

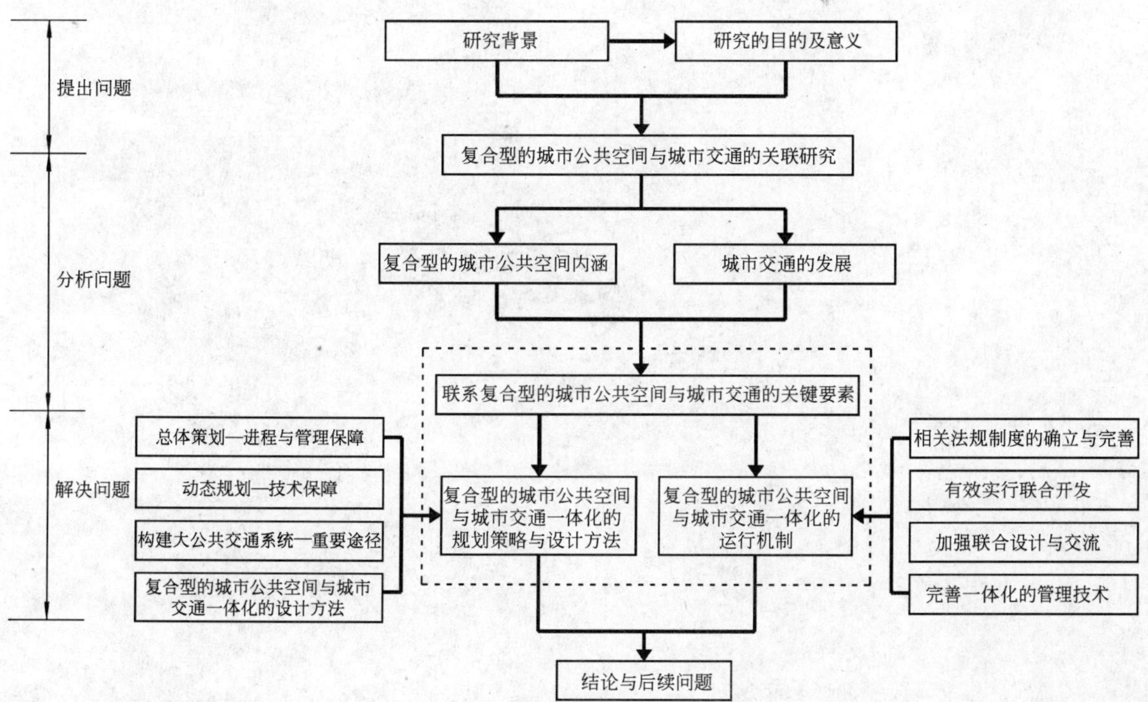

0.4.2 研究内容

本书研究的主要内容分为三个部分：

第一部分内容为第 1 章，主要对复合型的城市公共空间内涵进行解析，并且指出复合型的城市公共空间发展的必要性和必然性。

第二部分内容为第 2、3 章，对城市交通的发展进行研究，然后从复合型的城市公共空间与城市交通两者的联系要素方面深入探究其内在关联性与规律性。

第三部分内容为第 4、5 章，在前面研究基础上，总结归纳复合型的城市公共空间与城市交通一体化的规划策略与设计方法，并着重对其内在运行机制展开研究。

第1章 复合型的城市公共空间内涵及其发展必要性与必然性[1]

1.1 复合型的城市公共空间概念

复合型的城市公共空间是我们顺应时代发展要求而归纳提出的一个隶属于城市空间范畴的新概念。以往城市空间衍生出的诸如城市开放空间、外部空间以及城市中介空间等概念，与城市公共空间既有密切联系又有一定区别，同时往往还由于对各种概念界定的角度和层面的不一致性，导致以上诸概念之间时常存在一些理解和界定上的混淆。复合型的城市公共空间无论在概念界定还是主要特征上都与以上诸概念有着本质的差异，为了对复合型的城市公共空间概念进行准确界定，在对复合型的城市公共空间进行定义的同时也需要对其与以上诸相关空间概念之间的差异进行辨析。

1.1.1 复合型的城市公共空间概念界定

在对复合型的城市公共空间进行定义之前，有必要先对当前城市公共空间的认识情况作一简述。

1. 当前对城市公共空间的认识简述

虽然城市公共空间是一个大家广为熟知的话题，但在城市公共空间的具体概念上，目前并未形成一个完全统一的认识[2]。综合分析

---

❶ 本章部分内容曾以《对当代城市空间“顽疾”的理疗之策——谈复合型的城市公共空间内涵及其发展必要性研究》为题发表于《华中建筑》2009年第9期，99～103

❷ 同济大学李德华教授主编的《城市规划原理》(第三版)曾采用定义：“城市公共空间狭义的概念是指那些供城市居民日常生活和社会生活公共使用的室外空间。……公共空间又分为开放空间和专用空间。开放空间有街道、广场、停车场、居住区绿地、街道绿地及公园等，专用公共空间有运动场等。城市公共空间的广义概念可以扩大到公共设施用地的空间，例如城市中心区、商业区、城市绿地等。”卢济威、郑正在《城市设计及其发展》一文中认为，“开放空间是指城市公共外部空间，包括自然风景、广场、道路、公共绿地和休憩空间等。”张春和在《人·开敞空间·城市》一文中认为“开放空间一方面指比较开阔、较少封闭和空间限定因素较少的空间；另一方面指向大众敞开的为多数民众服务的空间，不仅指公园、绿地这些园林景观，而且城市的街道、广场和庭院都在其范围之内”。为了进一步限定城市公共空间外延，有研究提出将城市公共空间与城市开放空间、城市开敞空间等概念相区别的观点，同济大学赵蔚在其硕士论文《城市公共空间及其建设的控制与引导》中认为，“从人的参与的角度，……城市公共空间是人工因素占主导的城市开放空间”。同济大学赵民教授也指出，“城市公共空间是人工因素占主导地位的城市开放空间”。

诸多研究概括为，城市公共空间是指在城市或城市群中，在建筑实体之间或具有较强公共属性的建筑实体内的局部空间存在着的为公众服务的开放空间体，它是公众进行公共交往活动的开放性场所，也是人类与自然进行物质、能量和信息交流的重要场所，是城市形象的重要表现之处。正如扬·盖尔所说，在历史进程中，公共空间的用途并非一成不变，但差别是相当微妙的，公共空间总是被用作聚会的场所、市场和交通空间。城市一直是人们相聚、互致问候的场所，一个关于城市和社会信息的场所，一个演绎重大事件的舞台❶。长期以来，大家认为城市公共空间是属于公共价值领域的城市空间，主要是城市人工开放空间，或者说人工因素占主导地位的城市开放空间。

值得注意的是，对于城市公共空间概念的多方位认识，也是下文对复合型的城市公共空间概念进行界定的重要基础与必要前提。

2. 城市公共空间与城市交通空间的关系

以往在对传统的城市公共空间内涵的认识与范围的界定上，虽然也有学者对城市(公共)交通空间内容有所涉及，但并未实质性地将其作为一个重要元素合理地纳入城市公共空间研究范畴之中。譬如长期从事城市公共空间研究的著名学者扬·盖尔曾提到城市公共空间时常被用作交通空间，也就是说，城市交通空间与城市公共空间在一定程度上有着内在的相互转换关系。但以往传统的城市公共空间与交通空间的相互作用主要表现在诸如街道之类的水平向二维层面上，缺乏枢纽式的立体化三维层面的相互依托与延伸。然而，在城市集约化发展要求下，城市交通空间在将来综合密集型城市的公共空间立体化、网络化发展中所起的作用将越来越大，因而我们应当顺应时代发展的需要，将城市交通空间既作为一个重要元素纳入到复合型的城市公共空间组成之中，同时又将其视为一个与之关联的独立空间体系来作进一步研究。

3. 复合型的城市公共空间的定义

复合，在现代汉语大词典中的解释是：“合在一起，结合起来”❷。复合型的城市公共空间是指在向综合密集型城市发展中，为

---

❶ (丹麦)扬·盖尔著. 交往与空间［M］. 何人可译. 北京：中国建筑工业出版社，2002

❷ 中国社会科学院语言研究所词典编辑室编. 现代汉语大词典［M］. 北京：商务印书馆，2005

了实现人性化理念、城市空间综合开发(见图 1-1)与土地集约❶利用等方面的有机结合，同时强调体现建筑功能群组与城市空间组织的三维性和四维性，而采取以城市公共空间、建筑公共空间以及交通空间等要素两者或多者相结合形成的具有开放性、立体流动性和集约性的有机组合体空间。并以此来联系城市中开放的建筑功能单元，加强了建筑群组与城市功能的一体化，从而提高城市的社会、环境和经济效益。从空间形态角度而言，其不仅涉及室外、室内、介于室外与室内之间的灰空间，而且呈现出来的形态更多的是这三种基本空间形态的交融、接替，从而使得城市外部空间与建筑内部空间的界限已变得不十分明显。如日本 JR 奈良车站周边地区连续立体化再开发项目提案，其中就设计了各种各样带有中庭空间的开放性建筑物。在建筑物中，设计了半外部空间的中庭(连接内和外的中间领域)与立体化的城市公共交通系统(尤其是人行步道系统)相衔接，创造一个体现“人性城市”的整体性城市场所(见图 1-2)。

图 1-1 新加坡 SPR 对亚洲未来城市开发的设想(其已较为注重对城市空间的高效与多层次的综合利用)

图 1-2(*a*) 开放式中庭空间组织平面概念草图(左)
图 1-2(*b*) 开放式中庭空间与立体化城市交通组织模型(右)

❶ “集约”一词最初是农业上的用语，指在一定面积的土地上投入较多的生产资料或劳动，采用新的技术措施，进行精耕细作，用提高单位面积产量的办法来提高产品总量。我国的“集约”一词是从前苏联“引进”的，1958 年前苏联经济学家第一次引用“集约”一词，其来源于“集约化经营”的语境，解释其意为：在社会经济活动中，在同一经济范围内，通过经营要素质量的提高、要素含量的增加、要素投入的集中以及要素组合方式的调整来增进效益的经营方式。简而言之，集约是相对粗放而言的，是以效益(社会效益和经济效益)为根本对经营诸要素进行重组，实现最小的成本获得最大的投资回报。之后，“集约”一词被广泛地用于各个专业，出现了“经济集约化”、“空间集约化”等各类词，其最初的含义已被各专业扩展化。

复合型的城市公共空间旨在通过对多重空间、功能的叠加与立体网络化组织，提高城市(公共)交通运行效率与空间的可达性，促进城市交通的发展，从城市空间与能源节约层面上来说，其建设具有相当的生态可持续性。

进一步来说，复合型的城市公共空间系统是具有较强的社会心理与行为可达性、综合的功能包容性与土地利用的高效集约性的立体型空间体系。它通常产生于城市交通网络发达、城市功能相对集中的区域，如城市CBD、城市副中心或城市未来发展新区，结合并拥有与外界联系紧密的城市主要交通网络和信息网络。

4. 复合型的城市公共空间的构成要素

复合型的城市公共空间的构成要素主要包括城市公共空间、建筑公共空间和城市公共交通空间三大核心要素以及城市环境等相关因素，以上各要素的交叠与相互作用便产生了复合型的城市公共空间的存在状态。其具有开发活力的关键环节是公共空间与城市交通空间的有机结合，形成四通八达的立体交通网络。

城市公共空间与建筑公共空间的界限已变得模糊，在现代城市发展中，人们也已发现许多社会与环境问题：许多高层建筑将人们从垂直方向分离开，剥夺了家庭的基本户外生活要求，割裂了邻里关系和家庭间的日常接触与交往。可想而知，人们之间的和睦友好关系是不可能建立在狭窄的楼梯平台上的。为此，“小组10”早在1950年代末就提出了应当在现代城市空间结构背景下建立“空中街道”的设想，希望以网络形式来连接不同的建筑群体和城市社会活动场所。当然，今天人们也正在努力恢复被大家所遗忘的街道概念，试图重建富有生活激情与活力的城市社区。在当代，“城市将愈来愈像一座巨大的建筑，而建筑本身也愈来愈像一座城市”。可以说，现在与将来在复合型的城市公共空间建设与发展中，建筑周边环境乃至部分内部空间的设计均越来越多地渗透着城市环境的要求，而且对建筑功能也提出了综合性与灵活性的要求。

图1-3 MVRDV所设计的一综合体建筑模型(结合城市交通系统设计)

值得关注的是，复合型的城市公共空间构成要素的相互作用与发展要求在一定程度上也促进了城市建筑综合体的产生(见图1-3)，尤其使得一些大型交通建筑综合体的换乘空间变得越发便捷、高效而充满活力(见图1-4)，与此同时，建筑综合体的发展也反过来推进复合型的城市公共空间的进一步发展与延伸。理查德·基廷(Richard Keating)主持的泰国曼谷SA地块总体设计是一项大型城市综合工程，高架轻轨列车、长途汽车、市内公共汽车以及步行交通共同构成该地块立体化交通换乘的完整体系，同时配套办公、商业、旅

馆和公共停车场等功能(见图 1-5)。建筑综合体把各个分散的空间综合组织在一个相对完整的街区之中，有利于发挥城市公共空间与建筑公共空间的协同作用，对于调整复合型的城市公共空间结构，减轻城市交通负荷，提高城市运营效率，改善工作与生活环境质量等都具有很大帮助。而且对于有效集约使用城市土地，节省市政、公用设施投资，减少城市经营管理费用及改善城市景观等方面，也都具有较好的综合经济效益。

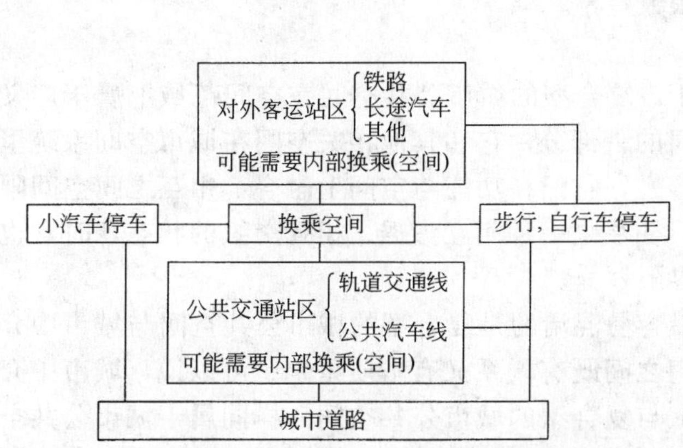

图 1-4　城市级换乘枢纽中心与换乘空间基本关系图

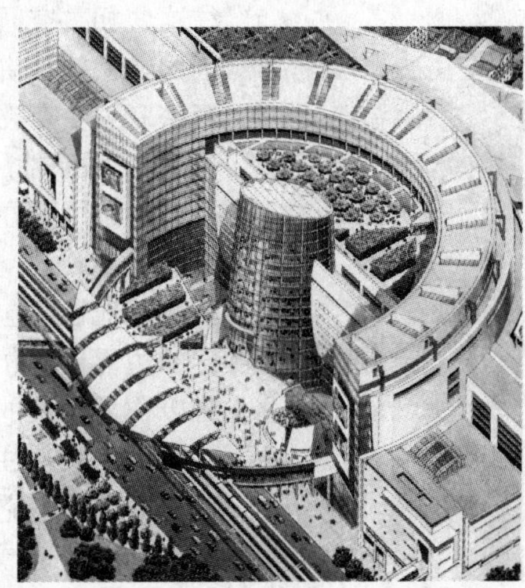

图 1-5　泰国曼谷 SA 地块总体设计鸟瞰

概括来讲，在复合型的城市公共空间各构成要素相互作用与发展过程中，城市建筑综合体的演进过程也强调了城市、建筑、交通以及市政设施的综合发展，成功地将城市环境、建筑空间以及基础设施有机地结合在一起，使城市建筑在向空中、地面和地下三向度空间发展过程中，构成一个流动的、连续的立体型空间体系。因此，城市建筑综合体对复合型的城市公共空间主要构成要素及其系统的建设与发展都具有很大影响与促进作用，而复合型的城市公共空间表现在物质层面上也往往看似为城市建筑综合体，下文将结合一些案例作一说明。

5. 复合型的城市公共空间范畴界定

对于复合型的城市公共空间范畴的界定主要可以从如下方面来把握：复合型的城市公共空间既是建筑公共空间系统中对城市空间开放并承担城市职能的部分，同时也是城市(公共)交通空间与城市公共空间系统中和建筑公共空间相联系的部分。复合型的城市公共空间无论在功能上还是在空间归属上都与建筑公共空间和城市公共空间有机一体，与城市交通空间密不可分。也就是说，复合型的城市公共空间具有特殊性，其和以往所研讨的城市公共空间有本质差别，其特殊性的界定不仅从空间形态、规模和空间类型上来进行区别，而且更在于其具有多重空间属性和多重空间职能的空间特质。

1.1.2　复合型的城市公共空间与其他主要相关空间的联系与差异

应该说，复合型的城市公共空间和以往所研究的城市空间、城市公共空间、城市中介空间以及其他一些相关空间相比，它是对以往这些相关空间的重新组织、有机提炼和再生，体现着时代发展性。因此，概括来讲，无论在概念上还是空间系统本身，它们之间既有紧密联系更存在很大差异。

1. 联系性

联系主要在于，复合型的城市公共空间在空间范域上属于广义上的城市公共空间的一部分，它和其他相关空间在城市空间系统里具有连通性与包容性，它们在功能与空间上融合，相互之间空间限定的边界模糊化，往往是一种相互渗透、相互交织的状态，时常也难以作出明确的界限划分。

其中，往往最容易混淆的是复合型的城市公共空间与城市中介空间的区分，它们之间既有联系又有本质差别。可以说，城市中介空间在空间范域上与复合型的城市公共空间一样同属于城市公共空间，因此，它首先为公众的交往提供可能性，其次它也是担负一些城市职能的一种多元空间。我们若将它与复合型的城市公共空间相比，城市中介空间更多的是关注建筑、道路和空间之间的中介过渡部分。具体来说，城市中介空间是位于城市中的建筑与道路、建筑与建筑、空间与空间之间的过渡空间或联系空间，其往往只是复合型的城市公共空间结构中的一个环节，体现了复合型的城市公共空间中部分和整体并存、物质和精神互换、空间和时间连续的存在，以下将结合案例进行说明。

建筑师斯塔宾等在构思设计纽约曼哈顿区的花旗银行联合中心时曾指出："矗立在纽约或者美国其他城市街旁平淡的、光板式的建筑物是机械的象征，它们没有个性，冷漠而且缺乏人情味。我们必须以社会的概念去开创办公大楼的一个新时代。务必使城市开发成为充满活力、吸引人的公共生活和工作场所。与此同时，这样一组新建筑群，将成为其他城市设计灵感的源泉"[1]。基于此理念，该建筑群通过当时对大楼基座部分创造性的城市设计手法的运用，形成了一个既富有人情味与亲切感，又具有高大、开敞流动性的城市型空间(见图 1-6)。同时还利用 7 层玻璃顶棚的中庭大厅包容了

---

[1] 王建国著. 城市设计 [M]. 第二版. 南京：东南大学出版社，2004

商店、餐饮等功能，然后与一个很大的地下层庭院广场连成一片，人们通过广场可以直达地铁车站，从而与城市轨道交通网络形成有效连接。

图 1-6 纽约曼哈顿区的花旗银行联合中心建筑底部空间与城市公共空间衔接融合

在该案例中，建筑师通过一种尚处于朦胧意识状态下的复合型的城市公共空间设计思想，将城市公共空间、城市中介空间、建筑公共空间以及城市交通空间等相关空间有机组合在一起，形成一种“你中有我、我中有你”的相互交织状态，也显现了复合型的城市公共空间与其他相关空间联系的紧密性。在此空间中，整个场所既具有城市公共空间的属性，也有城市中介空间的属性，但此二者均不能完全概括这种室外、室内、灰空间三种空间形态相互交叠的状态，因此以复合型的城市公共空间来对此进行概括更为妥善。

2. 差异性

与传统的城市公共空间与城市中介空间等相关空间相比，复合型的城市公共空间与它们的差异主要可以概括为以下几个方面：

(1) 复合型的城市公共空间重于追求空间功能的复合化、多重性；

(2) 复合型的城市公共空间形态比其他空间更趋于立体化；

(3) 复合型的城市公共空间对其他一些空间具有很强的渗透力或包容性，譬如城市中介空间往往只是复合型的城市公共空间结构中与建筑、道路和空间之间过渡的一个联系环节；

(4) 其对城市交通流具有有机、高效的组织与疏导等作用。

同时，复合型的城市公共空间也是城市活力的催化剂——触媒。无论是唐·洛根的“城市触媒”、雷姆·库哈斯(Rem Koolhass)的“大建筑”，还是马拉勒斯的“城市针灸”都在城市层面上否定了以往的整体决定论，而关注到局部变化对于整体形成的内在关联作用。同样，复合型的城市公共空间所具有的对城市活力的催化作用深刻地影响着城市各项功能的发展与完善。

悉尼达令港改造项目可算是早期对于尝试采用复合型的城市公共空间规划设计理念来激发该地区城市活力的典型案例。该项目建设内容主要包括会展中心、临海散步道、国家海洋博物馆、旅馆以及高架环路单轨电车路线等。根据有关资料不完全统计，在达令港外部空间环境景观改造建设竣工但周围建筑尚未投入使用前两个月内，就吸引了近 300 万来自世界各地的慕名观光者。达令港城市设计的成功可谓正是在于其与众不同之处——它利用了复合型的城市公共空间系统把达令港地区完全考虑成步行街区与公共性的开放空间，而且将穿越该地区的城市主干道以及新建设的单轨电车线路进行立体高架衔接处理，使“人”在环境中的重要性得到充分尊重，并且使各项城市功能也得到妥善解决(见图 1-7)。

图 1-7(*a*)　悉尼达令港改造规划总图(上)

图 1-7(*b*)　悉尼达令港总体鸟瞰(左下)

图 1-7(*c*)　悉尼达令港高架单轨电车站与公共空间系统的立体化换乘结合(右下)

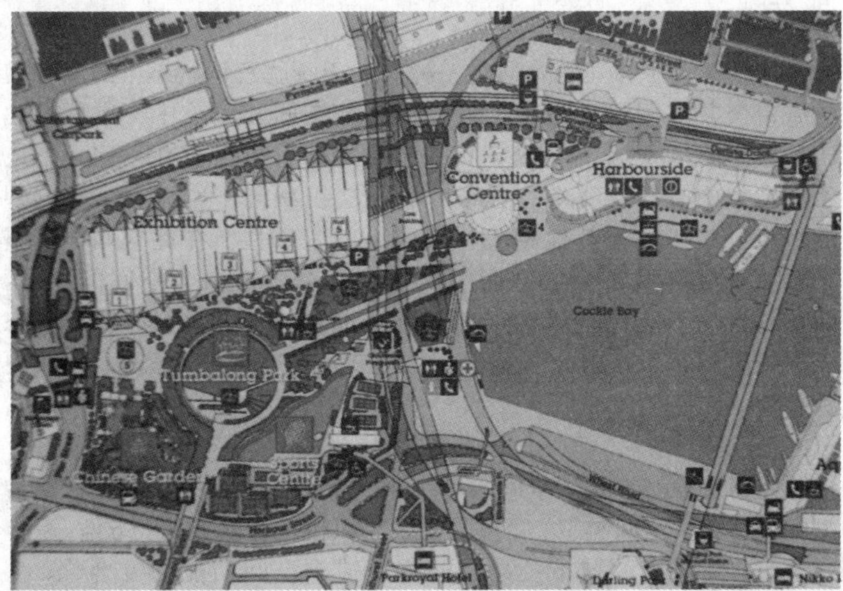

(*a*)

(*b*)

(*c*)

1.2　复合型的城市公共空间系统层次及其主要内容范围

在城市朝综合密集型发展中，复合型的城市公共空间系统涉及范围广泛，可以说从整个城市的空间形态到局部的城市地段，如城市中心广场、城市交通换乘枢纽中心、大型建筑综合体乃至建筑单体与城市公共交通系统的有机结合等，包括涉及上述要素之间相互关联的空间环境。

一般来说，根据研究对象的相对尺度与规模，可以将复合型的城市公共空间系统划分为三个层次，即大尺度的“城市级”系统、中尺度的“分区级”系统和小尺度的“地段级”系统，下文将逐层进行阐释。

1.2.1　“城市级”复合型的城市公共空间系统

在城市土地集约化开发利用理念下，从城市整体层面上建立“城市级”复合型的城市公共空间系统十分必要，这也是属于通常所讲的总体规划阶段的城市设计。该系统的建立侧重于在城市总体规划前提下的城市空间结构、城市交通结构、城市开放空间和公共人文活动空间的组织。譬如在20世纪就有许多建筑师提出了颇有影响力的城市设计构想，其中不乏一些在某种程度上已朦胧反映出我们今天所提出的“城市级”复合型的城市公共空间的设计思想概念，这其中较为著名的设计意象有阿基格拉姆的“行走城市”、“插入式城市”以及黑川纪章提出的“浮体式工厂”提案等(见图1-8和图1-9)。

“城市级”复合型的城市公共空间系统主要内容包括市域范围内的用地形态、空间结构、道路格局、城市开放空间体系以及空间景观等。其建立目标是在紧凑、集约、高效的前提下，为各级复合型的城市公共空间系统诸项内容的决策和实施提供一个基于城市与公众利益的准则，有时，通过它可以进行一些重要地区和地段更深入的研究与实践。下文将结合法国图卢兹市再开发国际设计竞赛——“21世纪新型的城市中心的形成”来做一阐释。

图卢兹的旧城区积淀着图卢兹的历史，即使在将来，其也必须作为图卢兹的心脏来加以保护。而GARONNE一直支撑着图卢兹历史上的交通与经济，堪称是图卢兹的双脚(见图1-10)。面对新的时代，GARONNE虽然已经作为休闲运动场所而得以开发，但将来其重要作用定然远非如此。因此，MARENGO的提案，不仅仅要使GARONNE成为一个使地铁、公共汽车、铁路(SNCF)、机动车以及高速铁路(TGV)等所有交通工具在此汇聚并且可以相互便捷、高效换乘的立体型空间据点，而且还要使其成为集聚在图卢兹的最尖端产业、最尖端技术、大学以及研究所的信息中心(见图 1-11)。也就是说，在影响力方面该提案不仅仅是一个“城市级”复合型的城市公共空间系统，还是一个“城市级”交流中枢。

图 1-8(a)　“行走城市”设想

图 1-8(b)　“插入式城市”设想

图 1-8(c)　路易斯·康设计的费城中心

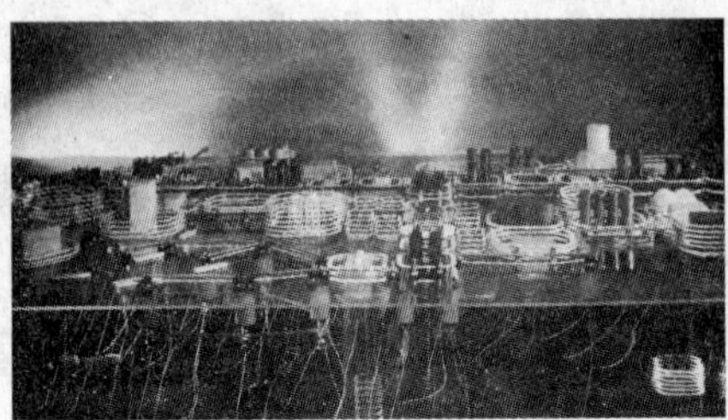

图 1-9　黑川纪章提出的“浮体式工厂”(Floating Factory)构想

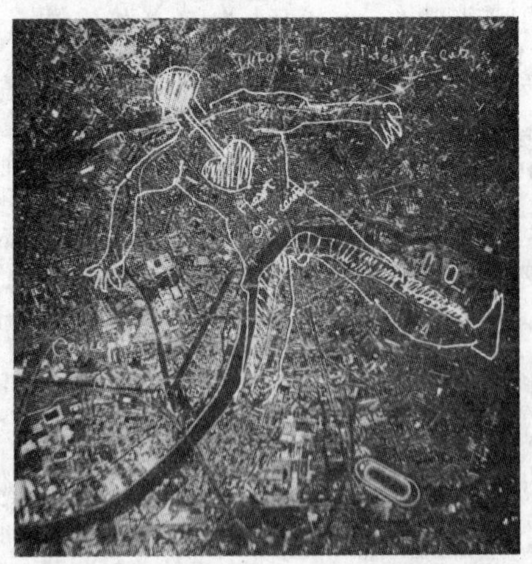

图 1-10　图卢兹的生命体构成及总体发展结构概念图解

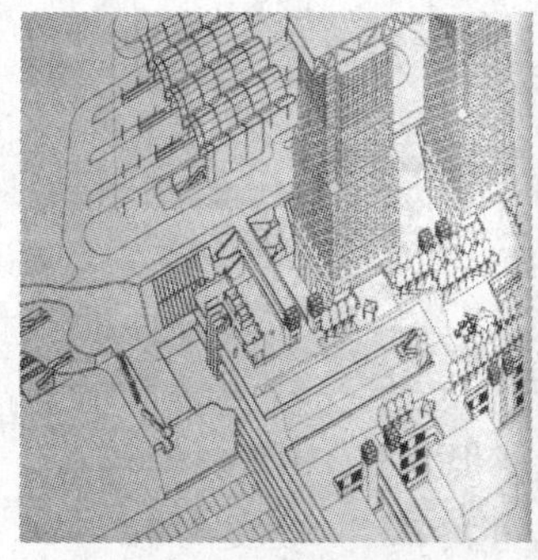

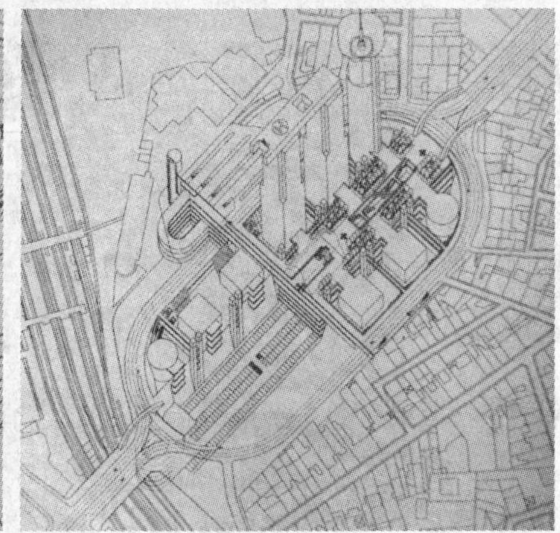

图1-11 图卢兹GARONNE地区的 MARENGO 提案，其空间与功能组织复合、立体化，公共空间充满活力，城市机动车交通系统由整个包围着用地的环路组成，从环路可以通过斜坡与公共交流中心主轴区的停车场相连接，因此交通流畅、便捷，且过路交通布置在用地之外。

1.2.2 “分区级”复合型的城市公共空间系统

“分区级”复合型的城市公共空间系统主要建立于城市中功能相对独立，并且环境相对整体性的街区。其主要目标是基于城市总体规划确定的原则，通过自身的建立来保护和强化该地区环境的特点和开发潜能，以充分发挥该地区对于城市整体的价值。

在复合型的城市公共空间系统的“分区级”这一规模层次上，其主要内容集中在如下两个方面：

(1) 与“城市级”复合型的城市公共空间系统对城市环境整体考虑所确立的原则相衔接。

(2) 在功能相对独立的重要领域，诸如城市中心区、大型商业中心以及大型公共建筑群体(如城市建筑综合体、城市交通换乘中心)等，充分发挥复合型的城市公共空间高效、便捷、通达的作用，优化和完善该地区的各项城市功能。

德方斯是法国巴黎一个人口集中的城市副中心，其位于巴黎原先的东西向城市发展轴线的西部延长线上(见图 1-12)。德方斯的交通系统规划实行人车完全分离，地面层是一块长 900m，面积达 0.48km^2 的钢筋混凝土板块，将过境交通全部覆盖起来。板块上面是人行道与市民活动场所，板块下部是公路，再往下则是地铁，在与城市干道垂直方向，在公路与地铁标高之间安排铁路，三种交通快捷通畅、互不干扰(见图 1-13 和图 1-14)。

德方斯在功能布置上，还将高层写字楼与低层的住宅彼此相邻，这里具有完善的配套设施，如影院、游泳池、艺术活动中心、商业中心、展览馆等。可以说，德方斯作为一个"分区级"复合型的城市公共空间系统在融入城市整体环境的同时，更是高效、妥善地解决了该区域的各种城市功能的立体化组织。但由于法国人口稀少，使得这个较大尺度的立体化城市空间显得有些冷清。

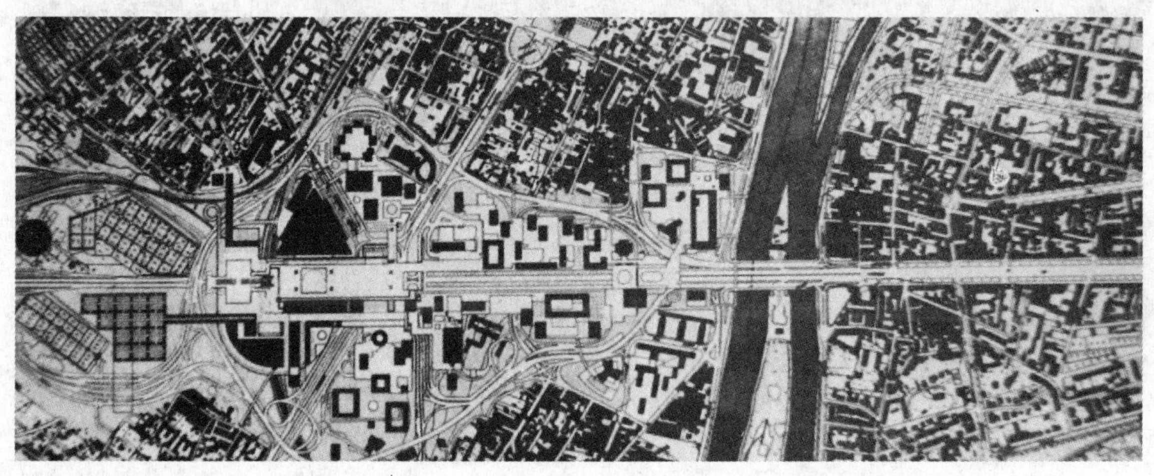

图 1-12　法国巴黎德方斯与城市轴线关系

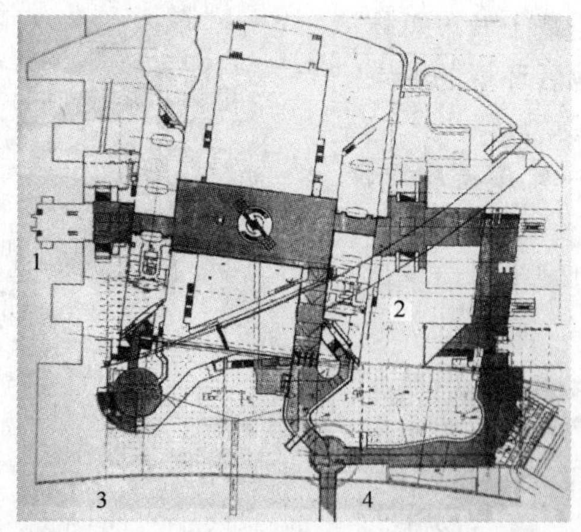

图 1-13(a)　德方斯顶端广场下部城市公共步行系统

1—四季商业中心；2—办公建筑综合体；3，4—步行人流及地铁换乘空间

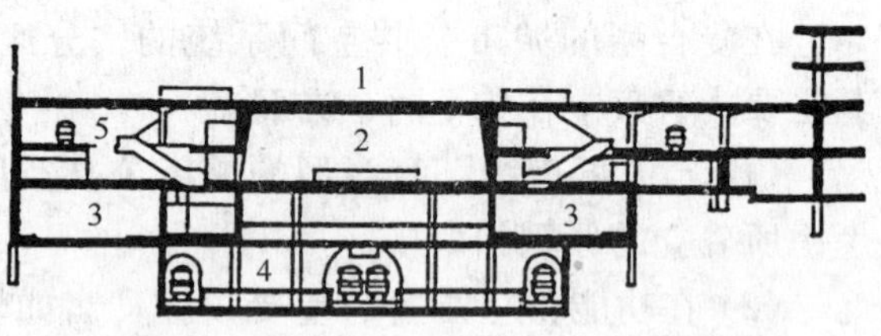

图 1-13(b)　德方斯新城东区中心交通组织关系剖面示意

1—地面道路；2—换乘广场；3—汽车公路；4—地铁站台；5—公共汽车站

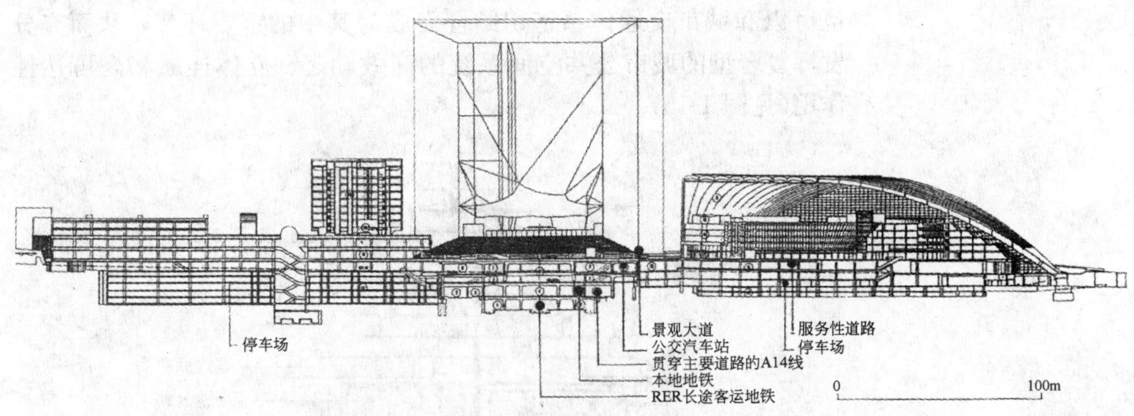

图 1-14 法国巴黎德方斯新城中心沿抬升式街道由南至北的剖面，两边的停车场一共可以停放 36000 辆车

1.2.3 “地段级”复合型的城市公共空间系统

“地段级”复合型的城市公共空间系统主要建立于实现建筑个体与城市功能的协同作用，其可以被视为以上“城市级”和“分区级”复合型的城市公共空间系统中的网络节点和生长点，下文将作重点介绍。

也就是说，在“地段级”复合型的城市公共空间系统中城市建筑并非是封闭自足的体系，而是作为其所处环境区段中的一个开放性环节，它除了需很好地完成自身特定的功能之外，还通过以建筑公共空间、城市公共空间与城市公共交通空间有机结合的方式引入或接受城市职能并且对它们进行综合处理作为其重要职责。

“地段级”复合型的城市公共空间系统建立的主要内容包括以下几个方面：

(1) 局部和整体的协调

与“分区级”复合型的城市公共空间系统建立相类似，其应处理好局部和整体的关系。同时还应注意，“地段级”复合型的城市公共空间必须与其所处的城市区段相互契合、密不可分。

(2) 与城市交通系统紧密关联

“地段级”复合型的城市公共空间系统在建立过程中，时常采用一些环节建筑的形式来完成某些城市功能，而这其中城市交通建筑(交通换乘枢纽)是最为典型与常见的环节建筑。城市交通建筑主要在城市整体交通结构的层面上协调解决人车集散的问题，当前较为常用的方式是交通建筑和市内地铁、地下步行通道、高架干线、公交、的士等形成联运体系，疏导地面街道的压力，解决站房广场与市内干道交接处的“瓶颈”现象。在复合型的城市公共空间系统建立过程中，即使不是以城市交通职能为主的建筑也可以和城市交通体系密切结合而成为其中的重要环节，从而充分发挥复合型的城市公共空间系统的高效动态、立体连通和高可达性作用(见图 1-15)。

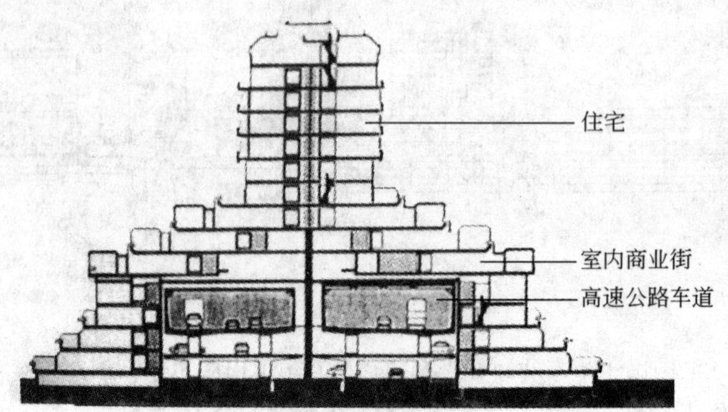

图 1-15　建设在柏林—高速公路上方的综合体建筑

城市交通是复合型的城市公共空间系统实现城市层面功能组织的主要线索，而与城市交通紧密关联且需承载大量人口居住、办公、集散的集约型综合体❶、办公综合体、商业综合体建筑等往往也是建立“地段级”复合型的城市公共空间系统的重要载体之一，其作为一个复杂的结构体要实现对各种功能的有效聚集和复合，同样需要通过对交通流线的合理组织来完成(见图 1-16)。对于集约型综合体建筑而言，交通流线无异于是设计的生命线，因为其需要减轻对整体城市交通的压力，并且满足自身的使用方便与舒适性，与此同时，也使得“地段级”复合型的城市公共空间系统得以扩展延续。

(3) 整合城市地段环境的重要媒介

在一些城市功能与形态较为混杂或者破碎的地段上，“地段级”复合型的城市公共空间需要承担起整合地段周边环境的重任，而这种整合作用主要包括功能与空间两个重要方面。譬如，建于丘陵地带的美国西雅图内城区，早在 1965 年完工的洲际高速公路使得内城从城市东部地区割裂出来，此后政府也一直关注寻求重新整合城市

---

❶　集约型综合体是指同时含有居住、办公、购物、文化娱乐、交通等城市功能的复合型的且体现高密度开发的街区型建筑群体。对该定义加以分解，可以看出：(Ⅰ)集约型综合体包含多种城市功能，如商务办公、酒店、商业、休闲娱乐、会展以及纵横交叉的交通及停车系统的建筑群体。从定义中的“复合型”一词可见，各种功能并非简单地并存，而是相互作用、互为价值链的。(Ⅱ)“体现高密度开发”是对“集约型”的一个方面的解释，其强调高强度开发、混合使用的土地利用模式，旨在减少对能源的消耗和资源的浪费，以求在大的范围内保护生态环境，创造适宜的人居环境。(Ⅲ)“街区型”指集约型综合体具有街区的特点，通过街区实现了与外部城市空间的有机结合、交通系统的有效联系，并且营造“街区式”开放的人居环境，拓展了城市空间价值。

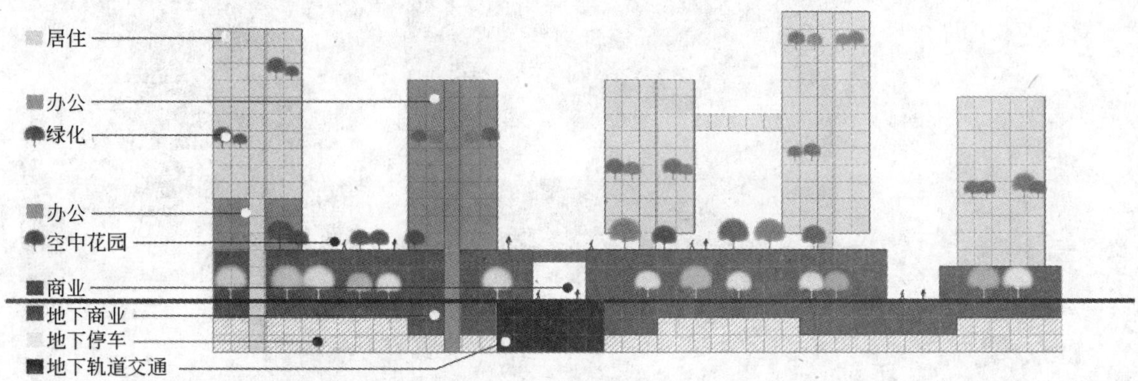

图 1-16 集约型综合体建筑与城市交通关系剖面图解示意

的有效对策。直到 1976～1984 年间，一个富有生机的公园横跨高速道并且与地形有机结合起来，1988 年又续建了约 10 万 m^2 的华盛顿州立贸易会议中心。该会议中心大胆且巧妙地采用“桥”的概念将高速道两侧连接起来，同时跨越两条城市街道，它穿插于高速道的上下部空间并与景观要素和人行步道一体化。此次大胆的“缝合手术”使得西雅图内城与城市整体“血脉”重新结合，而且在商贸会议中心自身取得成功的经济、社会效益的同时，也有力地刺激并带动了周边地段的整体发展，因此成为激发城市连锁开发的催化剂——触媒(见图 1-17)。

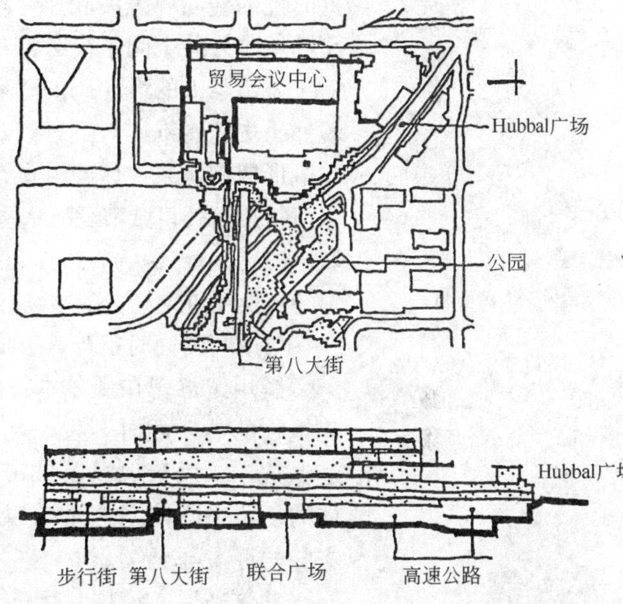

图 1-17 美国西雅图内城区华盛顿州立贸易会议中心总平面和剖面环境关系示意

法国里尔城市发展的整体设计构思来自于荷兰著名建筑师雷姆·库哈斯(Rem Koolhass)。里尔高速列车(TGV)火车站坐落于一个连接公共汽车终点站、有轨电车站、地铁站和两个总容量为 1300 个车位的停车场的综合交通区域中央。其跨越在一个天然斜坡之上，新车站为一个长方形大厅，递升 3 个标高而建，车站西面设计成一个可通过透明立面俯瞰城市的露台，最低标高层为月台和新广场(见图 1-18 和图 1-19)。大厅连接着各类服务设施和商店，在提供不同交通模式入口的同时，大厅也容纳了一系列局部升高的月台，这些月台直接面向公共街道的外部空间。里尔高速列车站不仅解决了其与多种交通方式的换乘功能，也很好地完成了一个“地段级”复合型的城市公共空间所应承担的整合地段周边城市环境的责任。

图 1-18　法国里尔 TGV 站与地形结合外景图

图 1-19　法国里尔 TGV 站公共空间

(4) 与城市整体文脉结构的融合

在城市环境中，文脉结构不仅指历时性的纵向传承关系，也包括共时性的横向环境关联。在融入城市文脉背景下建立“地段级”复合型的城市公共空间系统必将是建筑师社会责任感的共识，也是建筑师对于城市与人的最起码的尊重。城市文脉结构主要包括基地、周边环境、历史遗迹维护与生态景观等多重元素，它们对公共空间系统的建立既形成制约条件，同时也是一种有价值的资源依托。美国圣安东尼市海特旅馆就将城市运河水系(Paseo)引入中庭，并将滨河散步道与通往城市广场(Alamo)的人行步道连接起来，从而旅馆内庭成为城市景观通道的转换环节。复合型的城市公共空间作为城市文脉结构中的重要环节，在参与期间的同时也与其形成有机的渗透、流动、交叠等延展性关系。

黑川纪章曾在墨尔本市中心的项目设计中，融入 19 世纪的历史建筑物的共生性再开发，巧妙地运用围合、层叠、联结等手法将古迹保护、绿色景观以及城市交通等重要因素纳入一个流动的公私一体的复合空间体系之中，以一种独特的方式传达出公共空间对城市文脉的尊重与延续。

具体来说，该项目用地位于 CBD 北部的中央部位，由 2 个街区构成。东西道路同时也是穿行于商店区中心部的电车的主要干线，其北侧道路也有市营的电车与地铁车站、地下广场等。项目规划内容主要由 55 层的办公塔楼、约 6 万 m^2 的商铺群以及 2000 个车位的停车场三大部分构成。黑川纪章在这次规划中将这些相互交叉的设施布置在 3 个不同的建筑之中，既体现出一体化，又能保持相对的独立性。圆锥体建筑利用圆锥形的玻璃屋顶覆盖住了原有的历史塔楼建筑，也就是将 100 年前的古老建筑包围在有 6 层高的圆锥形共享大厅的新购物设施的内部，通过复合型的城市公共空间营造来寻求一种与历史共生的大空间(见图 1-20)。从外部开始的交通流线充分利用规划用地内的 11m 的高差，地上的 3 层、地铁车站的2 层，与这个圆锥体建筑的多用途娱乐广场相衔接(见图 1-21)。从外部远处望去，80m

高的圆锥体建筑与其间50m高的古老的砖结构塔楼显得分外夺目，从而也成为了CBD的一道特有风景线，而裙房与中庭在地上和地下与圆锥体建筑相连接，构成繁华的商业群，若再通过天桥与南侧街区的商业建筑相连，则能更大地发挥商业群体效应。

图1-20　圆锥形玻璃中庭容纳历史塔楼建筑

图1-21　多种交通流线的空间组织剖面示意

由此可见，“地段级”复合型的城市公共空间系统对城市文脉结构融合作用的发挥，使得墨尔本市中心的项目设计和谐地融入了城市整体环境。

1.3　复合型的城市公共空间的主要特征

概括而言，复合型的城市公共空间主要特征包括功能的复合化、空间形态与信息的立体化、边界的模糊化和空间可达性的网络化四个方面，下文将结合国内外一些典型案例作具体分析。

1.3.1　功能的复合化特征

功能的复合化是复合型的城市公共空间的主要特征之一，顾名思义，功能的复合化主要是指功能的多元、重叠，并在此基础上形成功能的优化互补和相互激发。早在20世纪60年代，英国学者克里斯托弗·亚历山大(C. Alexander)在《城市并非树形》(City is not a tree)一文中就已指出，城市空间功能的综合是产生“交叠”使用城市空间的基础，它使空间具有了多样性和舒适性。城市中的功能综合现象与人们对这些功能的物质对应物的重合使用，使城市具有选择性和可生活性。城市空间功能的综合是城市空间呈现活力的本质，而功能的复合化使复合型的城市公共空间产生比以往城市公共空间更多的活力与生机，其可根据共时性的空间关联和历时性的空间发展情况进行归纳划分。

1. 从共时性的空间关联角度对复合型的城市公共空间功能复合化进行划分

从共时性的空间关联角度来看，复合型的城市公共空间在城市环境等因素的影响下，功能的复合化主要可分为以下三种情况：(1)城市公共空间与建筑公共空间的功能复合；(2)城市公共空间与城市交通空间的复合；(3)城市公共空间、建筑公共空间与城市交通空间的功能复合。我们认为，其中第一、第二种情况是复合型的城市公共空间发展中的一些过程性或不完全性状态，它们都是产生第三种情况的前提与基础阶段。

(1) 城市公共空间与建筑公共空间的功能复合

在第一种情况下，复合型的城市公共空间在承担城市职能的同时，还要参与建筑自身的功能组织，二者相互兼容、相互促进。公共空间向城市公众开放，同时也向建筑内延续、渗透，其也可看作是建筑对城市公共空间功能的吸收与纳入，它时常伴随出现在各类综合体建筑的中庭、底部开放性的灰空间等部位，这种具有双重属性的空间促进了建筑与城市在空间上的有机结合与相互延伸，也推进了各种类型综合体建筑的不断发展。

(2) 城市公共空间与城市交通空间的复合

城市交通空间的场所和交通出行时间的质量已日益成为广受关注的城市问题，任何一个人都会接触并感受到的城市“第三空间”——城市交通环境对市民的影响不容忽视[❶]。城市交通环境作为连接人们日常出行起点和终点的过程空间，其重要性显而易见，但在当前的规划和建设中却仍然时常被规划师和建设者所忽视。城市公共空间与城市交通空间的功能复合使我们超越和改变了以往城市交通的单一功能和城市交通的工程观。因此，复合型的城市公共空间赋予了城市交通空间综合功能，并且创造了一个舒适、愉悦和安全的出行环境，而城市交通空间也加强了复合型的城市公共空间的流动性与可达性，从而交通空间不仅能完成承载公众交通出行的目的，同时还很好地起到联系各功能空间的作用。

(3) 城市公共空间、建筑公共空间与城市交通空间的功能复合

以上两种复合情况相对较为简单，而第三种情况则是上述两种情况的综合表现，其也是复合型的城市公共空间最为典型的表现方式，其更表现为一种城市空间发展的多功能集聚与室内化倾向。随着现代城市生活的多向性、多元化及其内在联系决定了建筑功能多元之间的关联性，多元综合已成为当今建筑空间发展的主要趋势。由城市

❶ 相关内容参见潘海啸编译. 城市交通空间创新设计：建筑行动起来［M］. 北京：中国建筑工业出版社，2004

公共空间、建筑公共空间与城市交通空间的功能复合形成的复合型的城市公共空间是一个多层次、多感受、多要素复合的动态开放系统。

有关城市空间功能复合使用的研究与实践探索早已在各国的城市设计中有所运用，并且已经出现了许多优秀的案例，如英国伦敦坎勒瑞・沃夫地区综合开发、南京火车站站前广场的城市设计(见图 1-22)、日本东京的六本木山综合体项目和加拿大多伦多市地下步行街系统与伊顿中心等，下文选取日本六本木山综合体建筑进行剖析。

日本六本木山综合体项目于 2003 年建成，项目占地面积约为 11.5hm^2，建筑面积约为 76 万 m^2，共划分成 4 个街区，真正实现了商业、文化、办公、住宅和景观等多重功能的集聚并且多种交通流线之间组织有序，室内外空间相互渗透、动态合一(见图 1-23～图 1-25)。

图 1-22　南京火车站站前广场，其与城市景观、城市公共空间以及站前交通融为一体

图 1-23(*b*)　六本木山综合体全景鸟瞰

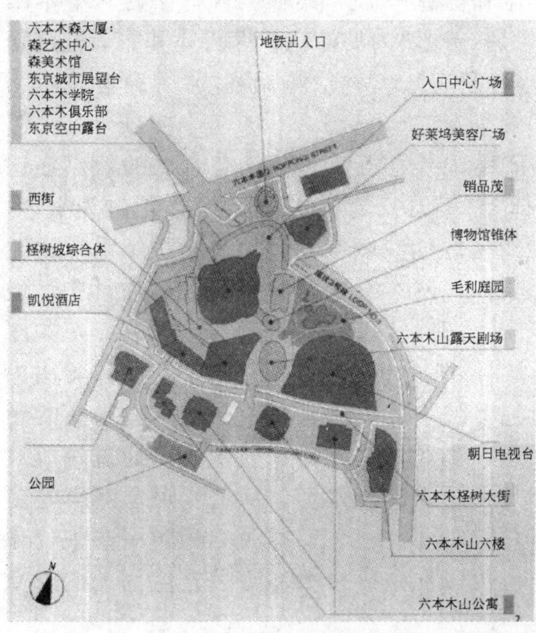

图 1-23(*a*)　日本六本木山项目总体布局示意图

图 1-23(*c*)　多层次、立体化的室外公共空间组织

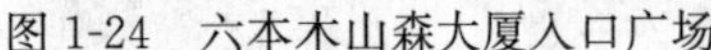

图 1-24　六本木山森大厦入口广场

图 1-25　室外局部高差人流交通组织

具体而言，A街区作为六本木山综合体的主入口，通过和地铁站、地下通道相连，进行该综合体建筑空间与城市交通空间之间的人流疏导与集散工作，完成了城市轨道交通和步行人流之间的转换功能。同时，为了完成各个不同功能区域的缓冲联系和作为上下移动手段，综合体内设置了两处大的共享空间来进行水平交通和垂直交通的转换：一处是在地铁出入口，利用自动扶梯的上下穿插来组织垂直与水平交通(见图 1-26)；另一处是好莱坞美容广场的地下二层到地上三层，也是由自动扶梯连接，形成了“枢纽式”的反向椭圆锥体。

如果说A街区主要是解决了公共空间中建筑综合体的交通问题，那么B街区则主要是体现了建筑综合体的各种不同功能的复合、激发与集聚。它是商业、文化和信息中心，其中包含有作为六本木山标志性的高达238m的森大厦，地块内的榉树坡综合体和露天剧院是一个聚集了影像、流行(时尚商店)、表演(露天剧场)等商业艺术文化的综合空间实体(见图 1-27)。

复合型的城市公共空间室内外相互渗透、动态合一的特点在这里还被表现为，把街道外部空间和内部空间如同迷宫般地融为一体，这是一种综合了迷宫性和幻视性的戏剧空间，也是新世纪赋予商业艺术文化空间的新课题(见图 1-28)。在维珍影院综合体设计中，设计者还有意颠覆了常理概念，把以往仅仅作为公共空间的影院大厅转化为“影像和艺术的殿堂”，把通常只有在影院中才有的体验由内向外渗透。即通过投影，把上映中的电影画面或是艺术性很高的影像映射到入口门厅的墙面上，如此一来，影像艺术可以通过构成建筑物的水、结构、玻璃等几个层面向外延伸，从散步道上甚至是更远的办公塔楼上都能看到它们(见图 1-29)。可见，通过一些现代化的电子或媒体技术的使用也可以加强复合型城市公共空间的内外空间渗透与联系作用。

由此可见，日本六本木山综合体建筑作为复合型的城市公共空间特征的集中体现，主要表现如下：

图 1-26 六本木山地铁出入口半开放交通空间

图 1-27 露天剧院观演空间

图 1-28 室内外交融的公共空间

图 1-29 具有影像渗透性的维珍影院大厅

1）具有城市公共空间室内化和建筑空间室外化的特点；

2）关注功能的复合与激发效益，体现了空间职能的多元化；

3）突破以往水平式的立体化(仅仅是水平式功能的三维叠加而已)，真正实现功能和信息流的立体化；

4）建筑内部交通流线、城市公共空间交通流线与城市公共交通流线通过建筑综合体构成立体化交通网络，具有立体流动性和高可达性。

同时需要强调的是，为了实现复合性、安全性、艺术性和舒适性并存的复合型的城市公共空间，并不能仅仅依靠设计师的创造性，还需要包含管理运作者的先进理念并得到他们充分的理解和支持。

2. 从历时性的空间发展角度对复合型的城市公共空间功能复合化进行划分

从历时性的空间发展角度来分析，复合型的城市公共空间的功能复合化特征主要体现在功能置换和城市再开发上。如对城市中一些遗弃的工业区、废弃的土地或不能适应时代需求的旧建筑区域等进行功能置换和再开发，也就是说，城市中心地带的许多工厂、仓储等用地进行功能转换，相当一部分被城市第三产业的发展所更替，这样不仅能再生城市功能、对城市开放，同时还能产生城市新价值。

在深圳罗湖区的一片高密度街区中的深圳公共艺术广场，就是城市规划部门和建筑师在历时6年的对话中在这片原有废弃土地上共同策划出来的公共空间内容。为了有别于通常的“景观型”绿地，首先强调要在这片废弃的土地上植入特殊的功能内容，并且与周边城市生活内容具有相当差异化，利用艺术与无孔不入的商业混合所产生的一种潜在力量与催化作用来刺激新的城市活动和城市生态的产生，从而提升整个周边地区城市公共生活的品质。

从历时性的空间发展角度和城市再开发层面来看，2006年，Will Alsop在新加坡克拉码头(Clarke Quay)❶河岸地区竣工的综合开发项目是城市公共空间复兴的又一典型案例。新加坡目前下城核心包含中心商务区(CBD)、政府大厦(city hall)、玛丽娜中心(Marina center)和武吉士(Bugis)4个区。这4个区每个都有一个或更多突出的公共节点空间，但以前公共空间常被使用者认为只是他们单独区内隔离的节点。因此，自1996年开始实施的新都心(New Downtown Plan)建议可利用人行道路来强化节点之间的联系和引导性，并且增加沿新开发的滨江区水岸的都市活动廊道长度。而此次克拉码头河岸再开发项目就包括了连接玛丽娜中心和政府大厦两个节点以及它们之间的步道，这次开发新定位——集购物、休闲、娱乐和文化为一体的城市功能复合、集聚的新型城市空间——复合型的城市公共空间，为这块$3hm^2$的钻石形基地带来了新的活力和经济效益(见图1-30)。

图1-30　景致独特且富有活力的新加坡克拉码头公共场所夜景

❶ 克拉码头(Clarke Quay)是以前海峡殖民地的第二任总督安德鲁·克拉(Andrew Clarke)的名字命名的，也曾经是昔日新加坡第一代移民的生活命脉和商业中心，在鼎盛时期曾承载着新加坡河道的主要运输，在20世纪80年代作为文化遗产进行了中产阶级化的改造，但并未成功。

1.3.2 空间形态与信息的立体化特征

空间形态与信息的立体化是复合型的城市公共空间的又一重要特征。空间形态是各种功能活动所形成的空间结构的外在显现。空间结构尽管难以被直接触摸，但是它内含着城市各项实质的与非实质的要素在功能上与时空上的有机联系，也正是这种关系的作用，引导或制约着城市公共空间的发展。因此，空间形态演变的内在机制，本质上是由于形态不断适应变化的功能要求，即功能—形态的矛盾运动[1]。黑川纪章认为，许多现代的高层建筑无论怎样超高层化，都还只是用同样的方法将建筑物只与地表相连，仅仅是在纵向构成二维城市空间的建筑。如果那样的话，并不能说是城市已经立体化了，城市的立体化就应该是“将信息流动本身的立体化”。因此，复合型的城市公共空间形态与信息的立体化发展目标就是旨在通过功能、空间与交通的立体化组织将信息流动立体化，这也是其适应各种功能集聚、复合等相互作用的结果，其发展要求与趋势具体来说，可以从以下三个方面来进行简要分析。

1. 响应全球土地资源集约化利用的要求

在全球范围内，城市过度增长与蔓延以及土地资源有限性等问题已引起了许多国家的高度重视，土地是城市空间形成的二维基面，时间和空间则是土地使用的基本变量。土地资源是有限的，但随着城市经济、商务、贸易的繁荣与增长，城市交通的迅速发展以及城市人口规模的不断扩大，需要城市提供充分的使用空间，二者之间的矛盾必然要求我们充分集约利用土地资源。在这一点上，日本历来就对国土规划利用工作十分重视，自1962年制定了第一个国土综合开发规划后，平均9年左右就会出台新一轮的国土规划。进入21世纪以来，日本又开始了对新型的、能够适应时代变化的国土规划体系和制度的探索。2004年5月，日本的《国土的综合审视——朝向新的国土形态》研究报告就已指出，日本迄今为止的国土规划是以交通体系等国土基础设施的规划建设作为其主要的实现手段，进而，今后在进行国土和区域的开发建设时，应当重视国土利用形态的重构，推进对国土空间利用的引导，包括全国规模的水网与绿网

---

[1] 城市形态演变的内在机制，本质上是由于形态不断适应变化的功能要求，即功能—形态的矛盾运动。社会经济的发展引起城市功能的变化，打破原来的“功能—形态”的适应关系，导致形态变化。该过程一般经历四个阶段：(Ⅰ)旧的形态与新的功能产生矛盾；(Ⅱ)旧形态的逐步瓦解，许多新的结构要素从原有形态中游离出来；(Ⅲ)新的形态在旧形态尚未解体时已成为一种潜在形式；(Ⅳ)新形态不断成型，并且与新的功能重新建立适应关系。

的形成、国土利用质量的提高、城市土地利用的秩序化和集约化、自然环境的再生和有效利用等❶。而且当代社会的发展以效率为先，基于提高城市系统运作效率的诸多城市模式已得到大力提倡，无论是理查德·罗杰斯的紧凑城市，还是彼得·卡斯洛普的TOD模式都在极力倡导建立基于城市公共交通系统的高密度、高效率的城市整合状态。

因此，为了实现我国土地的高效、集约利用，我们应该关注城市空间的三维拓展，而复合型的城市公共空间以立体化发展的方式来进行功能、公共交通组织和职能完善必然是符合未来我国城市的发展方向的。

2. 顺应城市用地垂直化综合开发的趋势

垂直化发展趋势是复合型的城市公共空间形态立体化的一个重要因素，垂直化发展意指对用地进行地上、地面和地下三维相结合的综合开发，以构成一个连续且动态的空间体系。垂直化发展是解决土地资源紧缺、城市人口剧增和城市交通拥堵突现等城市问题的一个有效途径。复合型的城市公共空间的垂直化发展，主要在城市中心区、城市交通枢纽和一些城市节点等区域通过大型开放性的建筑综合体与城市交通（地上、地下）、城市地下空间的相互利用、相互融合、相互激发而延续。

南京南站是“三站合一”共体的垂直化交通枢纽，所有交通工具真正实现“无缝换乘”❷。它突破了以往城市交通站的狭义范畴，充分利用复合型的城市公共空间功能、流线组织的垂直化特点，来充分发挥其对外交通的集散与换乘作用。

3. 立体化的流线组织促进复合型的城市公共空间信息立体流动性形成

在复合型的城市公共空间垂直化发展趋势下，流线组织也呈现出立体化特征，将信息流动立体化，以避免出现将以往二维城市空间进行简单的机械化垂直堆叠的情况。如果观察一下我们城市24小时可以发现，虽然建成了许多高层建筑，但是它们在潜意识上都还只是被水平流动所支配着：乘坐电车、汽车——到达目的地便乘坐电梯，这些完全都是抽象的流动❸，所以其并不能被称为真正的立体化。黑川纪

---

❶ 林家彬. 日本国土政策及规划的最新动向及其启示［J］. 城市规划汇刊，2004(6)：34～37

❷ http：//nj. house. sina. com. cn 2007年10月20日，南京晨报

❸ 文中相关内容参见［日］黑川纪章著. 黑川纪章城市设计的思想与手法［M］. 覃力、黄衍顺、徐慧、吴再兴译. 北京：中国建筑工业出版社，2004

章在霞浦计划中提出，螺旋状交通❶，是作为解决城市水平交通与垂直交通组织中的种种矛盾的一种有效方法(见图 1-31)。根据规模与条件，螺旋状交通被设计成楼梯、坡道或者高低不平的地形，可能还会被考虑为使用自动升降机的连续交通。如日本东京六本木山综合体的露天剧场地面就是被设计为螺旋状下落的露天台地，这虽然只是个很小的方面，但却妥善地解决了人流的水平与垂直交通。

图 1-31 动态、开放的信息型空间结构

可以说，现在人们已常把螺旋形的流动空间视为有可能成为把握动态的现代生活的钥匙。可以看到，从国外到国内已有一些建筑师进行了相关的实践探索，如扎哈·哈迪德设计的“42 街旅馆”便是追求城市建筑空间信息流动立体化的范例(见图 1-32)。从多方面看，扎哈·哈迪德思想中的革命性主要反映在对固有的、传统的以及不符合时代文化的一切观念的批判。她要在建筑中实现的本质目的是通过对传统观念的批判，进而对建筑的本质进行重新定义，从而发展适合时代的新建筑。因此，哈迪德在“42 街旅馆”的设计中，首先对以往那种高层建筑标准层决定论的“固有概念”提出了批判，她认为：“高层建筑设计不是标准层的简单重复，而是要在一栋建筑里去创造一个世界。不同的功能需要通过不同的方式来表达”❷。在“42 街旅馆”这个案例中，建筑包含了一系列的功能空间，譬如餐饮、商场、旅馆等，哈迪德认为这些内容应该用不同的方式来表达，公共空间与私密房间应该存在差异，所以她采取的是“塔中塔式”的堆叠式设计，也就是由许多塔楼通过堆叠共同复合组成一栋塔楼，

---

❶ 螺旋结构的维度主要有以下四种：(Ⅰ)一侧螺旋结构(0-Helix System)：在一侧螺旋结构中，有右旋螺旋结构和左旋螺旋结构。无论哪种结构，看上去都像发条或者螺旋阶梯。原则上可以认为是在主体结构支撑下的单位材料的堆积或是土地构成。(Ⅱ)一维螺旋结构(1-Helix System)：该结构由一个左旋螺旋结构与一个右旋螺旋结构组合而成，在平面上具有一个交点，虽然它不能作为立体结构来使用，但若将右螺旋视为“正”信息流、左螺旋视为“负”信息流的话，就能够使交点的信息处理能力成为二进制系统。(Ⅲ)二维螺旋结构(2-Helix System)：由左旋螺旋结构与右旋螺旋结构各两个组合而成的螺旋结构。在平面上具有两个交点。若将各交点看成压缩材或拉伸材的话，则可以获得稳定的空间结构。这些交点的平面呈线形，具有最小面积，适于作为现代城市的触媒。(Ⅳ)多维螺旋结构(n-Helix System)：由左旋螺旋结构与右旋螺旋结构各 n 个组合而成的螺旋结构，例如三维螺旋系统。增加组合的螺旋结构数量，就可以增大同一用地内的信息量及基地面积。多维螺旋结构可以不需压缩或拉伸，而以“核”状筒形结构应用于高层建筑之中。在这种螺旋交通中，自动扶梯便成了非常有效的交通手段，而垂直的楼梯和电梯也就没有什么必要了。

❷ Luis Rojo de Castro. Interview with Zaha Hadid Conversation 1995. El Croquis 52+73 [J]

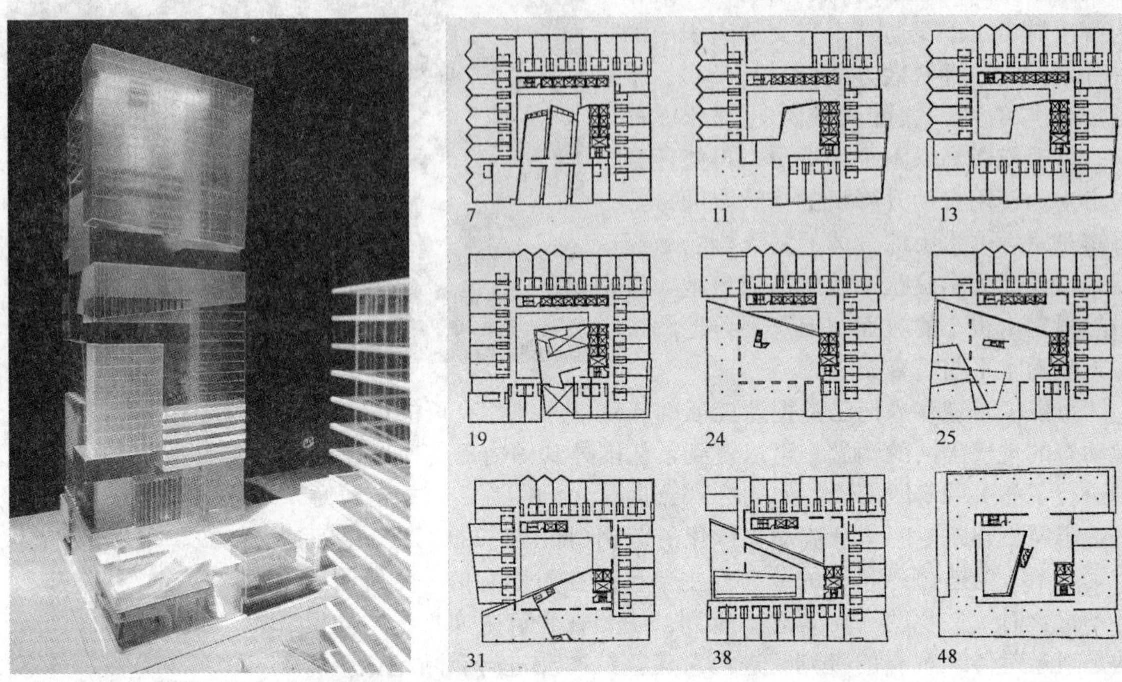

图 1-32(*a*)　扎哈·哈迪德设计的"42 街旅馆"建筑模型(左)

图 1-32(*b*)　"42 街旅馆"平面图(右)，建筑内部立体螺旋上升的公共交流空间通过不同高度的公共平台与城市形成有效的空间与信息沟通。

而每个塔楼分别代表不同的功能实体，这些塔楼的立面和房间形式各有不同，通过将这些独立的体块进行堆叠，形成高层建筑一种新的形象。不仅如此，哈迪德在该建筑中还创造了丰富的内部空间，即形式各异的塔楼以不同的方式保证了中庭空间的连续性。这个中庭空间犹如垂直的"空中街道"，弯转曲折，不同层面的空间以不同的方式与它连接、重叠。通过设计，不仅城市景观可以在建筑内部得到有效延伸，而且使得建筑与城市交通通过复合型的城市公共空间有机地联系在一起，实现了城市建筑空间信息流动立体化。

因此，在复合型的城市公共空间垂直化发展过程中，可以通过空间、功能组合与流线组织的立体化来真正实现信息流动立体化，以建成复合、高效的动态城市空间。

1.3.3　边界的模糊化特征

复合型的城市公共空间边界模糊化特征的产生主要来自以下两个方面的原因：一是空间室内外渗透化；二是功能延续性的加强。

1. 复合型的城市公共空间室内外渗透化发展

复合型的城市公共空间室内外的渗透化发展是城市在立体化发

展进程中城市公共空间室内化和建筑空间城市化的综合反映。建筑与城市的空间组合方式主要有复合、分离、穿插、串联、并联以及层叠等几种，其在平面组织上表现为建筑内部空间与城市空间元素的某种耦合，在剖面上则表现为不同空间体系的垂直叠加，在多重关系的合力作用之下，促使城市空间与建筑空间相互交织，使得复合型的城市公共空间成为建筑空间与城市空间相互交织、渗透的空间媒介(见图 1-33)。

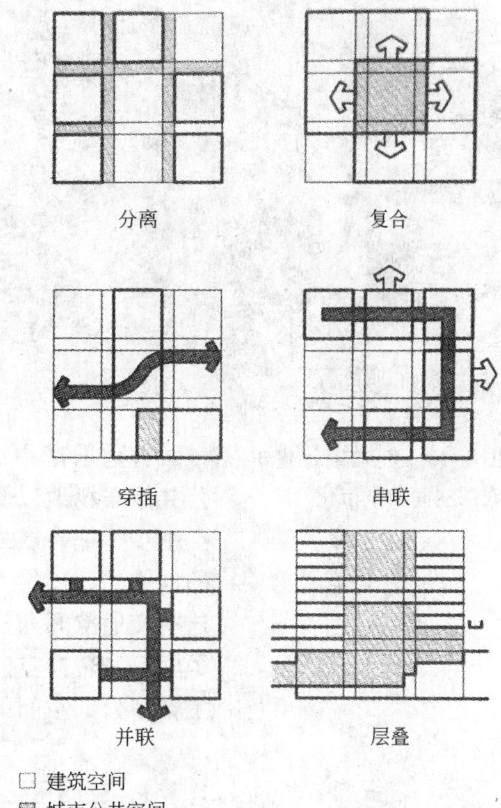

图 1-33 建筑与城市空间基本组合方式

同时，在城市立体化发展过程中，以往各种城市、建筑空间的固有界限在城市交通空间的中介作用下逐渐被打破，各种空间与功能之间的关联、融合使得它们之间的边界限定越来越趋于模糊化，从而促使城市、建筑与交通等空间日趋一体化(见图 1-34 和图 1-35)。香港太古广场可以说是城市、建筑与城市交通空间室内外渗透一体化的典型案例，步行交通人流通过两种方式从室外进入室内：(1)地铁金钟站的人流通过相连的地下商业街引入室内；(2)空中步道从三个不同方向穿越二层商场中庭空间，完成了人流引导作用，其中一个空中步道出口与通往香港公园的公共扶梯相连。车流交通组织巧妙地利用山势地形，不同功能流互不干扰。总的来说，太古广场整个交通组织把室内、室外空间融为一体，立体化高差的设计与利用不仅解决了人流、车流的通畅，而且丰富了城市景观。

图 1-34 香港国际金融中心公共空间与城市人行交通的一体化连接

图1-35　汇丰银行建筑底层空间的城市化

2. 复合型的城市公共空间功能延续性加强

功能延续性的加强是复合型的城市公共空间边界模糊化的另一个主要原因。功能的延续主要是指功能单元之间的串接、渗透和延伸，它产生的原动力主要来自现代生活的多元化和运作的便捷性要求。在复合型的城市公共空间中，公众有许多行为之间存在着关联性，它们相互促进、激发，甚至互为依存，如交通集散与商贸交易、商务会谈与信息传媒、餐饮娱乐与文艺展示等功能。

香港乐富中心二期工程，功能内容包含商场、电影院、餐饮、公共停车场地以及露天剧场下的城市交通转运设施等。该项目利用空中步道把一、二期工程有机联系起来，利用地道贯通了一、二期的地铁站，还将大平台下的架空空间设计为公共汽车换乘处，所有这些交通空间与建筑内部空间紧密相连，建筑为城市交通系统提供了联系和转换空间，而且该建筑在空间外观形态效果上也突出强调了城市公共空间的延续性。

1.3.4　空间可达性的网络化特征

我们知道，网络的主要特征即是错综交织，概念模型为球体内线与线、线与面的相交，其是非二维的，而是三维立体相交。空间可达性的立体网络化是复合型的城市公共空间的主要特征之一。它主要指通过车流交通系统（如地铁、轻轨和公交等）与人流步行系统有机结合，组建成城市中“人”的可达性立体交通网络系统。

相对于传统城市空间与建筑空间在地面层的结合，地下以及地面以上的建筑、城市公共空间与交通空间的复合则更是综合利用了城市有限的空间资源。地下步行系统与空中人行系统是城市空间向建筑地下层与地上空间扩展的主要方式之一，通过其与建筑的接驳，复合型的城市公共空间由地面向地下和地上延续，形成相互交织的网络，从而提高了空间的整体效能。

同时，空间可达性的立体网络化也是功能复合化、空间形态立体化和空间边界模糊化等特征在复合型的城市公共空间系统上的综合反映。而且，这里所谈的立体网络并非只是以往通常认为的单线交通所构成的网络，而是上述的螺旋线式的交通所编织成的一种具有厚度的空间立体网络。正如前文所提及的黑川纪章认为的那样，螺旋交通在将来会作为主要的城市垂直交通出现，而且将有利于平面交通与垂直交通的结合。如果被用于输送装置还能够同时解决水平与垂直交通问题，可以考虑螺旋结构的建筑以及自行式立体停车场的设置，而且，将循环交通(连续交通)与螺旋交通组合在一起，有可能形成集约化、高密度的城市结构。

在北京798工厂成立“动态城市基金会”的何新城等针对北京城市交通问题曾提出了一个大胆尝试：D轨方案。在该方案中，何新城等提议在北京三环和四环之间植入一个新的城市中心，并且采取一种全新的大众交通方式来支持该区域发展。D轨是一种混合型的大众交通系统，它结合了磁悬浮列车的速度和运输带(平行扶梯)的便捷性。这种科技使得交通工具环绕着城市并能随时满足需求，沿线还布置商店和连续的公园。如此一来，D轨重新利用道路表面将城市进行有效缝合，而且还展现出一种非常强烈的联结的形象特征，其极有利于城市空间可达性立体交通网络的形成(见图1-36和图1-37)。

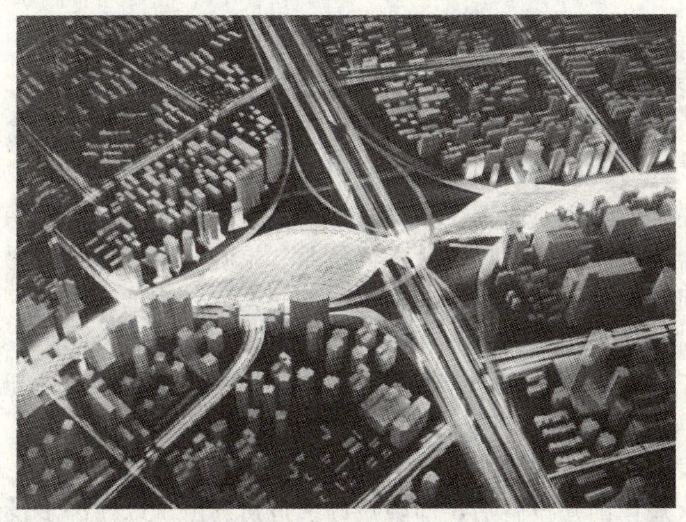

图1-36 D轨交通规划方案交汇区鸟瞰

图1-37 D轨交通规划方案动态、立体化换乘空间

由此可见，为了实现与利用复合型的城市公共空间立体网络化交通系统的高可达性优势，应积极研究与发展一些新型的城市交通组织方式，同时也能更进一步加快复合型的城市公共空间系统的发展与完善。

1.4 我国发展复合型的城市公共空间的必要性与必然性

通过上述对复合型的城市公共空间概念与主要特征的阐释以及

世界范围内一些典型案例的剖析，我们可以看到复合型的城市公共空间的产生与发展是适应时代发展要求的，能满足人们生活的多重需求，同时，它也是解决城市、建筑空间与城市交通等一系列相关问题的有效途径。随着我国进入城市化高速发展时期，以往城市存在的诸多弊端不断呈现，人们对城市与建筑的功能、土地的集约开发和社会生活的多元化等问题的实质性认识也越来越透彻，复合型的城市公共空间在我国的健康发展也将会是一种必要性和必然性的有机结合。

以下先对我国城市建设现状存在的一些弊端进行反思，然后通过对西方城市紧凑发展思想和土地集约利用模式的研究来结合我国国情进行归纳和总结，最后对知识经济时代我国城市建筑功能与公共交通组织发展趋向进行探讨。通过这些研讨与分析，目的在于使我们更好地认识发展和完善复合型的城市公共空间的必要性，同时也为顺应其发展的必然性积极创造条件。

1.4.1　我国发展复合型的城市公共空间的必要性

1. 对我国城市空间建设现状问题的反思

当前，我国正处于城市快速发展时期，在城市化逐步进入高速发展阶段的同时，原有的城市正在经历着广泛而深刻的变革。城市不再仅仅是生产中心，而正在从以前的工业生产型城市向多职能体系转变。金融保险业、房地产业、贸易业、旅游业、信息咨询业及服务业的迅速发展，城市不断地通过物流、人流、信息流和技术流等发挥着城市组织生产、流通和生活的巨大作用。可以说，第三产业的崛起正迅速刺激着城市职能及其土地需求的变化，与此同时，城市社会结构也在发生着深刻变化。

社会发展和生活质量的旺盛需求以经济振兴为前提，然而，在我国城市大规模的建设背后，却隐藏许多危机。由于以往许多设计职业和建设活动根据城市规划部门划地分块，建筑师也多是采取相地而作的传统模式，该模式给建成的城市空间环境带来多方面的弊端：城市建筑缺乏功能关联、城市公共空间断裂、城市公共交通拥堵严重、公共交通换乘体系不完善以及城市用地供需矛盾突出等。

虽说造成上述局面的原因是多方面的，但与以往人们对建筑和城市设计认识的局限性是密切相关的。通过对我国城市空间建设现状问题的概述与反思，我们认为要解决现有城市环境存在的种种弊端，就必须在城市土地集约利用理念下，从建筑和城市的公共空间以及城市交通的有机结合方面来展开研究。因此，复合型的城市公共空间概念的提出，突破了传统观念的束缚，切中时弊，它是联系城市规划、城市设计以及建筑设计的一座桥梁，也是综合解决这些城市问题的有效方法之一。

2. 实现我国城市土地集约化利用的迫切需要

众所周知，土地集约化利用已经是一个世界性的可持续发展课题。城市土地利用集约化的要求也是复合型的城市公共空间产生和发展的重要原因之一。集约化主要是指城市建筑在占有有限的土地资源的前提下，形成紧凑、高效且有序的功能组织模式。中国的土地问题是解决"一要吃饭，二要建设，三要环境"的问题，土地问题的核心是合理利用，创造财富的效率和享受福利的公平问题，在国家之间、地区之间、利益集团和社会集团之间、个人之间创造和分配。归根结底，土地作为一种不可再生资源，兼有资本和资产的属性，其问题本质上都是其产生的财富随着时空在各集团之间分配方式的冲突和斗争❶。城市空间集中发展还是分散发展，历来都是城市空间发展中两种思想、两种主义争论的焦点。

当今中国正处于快速城市化进程中，城市周围的农田将转化为城市化区域以满足城市扩张的需要。太多的人口，太少的耕地，人口在迅速增长，耕地在急剧消失——这意味着什么？

从居住角度来说，这意味着无论是从现状出发还是为未来着想，为了维持整个民族的生存可能性，高密度居住——住在多层住宅和高层住宅中是绝大多数中国人必须也不得不采取的居住方式——这是朱涛所理解的建立在物质基础上的、社会性的"中国式居住"的概念。与此同时，正如本书导论中所述，中国不仅是一个农业土地紧缺的国家，还是一个能源短缺的国家，面对严峻的土地资源和能源挑战，作为土地使用和能源消耗的中心——城市，其发展的模式也将面临很大的改变。在我国快速城市化发展过程中，土地资源稀缺与开发需求旺盛是大多数城市均面临的突出矛盾，市场机制的作用进一步促使追求土地的高强度开发与高效益配置成为必然趋势❷。

因此，在我国建立资源节约型和可持续发展的城市空间形态和有效的增长管理调控机制显得极为重要。如何在城市增长中以最少的土地利用来容纳最多的城市人口，提高城市资源的开发效益，引导城市合理地向集约化的用地模式发展，已经是城市政府和研究专家们所面临的一项艰巨任务。然而城市总体开发的合理容量是有一定限度的，开发过程中必须以保证城市生态环境和广大市民适宜生

---

❶ 敬东. 城市经济增长与土地利用控制的相关性研究 [J]. 城市规划，2004(11)：60～70

❷ 周丽亚，邹兵. 探讨多层次控制城市密度的技术方法——《深圳经济特区密度分区研究》的主要思路 [J]. 城市规划，2004(12)：28～32

活的空间环境质量为前提。

由于一些西方国家已经积累了许多有关城市紧凑、集约发展方面的理论成果与实践经验，因而我们可以从它们的一些研究成果与实践总结中汲取有益部分，同时结合我国的具体国情进行发展研究。下文通过对西方紧凑集约发展理论、土地集约化制度框架与计划制定的实施简析以及城市空间发展土地利用与开发强度分析三个方面的探究来寻求其对我国城市发展启迪的同时，也进一步阐明了我国发展复合型的城市公共空间的必要性。

(1) 对西方紧凑集约发展的理论研究概述

在美国，新城市主义运动于1980年代开始出现，1990年代中期进入高潮期。美国新城市主义理论与其说是以一种设计方法(New Urbanism)代替另一种设计方法(Conventional suburban design)，不如说它是人类对于城市的一种理想追求。新城市主义主张通过广泛的公众参与，共同支持以下原则：1)邻里多样化的土地利用与多样化的人工结构；2)社区除提供汽车使用外，尚需考虑人行步道与大众运输工具的使用；3)城镇不能无止境地扩张，应该有效界定其成长范围，并能够很方便地使用各项公共设施；4)城市应该透过城市设计以彰显其独特的历史与生态。新城市主义正在日益改变美国的城市郊区，对新城市主义的引用包括鼓励集约型增长政策、土地混合使用、明确界定城市边界和城乡中心区划分等等。

美国规划协会(APA)定义的"精明增长"(Smart Growth)是指努力控制城市蔓延，规划紧凑型社区，充分发挥已有基础设施的效力，以提供更多样化的交通和住房选择。一位APA高级研究员曾声明，社区的规划建设模式对于能源消费有着明显影响，Gephardt提出的规划就城市规划和美国对外能源依赖的关系问题引发全国范围的讨论。美国社会越来越认识到用于人和货运的能源在很大程度上是由城市发展模式所决定的，混合型土地使用的紧凑集约发展，使就业、居住和游憩功能彼此接近，分享基础设施，提供更多的使用公共交通的机会，可以减少能源消耗❶。

在英国，"紧凑城市"(Compact City)理论作为可持续的城市模式之一，也已经被广大民众所接受。紧凑城市的目标在于促进社会公平，同时保护环境和生态。紧凑发展技术主要是在可持续发展城市的理念基础上提出来的，紧凑城市是高密度且混合使用的城市模式。它具有如下优点：1)保护农村区域；2)减少汽车的使用，从而随之减少能耗；3)支持公共交通、步行和自行车的使用；4)更充分

❶ Elizabeth Burton. The Potential of the Compact City for Promoting Social Equity. Achieving Sustainable Urban Form. E&FN Spon, 2000. 19～29

地利用公共服务设施和基础设施；5)有利于内城复兴。

以上这些是当前一些西方国家对于城市紧凑、集约发展方面的主要理论研究成果，可以说这些理论成果不仅提醒人们认识到了关注自己生活的城市、关注城市生态可持续发展的重要性，而且在指导西方一些城市的建设与发展中也已取得了显著成效。因此，其对于我国一些城市向紧凑、集约型方向建设与发展也有着一定的借鉴价值。

(2) 西方土地集约化制度框架与计划制定的实施简析

针对规划层次的复杂系统和规划手段，欧洲国家设计了一些制度框架，这些制度框架对于控制城市的增长具有潜在的适应性。而一些没有中间层次或者区域层次规划的欧洲国家(如比利时、意大利、西班牙等)根据联邦体制已经或者正在重新设计他们的制度框架，目的在于重新分配从中央到中间层次的管理权力。

对于控制城市过度增长和蔓延，世界各国根据各自国情制定了不同的计划。譬如，英国采取设置“绿带”来限制城市的扩展和约束小城镇的集中连片发展，德国创建了“开发轴系统”理论，意大利的 RDP(Regional Development Plan)计划，荷兰的 Vinek 计划，美国在提出了开发管理概念之后，又相继提出了“新都市主义”、“理性发展”和“城市边界主义”的理念等等。制定于 1955 年的英国《绿带法》常被看作是国家规划政策的要素，通过郡的结构规划表达出来。英国最大的绿带是环绕首都伦敦的绿带，其次是威斯特·密德兰组合城市(West Midlands Conurbation)、曼彻斯特、利物浦以及约克郡西南部(South and West Yorkshire)的绿带。绿带以农田和公园作为不可侵占的自然隔离带，以此阻止了城市无休止地向外蔓延，因此，通过绿带对建设进行严格的控制成为伦敦新城镇建设的重要手段。

在美国，控制城市增长的手段主要以制定土地利用规划和控制土地市场这两项措施最为普遍，而“城市发展边界”(UGB)则是指城市土地和农村土地的分界线❶。

加拿大的许多城市制定了旨在降低对小汽车出行使用的依赖程度，并采取高密度、混合使用以及能促进城市可持续发展的长期交通规划。荷兰政府依据“紧凑型城市”的概念实施了一系列政策，主要强调必须以绿色空间和开敞空间来平衡城市住区。荷兰关于精明增长的第四次报告“Vinek 计划”主要是为了促进整合性的土地

❶ “城市发展边界”(UGB)是指城市土地和农村土地的分界线，在边界以内的土地可以被开发为城市用地，在边界以外的则不可以开发，该界线既是土地利用计划的核心及关键组成部分，也是整个规划的基础。

使用和交通规划，从而达到控制城市蔓延的目的❶。

通过对上述这些西方国家土地集约化制度框架与计划制定的情况来看，它们对于城市土地集约化利用、城市紧凑发展等方面的关注与重视由来已久。相比之下，从我国目前这方面的政策制度的确立与执行来看，则显得不足。

(3) 城市空间发展的开发强度分析❷

伊文思(Alan W. Evans)在《城市经济学》一书中运用福利经济学的观点对土地开发强度进行分析，认为规划部门通过公平和效率原则，对土地利用的强度进行干预，从而使其更接近帕累托最优❸。通过上述分析，伊文思对确定既满足开发商的投资回报收益，又不影响社会公众环境的开发强度提供了经济学上的最佳解释(见图 1-38)。

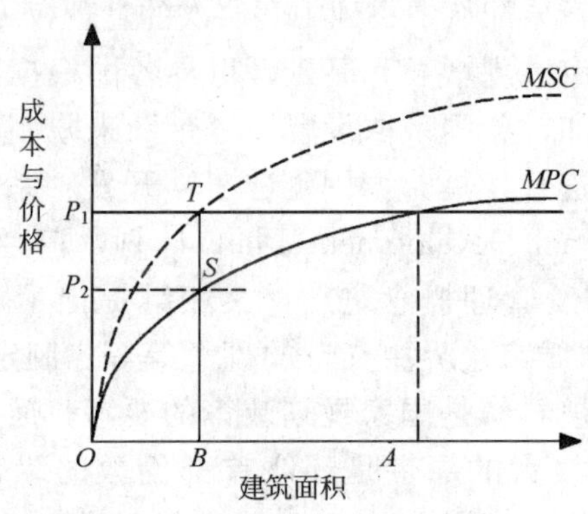

图 1-38　容积率和成本价格关系

注：横坐标表示建筑面积，纵坐标表示成本和价格，*MPC* 曲线代表每增加单位建筑面积的建筑边际成本和建筑密度之间的关系，*MSC* 曲线代表社会边际成本。如果不考虑边际成本，假设每单位建筑面积价格为 P_1，开发者便可获得 *OA* 单位的建筑面积，获得最高利润。但随着开发强度的增加，引起交通拥挤、居住环境质量下降，社会边际成本提高，反过来又会影响价格。那么理想的开发强度应该在 *B* 点，因为 *B* 点的建筑面积的单位价格正好等于它的社会边际成本。

新加坡是一个国土面积很小的国家，面积仅约为 660km^2，政府对新加坡的发展目标是要求建设成为世界金融、贸易和信息中心。

---

❶ Federico Oliva，Marco Facchinett. 关于城市蔓延和交通规划的政治与政策 [J]. 国外城市规划，2002(6)

❷ 参见李翅. 土地集约利用的城市空间发展模式 [J]. 城市规划学刊，2006(1)：49～55

❸ 帕累托最优是指资源分配的一种理想状态，假定固有的一群人和可分配的资源，从一种分配状态到另一种状态的变化中，在没有使任何人境况变坏的前提下，使得至少一个人变得更好，这就是帕累托改进或帕累托最优化。帕累托最优的状态就是不可能再有更多的帕累托改进的余地；换句话说，帕累托改进是达到帕累托最优的路径和方法。

新加坡城市建设采用高层、高密度的发展模式，通过概念规划与开发指导规划(Development Guide Plan，DGP)来规范和引导高密度发展，管制城市开发强度。

美国人口密度为 27.5 人/km²，占中国人口密度的 1/5，但是区划仍然鼓励开发多、高层住宅来提高居住品质，居住建筑可以突破区划条例的限制来提高建筑密度。

欧洲的开发强度普遍高于美国，其主要原因在于：1)大多数欧洲国家的人口密度比美国高出许多，也正由于人均土地较少，所以更加强调土地集约使用；2)在许多西欧国家，住房偏好与美国有所差异，大量的中产阶级和上层人士都乐意居住在公寓套房里，而不像美国人梦想着有一座占地较大的独立式住宅。一般来看，欧洲的中上阶层比美国人更乐意在城市和中心城区居住生活，同时欧洲的税收系统也不像美国那样鼓励居民购买私宅。因此相对美国而言，欧洲国家非常强调集中开发和提倡土地的高效利用。

我国香港是一个土地资源严重缺乏的城市，虽然土地面积约为 1084km²，然而可供开发的用地仅约为总面积的 20%。面对平均每 10 年增长 100 万人口的巨大压力和有限的土地供给之间的矛盾，香港采取了高层、高密度的发展模式，目的在于缓解人口增长带来的对社会住房需求的巨大压力。通过实施一系列措施，包括密度分区制度在内的开发控制体系，对高密度开发进行管制和规范，维持一定的公共设施和良好的环境水平，以期达到社会、经济和环境多方面的协调发展。

对于我国来讲，土地资源紧缺已是不争的事实，坚持土地集约利用是城市空间发展的一个基本原则。虽然我国香港在城市土地集约利用和空间紧凑发展方面在国际范围内也算取得了显著成绩，但对于我国内地诸多城市来说，在这方面尚需要花大力气。

(4) 国际经验对我国城市发展的启示：必须走集约化发展道路，加强建设复合型的城市公共空间。

如上所述，新城市主义、精明增长和紧凑城市都是在可持续发展的背景条件下，在国际范围内研讨高密度的开发、混合使用的土地利用模式，力求减少对能源的消耗和资源的浪费，以保护环境和生态，创造适宜人居的环境。同时也应当看到，国外情况和我国当今城市发展现状相比，根植理论思潮的土壤具有很大的差异性。其主要表现在以下几方面：

1) 研究对象不同：欧美发达国家已经经历了大规模城市扩张的时期，以新城市主义为主的理论思潮研究的对象主要是小城镇社区，中国的城市空间发展主要表现出来的是新区向外扩张，解决的是新区拓展问题。

2）关注重点不同：发达国家关心的不是工业化、城市化、经济增长，而是主要关注生活质量，在很大程度上是针对富人阶级对生活环境的不满提出的一种解决之道，而对于低收入阶层和弱势群体并没有认真地考虑，因而缺乏广泛的社会公平基础。

3）采用标准不同：以美国为例，居住社区的容积率多数情况下取决于以下三个因素：汽车存放的数量以及如何存放汽车、提供给私人和公众使用的公共旷地量、相互面对的住宅窗户之间为了保持一定的私密性所需要的距离❶。新城市主义的中高密度住区，实际上也就是 3～4 层的公寓，只相当于我国较低密度住区，如果以这样的标准来满足我国大量的城市人口增量，显得力不从心。

由此可见，虽然在欧美发达国家，人均用地指标比我国要高得许多，人均对能源的占有也比我国要高得多，但是他们也都意识到紧凑发展的重要，那么对我国来讲，我国的客观条件显然不如一些西方国家优越，我们更应该坚持紧凑发展的思想。在我国的城市发展战略中，应强调“紧凑型”的城市发展模式和区域发展模式。中国特殊的资源条件和生态条件要求城市个体发展必须坚持走集约发展的道路，提倡以节省建设用地为中心的住房制度，提倡复合型的城市公共空间的塑造，提倡以公共交通为主的节能、节地的城市交通体系，同时限制私人小汽车的盲目发展，推进复合型的城市公共空间与城市交通的一体化建设与发展。

1.4.2　我国发展复合型的城市公共空间的必然性

在当今知识经济时代，信息及其网络已经渗透到城市生产、生活、交通和游憩等各个领域，信息化、网络化以及全球化的发展促使传统的城市功能发生着深刻的变化。而城市建筑的功能是对城市生活的直接反映，当代城市生活的一体化和日趋集约化的运作方式以及由此带来的高效率和高效益也必然促进着城市、交通与建筑功能的一体化组织，同时也推进着复合型的城市公共空间与城市交通一体化的发展。

接下来将通过对知识经济时代城市功能变迁及其实现方式多元化趋向、城市空间结构重组以及城市建筑功能和交通组织发展趋势三个方面的研究分析来阐述我国发展复合型的城市公共空间的内在必然性。

1. 顺应城市功能变迁❷及其实现方式多元化趋向

---

❶ ［美］林奇（Lunch，K），海克（Hack，G）. 总体设计 ［M］. 北京：中国建筑工业出版社，1999

❷ 下文相关内容参见黄亚平编著. 城市空间理论与空间分析 ［M］. 南京：东南大学出版社，2006

(1) 城市功能作用空间的区域化促进了城市功能的区域网络化联系

根据不同城市的社会经济直接影响力的强弱，可以区分不同层次城市的功能作用空间范围❶。而在城镇体系中，一个城市功能作用空间的变化，都要通过内部功能的变化和地域城镇体系结构的演变而发生改变，每一个城市由于其发展阶段的不同，都有其相应的功能作用空间范围。因而在如今知识经济时代，随着城市功能作用空间的区域化，城市发展出现了许多新的特征：1)社会经济和政治的组织方式不再是集权式的结构形态，而是成为一种网络结构；2)经济领域的全球化也已显示出无法抗拒的趋势，在城市中，社会经济因素越发处于不确定性或者难于对自身发展拥有绝对自主性；3)区域城镇空间的群体性和网络化特征使得单纯从各个体城市角度出发来确定未来发展规模、目标的现实可能性被削弱，城市功能作用在更大程度上与区域发展背景相关。

因此，在网络城市的职能关系中，传统的主从服务倾向被弹性与互补倾向取代，同时异质商品和服务也取代了均质商品和服务。城市的环境质量和运行效率更多地依赖于区域整体的环境质量和运行效率。而交通枢纽地区和节点地区在城市区域整体网络中的作用尤显突出，其是城市和区域功能转型中新功能要素成长最为活跃的区位，较传统意义上的城市功能概念而言更具有区域意义，而且也是城市功能区域网络化联系的生长节点。需要强调的是，正如前文所述，城市交通枢纽地区和节点地区的复合、高效开发已是城市向综合密集型方向发展的必然趋势。

(2) 城市非物质性功能的强化促进了城市空间的复合化发展

在知识经济时代，城市产业结构由以传统的物质生产为主的经济模式向以知识产业和高技术产业为主的经济模式转型，“由硬变软”的趋势明显，相应地，城市非物质性功能的发展越来越大，这也就进一步推进了城市空间的复合化发展。

1) 城市功能发生转变，即以商品为中心的服务向以知识和信息为中心的服务转变。在传统工业社会中，城市主要提供辅助生产的服务和满足个人生活需求的服务，而在知识经济时代，城市将重点

---

❶ 不同层次城市功能作用空间范围：(Ⅰ)城市功能作用空间为城镇的社会经济功能，仅以服务于城市本身以及该城镇的居民为主体；(Ⅱ)城市功能作用空间为地区城市的社会经济功能，不仅服务于城市本身，更以满足周边地区的需求作为其功能主体；(Ⅲ)城市功能作用空间为国家城市的社会经济作用，涉及该城市所在的整个国家，并且以此功能作为城市的功能主体；(Ⅳ)城市功能作用空间为全球城市的社会经济作用，通过它与各大洲的城市广泛的紧密联系涉及全球范围，并且，该城市的内部结构中的功能主体发生全球化的转变。

转向提供个人更高层次生活服务和专业、技术的服务，譬如保健、教育、研究、评价和系统分析等。

2）城市教育、科研功能的地位得到了极大的提高，城市的创新功能将作为一种精神渗透、融入到城市其他功能之中。与此同时，城市管理功能的合理性将得到一定提高，信息技术的发展与应用使人们的沟通交流更加便利，公众与城市管理部门的双向信息交流，使得政府各项行为的透明度得以提高，使政府对经济和社会的管理决策更趋合理。

3）城市功能实现方式的虚拟化促进城市的信息化发展。由于互联网技术的迅速发展，使得城市和社区具有了实体与虚拟的双重性。城市功能实现方式的虚拟化，譬如，虚拟的社会服务、虚拟的商业金融和虚拟交通等等，必然会导致城市土地使用结构比例关系的调整，同时也深刻影响着未来复合型的城市公共空间与城市交通的信息化发展。

由此可见，随着知识经济时代城市非物质性功能的强化与城市创新功能的精神融入，我们应充分发挥复合型的城市公共空间的多重功能与空间组织的潜力优势，同时利用各类信息技术手段来有力促进复合型的城市公共空间与城市交通空间的和谐发展。

(3) 城市功能边界模糊、立体化

由于信息网络的发展，致使生产领域与流通领域的边界变得越发模糊，工业、商业用地的兼容化日趋明显。城市的生产功能和流通功能将不再是完全分离的两个独立领域，而是通过 Internet 融合在一起，功能边界的模糊性导致城市工业和商业活动土地利用日趋呈现兼容化、复合化与立体化特征。

值得关注的是，办公生活和居住生活的融合也导致生产用地和居住用地的土地使用兼容、复合与立体化，进而也深刻影响着城市公共交通的发展。在知识经济时代，“电信上班”也使相对分散的工作方式成为可能，区位和交通条件已经不再是公司选址时考虑的首要因素，信息社会企业的轻型化、小型化和清洁化为生产空间和居住空间的邻近提供了可能，商务办公、工业生产和居住生活的土地使用发生了明显的兼容化，同时在空间组合上也趋于相互交织、复合立体发展趋向。这些发展变化都在潜移默化中推动着城市空间稳健地朝复合型的城市公共空间发展演化。

2. 城市空间结构重组的必然结果

在知识经济时代，传统的城市功能发生着深刻的转型变化，城市功能的变迁必然将通过城市土地使用方式发生作用，从而引起城市空间结构变化。因而我国发展复合型的城市公共空间也正是为了适应城市空间结构重组的必然结果。

由于信息技术的发展带来的灵活性使得人口和产业的空间布局

有了更大的选择余地，这虽然在一定程度上推动了城市功能的分散化，但是信息化在一定程度上促进城市分散发展的同时，更是蕴含着聚集的要求。虽然在20世纪80年代后，由于远距离通信设备以及网络的出现，使得从表面上看，城市的经济与文化生活越来越不受空间地域远近的限制，而信息时代网络技术的发展让一些唯技术论者相信"城市将走向松散，并进而使空间集聚的特征消失"。这种想法是很片面的，因为它忽略了一个现实，在城市发展中土地资源与能源的有限性，城市是一个由多元空间、多元时间以及多元关系网络构成的整体，虚拟的空间并不能替代真实的存在。这不仅仅决定于空间经济效益的比较，更重要的是人们对社会经济文化的心理的真实的需求。虽然现在较为时尚的"soho"(small office，home office)模式从一定程度上，缓解了交通的压力，但是这并不是主流的形式。

我们可以发现，当前的信息密集型、知识密集型企业并没有完全各自分散发展，而是常常依托人才密集区而发展，这是对信息化聚集要求的最好说明。

在当今知识经济时代，随着城市与区域空间的整体化以及城市内部空间结构的重组，在逐步形成城市区域网络化发展模式的同时，更是加强了城市各种功能在城市空间组合上的复合、集聚化发展趋向。因而以复合型的城市公共空间与城市交通的有机一体化来作为城市空间发展的延续脉络必将成为城市发展的生长线。

3. 符合城市建筑功能与公共交通组织发展的新趋向

为了进一步阐明我国发展复合型的城市公共空间的必然性，除了上述对城市功能变迁及其实现方式多元化趋向与城市空间结构重组两个方面的探讨之外，还将针对城市建筑功能与公共交通组织发展的情况做一些分析。一段时期以来，在受到倡导土地集约化利用思想要求的指引和知识经济时代城市功能变迁及其实现方式多元化趋向与城市空间结构重组的多重影响下，国内外城市建筑功能与公共交通组织出现了如下一些新趋向❶。由于我国城市与一些国外城市在发展历程、空间政策等方面的差异，国外一些城市在城市建筑功能与公共交通组织发展方面的建设成熟度相对较高一些，因而下文结合了一些国外城市案例进行阐述。

(1) 城市建筑功能与公共交通组织的集约化发展

城市建筑功能与公共交通组织集约化主要是指城市建筑在占有一定土地资源的前提下，形成紧凑、高效和有序的功能与交通组织模式。自20世纪70年代后，各种类型的建筑综合体的出现正是早

❶ 下文相关部分内容参见韩冬青，冯金龙编著. 城市·建筑一体化设计 [M]. 南京：东南大学出版社，1999

期集约化组织方式的体现。在当代，城市建筑功能与交通组织的集约化发展更为突出地表现在城市公共空间、建筑公共空间和城市交通建筑的策划和设计理念的变革上。以往传统交通建筑的策划概念往往是将基于不同交通工具的站房分布在城市中的不同地段。这种布局方式已经不能适应如今人口流动加剧和工作、生活节奏不断加快的时代要求，而交通建筑策划与城市、建筑公共空间策划的主要变革就在于将以往单一站房概念转变为由不同交通方式有机组合的综合换乘中心与城市、建筑公共空间有机结合形成城市交通系统中的活力节点。这样一来，选择不同交通工具的旅客、快线与慢线交通、市际与市内交通都能在这样的综合换乘枢纽中心内部实现不同交通方式的转换，形成紧凑、高效和便捷的转运系统。通过这种综合换乘系统，可以大大缩短旅客的停留时间。与此同时，其空间组织也出现了极大变化，尤其是立体化交通流线组织变得更为复杂，而在此过程中复合型的城市公共空间已悄然成为其发挥活力的空间载体。

(2) 城市建筑功能的复合化组织与延续化联系

城市建筑功能的复合化是指在同一空间中多种城市建筑功能层次的并置和交叠。合理的城市建筑功能复合主要根据城市中公众群体的公共行为(和私密行为相对而言)所具有的兼容性，譬如休闲购物与步行交通、参观旅游与社交娱乐等行为可以相互兼容、相互促进。芝加哥伊利诺中心的中庭空间就具有典型的功能复合化特征，中庭空间不仅容纳了建筑内部交通组织，还有力复合了城市交通换乘和城市公共集会等多种城市功能。

建筑功能的延续化是指多种功能单元之间的串接、渗透和延续，其产生的最主要原因是现代城市生活的多元化和内在运作的便捷性需求所致。在城市中有许多公共行为之间具有内在关联性，如餐饮娱乐、交通集散和商务买卖行为等，因而在进行城市设计时，应当通过对复合型的城市公共空间系统的构建来实现相关城市建筑功能之间的延续化联系。日本横滨 MM21 地区皇后街(Queens Mall)，在规划中充分运用了城市功能延续性组织方法，规划通过公共空间系统将标志塔、购物中心、和平会馆以及纵横交通站点进行有机地串联延续，形成具有活力的复合型的城市公共空间系统。

(3) 城市建筑功能的全时化运作

在进行城市设计时，应当根据城市中诸多不同性质的行为活动集中发生的时间区间段和峰值时间(高峰时间和低谷时间)的不同，运用全时化的城市建筑功能组织理念将发生在不同时间段内的城市活动根据其空间位序的不同要求来进行整体化组织。由此，也从客观上要求我们利用复合型的城市公共空间系统来实现城市建筑功能全时化的城市设计目标。这样可以有效提高城市土地开发和空间营运的容量与效率，而且将使得城市环境更具活力和安全感。

(4) 城市建筑功能与交通的网络化交织

城市建筑功能与交通的网络化主要是以上集约化、复合化、延续化和全时化城市建筑功能与交通组织方式的综合运用，将地面作为基准对城市空间进行水平和垂直方向的综合开发，从而形成和谐有序、地上地下立体复合的空间网络型城市建筑功能群组。城市建筑功能与交通的网络化模型是对传统的城市功能与交通组织模型的进一步发展和修正，它综合地体现出现代城市对多元素集约和高效运营的内在需求。网络化模型的关键在于立体交通网络(包含机动交通与步行交通)的构建，以及交通网络与城市各功能单元的多方位有效连接。

图 1-39　阿班多转运站与城市地段空间的有机融合

城市建筑功能与交通组织的网络化在促进国内外许多城市重要地段的发展中显示出活力，譬如，西班牙阿班多转运站虽然位于旧城，但整个建筑群体呈梭形插于城市经纬之中，该设计对人车流线进行妥善组织，同时也有效地连接着各个不同时期的城市地段，催化激活了城市心脏(见图 1-39 和图 1-40)。该转运站共包括 3 个设施：一个长途汽车站、一个扩建的火车站和 FEVE 火车站。它们被有序地分层设置并且直接与地铁和邻近街道相联系，而且转运站包含商业零售大厅、世界贸易中心、办公楼以及旅馆等，面对两条主要街道设有很多出入口，从而使其成为积极的城市街道。可以说，建筑的交通网络功能与路径组织和一座步行桥将邻近的中世纪与 19 世纪街道联系组织为一个有机整体，有力促进了该地段的综合发展。

由此可见，我国发展复合型的城市公共空间是为了适应知识经济时代城市功能变迁及其实现方式多样化趋向、城市内部空间结构的重组以及城市建筑功能与交通组织发展新趋势的必然要求。同时，建设与发展复合型的城市公共空间系统也是我国城市空间健康、持续发展的有益之路。

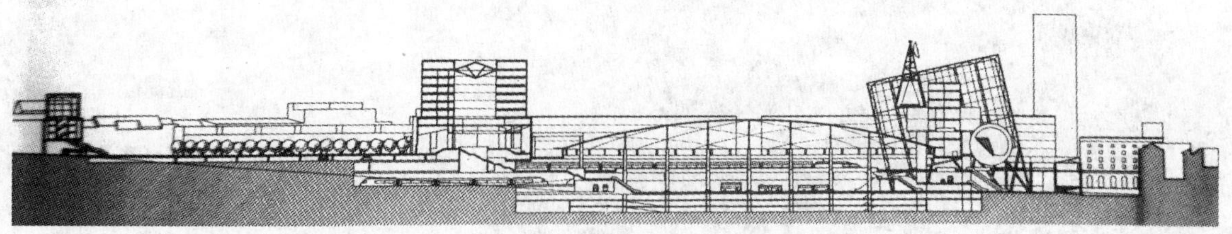

图 1-40　阿班多转运站各种流线与空间组织关系(纵向剖面)

1.5　本章小结

本章先对复合型的城市公共空间内涵进行解析，然后对我国发展复合型的城市公共空间的必要性与必然性展开论述。

复合型的城市公共空间是指在向综合密集型城市发展中，为了实现人性化理念、城市空间综合开发与土地集约利用等方面的有机结合，同时强调体现建筑功能群组与城市空间组织的三维性和四维性，而采取以城市公共空间、建筑公共空间以及交通空间等要素两者或多者相结合形成的具有开放性、立体流动性和集约性的有机组合体。并以此来联系城市中开放的建筑功能单元，加强了建筑群组与城市功能的一体化，从而提高了城市的社会、环境和经济效益。复合型的城市公共空间系统是具有较强的社会心理与行为可达性、综合的功能包容性与土地利用的高效集约性的立体型空间体系，其具有开发活力的关键环节是公共空间与城市交通空间的有机结合，形成四通八达的立体交通网络。

一般来说，根据研究对象的相对尺度与规模，可以将复合型的城市公共空间系统划分为三个层次，即大尺度的"城市级"、中尺度的"分区级"和小尺度的"地段级"。

概括而言，复合型的城市公共空间主要特征包括功能的复合化、空间形态与信息的立体化、边界的模糊化和空间可达性的网络化四个方面。

本章还对我国城市建设现状存在的一些弊端进行反思分析，然后通过对西方城市紧凑发展思想和土地集约利用模式的研究，同时结合我国国情进行归纳和总结，最后对知识经济时代我国城市建筑功能与公共交通组织发展趋向进行探讨。通过这些研讨与分析，阐明发展和完善复合型的城市公共空间的必要性，同时也为顺应复合型的城市公共空间发展的必然性积极创造条件。

第2章 与复合型的城市公共空间相关的城市交通发展理论研究

通过第1章中有关复合型的城市公共空间内涵方面的阐述，我们可以发现它的功能之所以比以往城市公共空间出现极大提高的重要原因之一就是，随着城市集约化发展的需要，其与城市交通空间的紧密结合已达到一个前所未有的相互融合程度，而其许多重要功能的发挥也离不开城市交通空间的支撑。因而城市交通空间往往既是功能的载体又是媒介，也就是说，在许多情况下城市交通空间已经成为复合型的城市公共空间的有机组成部分。鉴于此，本章先对城市交通的基本概念作简要阐述，然后在探讨城市交通系统与城市土地利用相互关系的基础上，对城市交通结构与复合型的城市公共空间结构在土地利用上的相互关系展开研究，最后针对当代与复合型的城市公共空间相关的主要城市交通发展理论作深入剖析，进而得出城市交通发展与复合型的城市公共空间日趋一体化的结论。

2.1 城市交通发展的基本概念简述

在导论中已指出复合型的城市公共空间与城市交通关联研究的重要意义，为了做深入研究，也需要对城市交通的基本概念作简述，以下主要从城市与交通的互动关系、城市交通的主要特征以及当代城市交通方式的多样性三个方面来进行分析。

2.1.1 对城市与交通发展互动关系的认识

城市空间结构与交通或者土地利用形态与交通应该说都是相互作用、相互影响的。在研究城市交通时，定然离不开对城市空间结构和土地利用形态的探讨。具体而言，城市空间结构影响着交通空间分布形态，土地利用形态决定交通发生、吸引的强度，反过来，交通基础设施的规划建设又将反作用并引导着城市空间的发展方向。所以，在城市向综合密集型城市方向发展进程中，当我们对城市中日趋严重的交通问题展开研究和探讨时，不仅要考虑交通本身，同时更要充分考虑交通与城市空间结构以及土地利用之间的关系，尤其是城市交通与复合型的城市公共空间结构之间的关联性，否则城市交通问题恐怕难以得到本质解决。对于城市与交通发展互动关系的认识，我们则将通过简要地追溯城市形成过程与交通产生的发展历史来做一概括。

1. 城市形成过程简述

追溯到历史上，有关城市形成的简要历程主要是随着商人——一个主要从事有关产品交换而非生产的阶层的出现，逐渐产生了第三次大分工，从而城市也逐步形成。城市作为一个非常复杂的系统，它的逐步形成受到了诸多因素的相互作用。简而言之，城市是人类聚集在一起共同生活的场所，它主要具有“居住”、“工作”和“游憩”三大功能要素。

在城市形成的初期，“居住”、“工作”和“游憩”三大功能基本处在同一个空间范围内，后来随着工业化逐步扩展，产生了人们的生活环境发生恶化等问题，人们认识到工作和居住场地混合在一起的空间组织模式存在很多弊端。因此，在城市发展中城市空间逐渐被根据不同的功能使用性质而划分为不同的功能区块，譬如居住区、工业区和商业区等，各种不同性质的区块之间有着一定的间隔和联系，从而逐渐形成了现代的一些城市空间格局。但是到了 20 世纪 60 年代，就有一些专家对这种功能分区逐渐提出了质疑，认为城市功能不可以过分明确分区，因为随着城市规模的发展，会加大城市交通量，增大能源消耗与资源浪费。直至如今，合理的城市模式与格局的探求始终是城市设计师们热衷的课题。

2. 交通的产生溯源

可以说，伴随着城市人口的不断增加，城市规模变得越来越大，如上述各种不同使用目的与性质的城市空间的分离程度也不断加大。概括而言，人们为了进行“居住”、“工作”和“游憩”三种基本城市活动，与以前相比就必然更需要一定距离的“移动”。交通在《古汉语实用词典》中被解释为：“〈动词〉交相通达。《管子·度地》：‘山川涸落，天气下，地气上，万物交通。’”现在普遍认为，交通是指人或物体的地点间的移动，也就是说，随着城市空间的分离便产生了城市社会的第四大功能要素“交通”。因此，在一定程度上也可以把城市理解为人们进行生活所必需的“居住空间”、“工作(学习)空间”、“游憩空间”和“交通空间”的组合体(见图 2-1)。

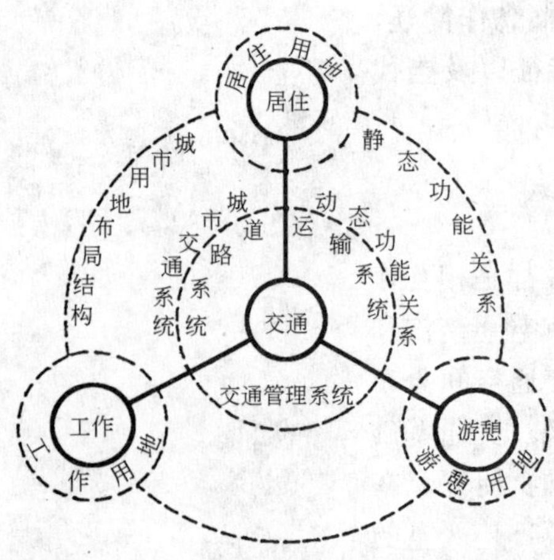

图 2-1　城市社会的四要素及其相互作用关系

3. 城市与交通的互动发展

随着城市经济的不断发展，人口不断向城市聚集，从另一个角度来说也促进了城市向郊区的不断蔓延，增加了城市的交通需求。而这种增长的交通需求则需要更加发达的交通方式和交通基础设施来与之相适应，因而刺激了城市交通的发展(见图 2-2)。与此同时，交通方式和交通设施的发展也反过来促进了城市化的进一步发展。

纵观国内外城市发展案例情况，城市发展的主要特征之一就是城市的发达许多是沿着城市干线道路以及大运量的交通方向而形成的。德国的城市铁路(S-bahn)由德国国铁经营，其与国家铁路共用线路和车站空间，该线路深入中心城区，并且在城区与地铁形成很方便的换乘功能；在城市郊区也能便捷地联系城市外围的城区与城镇。S-bahn 的运行被纳入城市公共交通运行计划与时刻表，从而成为引导城市发展的重要公共交通线路(见图 2-3)。

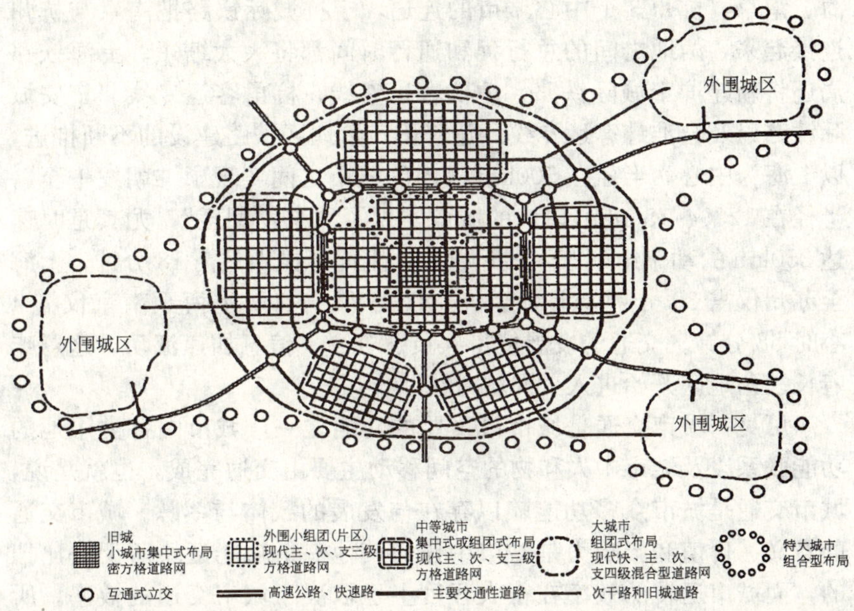

图 2-2 城市发展与道路系统的发展

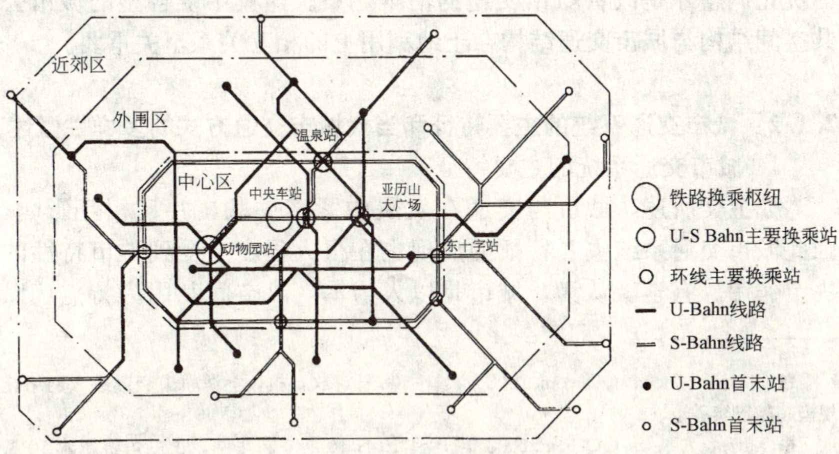

图 2-3 柏林 S-bahn＋U-bahn 组合轨道公共交通网及换乘枢纽布局图

2003 年时，我国上海还只有 4 条、82km 长的轨道交通线，高速公路也尚未完全成网，而如今，上海轨道交通线网规模已经超越巴黎、香港等城市，跃居世界第七位，而且长达 600 多公里的市域高速网让人们时刻感受着风驰电掣。同时，上海市公路网加速与周边城市的对接，更使人们逐步感受到长三角城市群的同城效应——沪青平高速公路和莘奉金高速公路出省段的建成通车；沪宁高速公路 8 车道拓宽改造，另有两条分别与江苏和浙江连接的新高速公路，也已启动各项准备工作；建设中的上海长江隧桥工程，则有望成为上海与苏北地区之间的“黄金通道”❶。

2008 年上海铁路局落实新建宁杭城际铁路，实现长三角内部上海、南京、杭州 3 个中心城市的连通，宁杭城际铁路把南京与杭州连接起来，两地之间的总行程和通行时间都将大大缩短。上海铁路局还将新建沪宁城际铁路、沪杭客运专线、杭甬客运专线、宁安城际铁路以及合淮蚌客运专线。随着长三角地区铁路建设的不断推进，以上海为中心，半径在 500km 以内的城市之间实现了“朝发午至”，半径在 1200～1500km 以内的城市实现了“夕发朝至”，尤其是时速达 250km 的动车组列车上线运营后，上海至昆山只需 18 分钟，上海至苏州仅需 30 分钟，上海至杭州仅需 78 分钟，上海至南京仅需 1 小时 58 分钟。交通的发展使得人员、资金、信息加速流动，这意味着长三角地区开始进入“同城时代”❷。

可见，城市交通是城市最重要的功能之一，城市中各类用地的功能联系以及城市中人和物的空间移动主要由交通完成，也就是说，城市交通是城市众多功能赖以存在与发展的载体与茎脉。城市交通的意义、价值和影响力是城市中任何其他一个功能区块所无法比拟的，而城市运转的效率在很大程度上也取决于城市交通的效率。所以，城市与交通的互动发展不容忽视，而城市功能布局及空间结构的优化调整才是改善城市交通的治本之策。这其中复合型的城市公共空间结构与城市交通结构在土地利用上的相互关系至关重要。

2.1.2　城市交通系统的主要特征和当代城市交通方式的多样性概述

1. 城市交通系统的主要特征

如上文所述，城市与交通在发展中紧密关联，并且相互影响，因此城市交通系统主要特征的显现也在很大程度上受到城市特性的决定作用。有学者认为，城市是以人为本，以空间利用为特点，以

❶ http：//news. QQ. com. 2008 年 01 月 08 日解放日报，上海轨道交通进入网络化规模超越巴黎香港

❷ http：//news. QQ. com. 2008 年 01 月 19 日 10：40 新华网，长三角将新建 10 条铁路助推“同城化”

聚集经济效益和人类进步为目标的一个集约人口、集约经济和集约科学文化的空间地域系统。虽然城市占据地球表面积很小，但是却高度聚集了社会生活中的人口、权力、文化、财富以及能量、物质、信息和社会经济活动，因而它是人类物质和精神财富的生产、传播和扩散的中心。也就是说，城市是由能量、物质、信息和人所共同组成的“核反应堆”，它不但吸收周围的物质、能量、信息，更重要的是通过城市这一“核反应堆”将产生新的能量、物质、信息，并向周围辐射扩散，而且随着城市规模的不断扩大，城市交通问题也会变得越来越复杂，城市交通系统特征也越来越明显。

城市交通系统是一个由人、车、道路、公共交通系统以及环境等要素所组成的极为复杂且具有很大开放性的动态系统。城市交通系统主要运送对象是人和物，它的主要特征可概述如下❶：

(1) 以近距离交通为主体，尤其城市中心的短距离交通则更多。

(2) 时间周期性明显。人的移动以通勤、通学为主，而且主要集中在早晚的短时间段内，该变动通常以 24 小时或 1 周时间为周期发生变动(见图 2-4)。

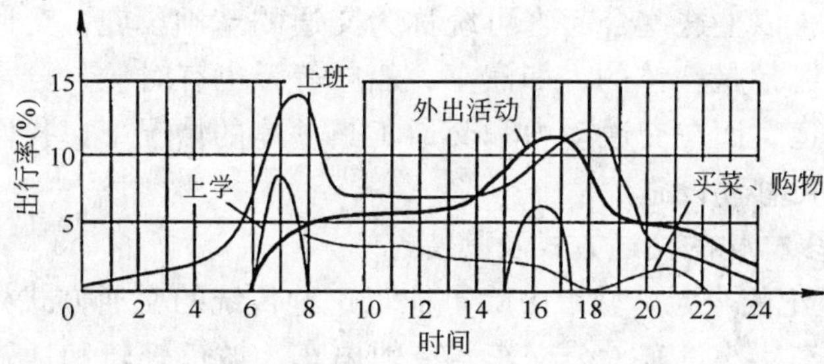

图 2-4 居民出行时辰图

(3) 方向性强。因为城市大多有中心格局的特点，而城市活动又多集中在城市中心进行，所以城市中心以发生集中式交通居多，通常呈现向心形态。

(4) 交通方式多样。城市中的人流(或者说人的出行)采用的交通方式较为多样，其包括步行、自行车、摩托车、小汽车、公交车和轨道交通等，而城市中的物流运输方式则以汽车为主，当然有时也会辅以其他方式。

(5) 量大密集型交通。一般而言，城市交通与城市之间的交通相比，城市中交通量大且密集。如果城市越大，则其中人和物的移动总量越大，交通的发生率、集中率也就相对越高。

(6) 出行率高。诸多个人出行调查表明，城市中的平均出行次

❶ 下文部分相关内容参见石京著. 城市道路交通规划设计与运用［M］. 北京：人民交通出版社，2006

数要高于外围地区。

以上对于城市交通系统主要特征的描述既是城市交通系统与城市相互作用的外在显现，同时也是进一步研究解决城市交通问题的重要契入点。

2. 当代城市交通方式的多样性及其特点

城市中的社会、经济活动随着城市规模的加大也相应变得越发复杂化，导致城市功能随之分化，从而连接这些城市功能的纽带——城市交通的作用也就越来越大。具体来说，交通的构成要素主要有移动的主体、交通方式和交通通路三者。

(1) 交通方式的构成要素

城市中交通的各种特性，尤其是移动主体的多样性决定了城市交通需要由多种交通方式来协同解决，而每一种交通方式一般是由交通动力、交通工具、交通通路和运营管理四要素所构成。

具体来说，交通通路主要包括道路、水路、铁路和空路等线型网络，以及汽车枢纽、港口和机场等枢纽设施，而这些作为枢纽设施的综合体建筑往往也是复合型的城市公共空间系统的重要载体与联系节点，以上这些合起来可统称为交通的基础设施。交通动力和交通工具通常是一体的，如汽车、船舶等，也有时候是分离的，如电气化铁道，而在交通动力和交通工具一体的情况下，我们通常也将其称为可移动设施。

(2) 多样化的交通方式及其特点

21 世纪的今天，城市中除了徒步这种传统的交通方式外，自行车、摩托车、小汽车、公交车、有轨电车、城市轻轨和地铁等多种多样的交通方式十分发达。以上诸交通方式的基本要素决定了它们各自的运送能力和舒适程度等特点，而由这些交通方式所共同构成的城市综合交通体系则支撑着城市的交通重任。由于我们在城市中出行距离不同，出行量也就不同，自然也应采取不同的适宜交通方式(见图 2-5和图 2-6)，其主要包括以下几个方面：

1) 步行交通方式老幼皆宜，适合短距离出行。

2) 对于自行车交通的发展前景，我国许多城市学家持“适度发

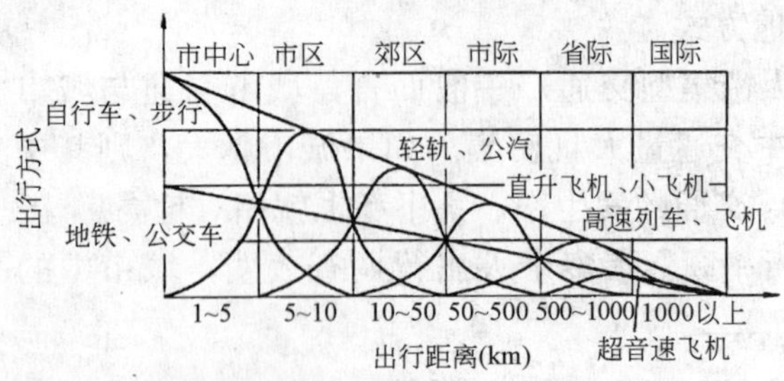

图 2-5　多种交通方式适应范围示意图

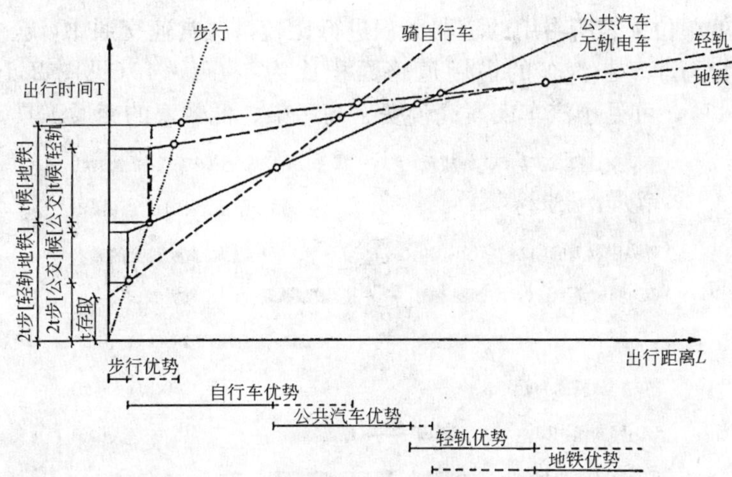

图 2-6　各种客运交通方式出行范围优势分析

展自行车交通”的观点。早在 20 世纪 90 年代就有专家提出，我国城市交通应充分发挥自行车近距离交通的优势，并且结合研究提出了自行车出行的合理适用范围：自行车出行适应时域、空域的合理范围应为 0～30min 或 6km 以内，其主导时域、空域范围应为 0～20min 或 4km 以内❶。当然，随着城市经济、交通的发展，我国城市交通应调整交通结构比例，逐渐降低自行车交通的比重，缓解城市交通相关矛盾。然而，我们同时更应关注由城市自行车交通方式不断转移出来的交通量应该由何种交通方式来接纳，是发展大运量的公共交通，还是私人小汽车，这对我国城市交通的发展影响甚大(见图 2-7)。

3) 小汽车尽管效用很高，但其运送能力却是各种方式中最低的，而且近距离出行所花费的时间可能会比步行和自行车更多，如果大量出行采用小汽车，则更会带来城市道路的拥堵，以及随之而来的交通安全和环境污染等问题(见图 2-8 和图 2-9)。有学者曾通过相关研究指

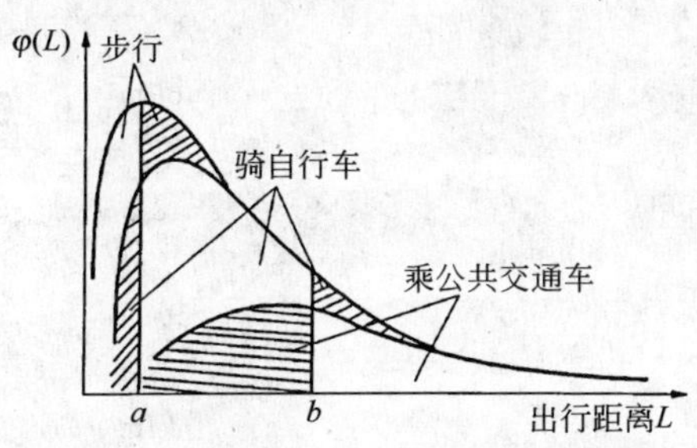

图 2-7　城市居民出行结构分析

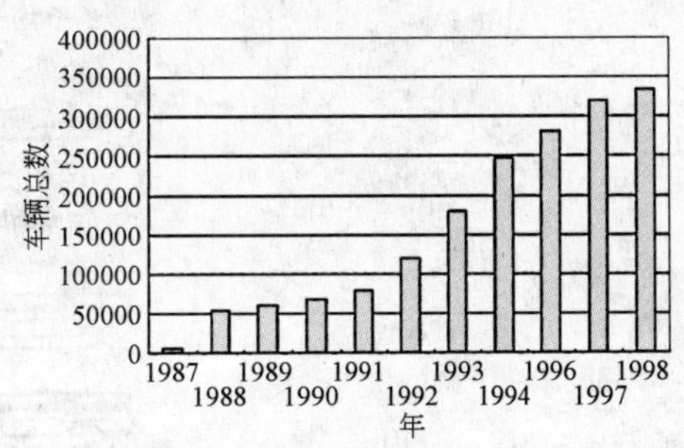

图 2-8　我国私家小汽车的发展态势

❶　徐吉谦，张迎东，梅冰．自行车交通出行特征和合理适用范围探讨［J］．城市研究，1994(6)

出，就单位乘客所占用的道路面积进行比较，在常速交通中，公共汽车、自行车、小汽车的占用道路面积比为 1 ∶ 4 ∶ 40（见图 2-10 和图 2-11），可见小汽车实属高消费、高污染、低效率的交通工具。

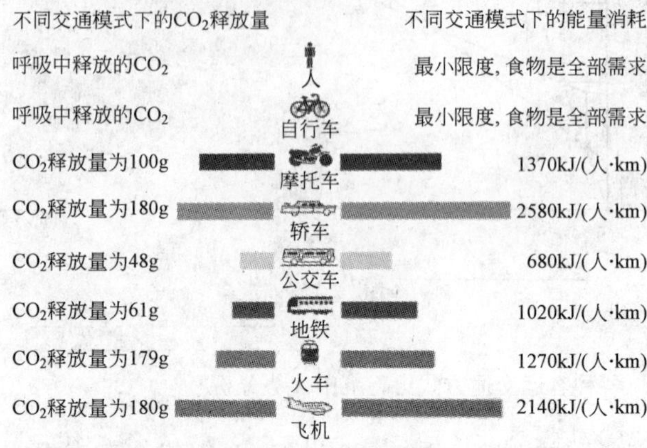

图 2-9　不同交通模式下 CO_2 释放量和能量消耗比较

图 2-10　同样的人数，不同的交通方式所占道路的比较

图 2-11　同速下每人不同的交通方式所占道路面积的比较

4）当今城市中尤其需要诸如地铁和轻轨等这样的大运量公共交通运输方式。需要指出的是，城市的出行交通只有通过各种不同交

通方式共同承担才能各取所长来有效处理好整体的交通问题，达到城市交通整体层面上的最高效率。此外，近年来伴随着自动控制技术的发展，城市交通的运营管理也备受重视并且日趋完善，这也是解决城市交通拥堵、安全和环境等问题的重要途径与必要手段。

以上对城市交通系统主要特征以及当代城市交通方式多样性及其特点的归纳总结，利于我们探求城市交通与城市土地利用、城市空间结构以及“城市主体—人”等之间的相互作用与关系，从而能进一步掌握和利用它们相互之间的发展规律来进行城市规划设计与建设实践。

2.2 城市交通系统与城市土地利用的互动关系

中外诸多学者研究认为，城市空间结构、土地利用都和城市交通关系密切，而城市交通系统与土地利用互动关系的研究也一直是城市地理学家、城市交通规划师和城市规划师等关注的一个热点课题。以前在世界工业化和城市化发展进程中，城市交通系统与土地利用的相互分离是造成如今城市交通问题日益显现的主要根源之一。作为城市功能与结构“混合化”的投影，集中与分散的多元化局面已经表现出集中中的分散与分散中的集中，大区域的空间集中与小范围的空间分散，大都市功能的集中与区域内功能组团适当分散等一系列空间特征。这种集中与分散的多样化与一体化，也就是城市空间结构与形态的多极化，尤其在大都市地区，多中心结构的演化趋势成为当代城市空间发展的标志，这种试图通过将集中的经济性与分散的生态性有机结合的空间组织模式正日益成为人们的共识，而这种模式的形成与城市交通的组织紧密关联。这实际上也是城市空间内在的社会文化、经济与生态相互作用关系在新的社会发展背景下对城市空间提出的新的要求❶。可以说，当前我国许多学者积极展开对城市交通系统与城市土地利用之间的互动关系进行深入定性和定量研究，这也将为我们进行复合型的城市公共空间与城市交通的关联研究奠定重要基础。

因为国外一些发达国家在近现代时期，交通工具发展较快，由此推动了现代城市交通较早的全面发展，从而使得他们对城市交通与城市土地利用的相互关系的研究早于我国。鉴于国外在城市交通系统与城市土地利用相互关系的研究方面已取得了很多成果，因而下文将系统总结国外学者对二者互动关系的研究情况，这对我国城市交通系统与土地利用互动关系的研究会颇有启示，进而对我

---

❶ 朱喜钢. 城市空间集中与分散的哲学透视［J］. 人文地理，2004(8)：45～49

们顺利展开复合型的城市公共空间与城市交通相关的研究具有指导意义。

2.2.1　国外现代城市交通系统与土地利用关系的理论研究概述

可以说，1971 年美国交通部率先对“交通发展和土地发展”这一研究课题的提出，揭开了土地利用和交通关系理论的综合研究序幕，之后众多学者开始对城市交通系统与土地利用关系理论进行专项研究，其概括起来主要有以下三方面内容[1]。

1. 城市交通系统对土地利用的影响

(1) 城市交通系统深刻影响城市空间形态

早在 1970 年，亚当斯(J. S. Adams)通过相关研究就归纳总结出了北美城市交通系统和城市发展模式的特征，将二者发展关系分为四个阶段：步行马车时代(1800～1890 年)，电车时代(1890～1920 年)，汽车时代(1920～1945 年)以及高速公路时代(1945 年至今)。在 1975 年，施盖尔弗(Schaeffer)和斯科勒(Sclar)认为，城市空间形态在交通系统影响下经历了由“步行城市”演变到“轨道城市”，直至最终“汽车城市”的过程，并且指出了城市交通系统在城市空间形态演变中的影响作用。1980 年，美国一项关于亚特兰大和巴尔的摩等城市环城公路对土地利用影响的报告也指出了公路对城市形态有着巨大影响。而后，纽曼和肯沃思(Newman and Kenworthy)再次深入研究了交通系统对城市空间形态的影响，并于 1996 年指出城市空间形态可划分为三个阶段：传统步行城市(The Walking City)、公交城市(The Transit City)和汽车城市(The Automobile City)，后来霍尔(Hall，1997)和里士满(Richmond，1998)等人的研究对此也表示肯定和支持。

(2) 城市交通系统影响土地利用的布局

城市交通系统对土地利用的布局影响很大。早在 1977 年，耐特(Knight)在研究了交通系统对土地利用的影响之后，还系统地总结了影响土地利用的各种因素，包括土地可达性、土地连接成片难易程度和土地使用政策等，其中土地可达性(即交通条件)是影响土地使用的最重要因素之一。但是城市交通系统和土地利用之间的关系并非是单向的，斯多夫(Stover，1988)和科普克(Koepke，1988)就曾指出二者之间存在双向反馈影响作用，认为它们之间形成一个作用圈，即交通系统影响土地利用类型，而土地利用反过来又影响交通系统。

---

[1] 以下相关内容参见毛蒋兴，闫小培. 国外城市交通系统与土地利用互动关系研究[J]. 城市规划，2004(7)：64～69

(3) 城市交通系统对城市土地价格影响很大

有关这一点，现在已可谓众所周知了，即新交通设施的规划建设提高了城市土地的交通可达性，使得在一定通勤时间内所能够到达的土地增加，而这些土地对开发商更具吸引力，因而在开发过程中土地价格随之上升。早在20世纪80年代，比尔沃德(Baerwald, 1981)就已通过可达性对住宅开发的影响研究，指出交通可达性是住宅开发的关键性因素。譬如，近年来南京地铁一、二号线的建设已将河西奥体中心地块的普通住宅的房价由原来约每平方米五千元带至如今的超万元高价，随着过江隧道与地铁线的规划建设，江北地区的住宅房价也受到带动，同时随着其他地铁线的规划建设，南京的江宁、仙林等地区住宅开发的土地价格也已大幅上升。

一言以蔽之，以上研究主要从城市交通系统对城市空间形态、土地利用布局以及城市土地价格三个方面进行归纳，这对我们清晰地把握城市交通系统对土地利用的影响起到了提纲挈领的作用，也为下文从另一个角度来看城市土地利用对交通系统的影响提供了比照。

2. 城市土地利用对交通系统的影响

(1) 城市土地利用特征从不同角度影响交通系统

许多学者曾从不同角度来对城市土地利用影响交通系统展开了研究，尼森(Nithin)就已于1979年系统地总结了影响交通系统的土地利用因素：1)规模因素，包括人口、工作岗位以及住房等土地利用规模等；2)密度因素，包括土地利用密度、人口密度等；3)布局因素，包括土地利用结构、城市结构和城市中心区布局等。20世纪90年代末，西门兹(Simmonds, 1997)等人通过对布里斯托尔(Bristol)地区的研究认为，土地利用的混合程度是影响城市交通的主要因素。由此可见，今天我们所提倡的城市用地功能混合对解决城市的诸多交通问题来说应该是一剂良方妙药，而复合型的城市公共空间系统的建设与发展必将是一个充满活力的历程。

(2) 城市土地开发利用密度影响交通系统模式

国外一些学者研究认为，土地利用高密度与公交出行模式有相对应的关系。早在1977年，普什卡尔和朱潘(Pushkarev and Zupan)就研究指出土地利用密度越高，交通需求量就越大，同时认为，如果当土地利用密度低于每英亩7栋住宅时，公共交通几乎不可能，而当土地利用达到每英亩60栋住宅时，公共交通则将成为该地区的重要交通方式。十几年后，纽曼和肯沃思(1989)的研究更进一步证实了土地利用密度对交通的影响，他们通过对全球32个大城市的交通系统和土地利用关系的研究分析，指出高密度与对公交依赖性之间存在着很高的相互关系。除此之外，还有一些研究者也认为土地利用密度首先影响交通出行方式的选择，进而影响到交通系统模式。

(3) 土地利用影响交通出行的特征

在 1992 年，汉迪(Handy)对以往许多研究进行综合探究，分析土地利用对出行特征的影响，并指出了随着土地利用密度的提高，交通出行次数减少，但随着出行速度的降低将有可能引起出行距离的增加；土地混合程度对交通出行类型影响甚微。其所得出的结论与本书前面所提到的普什卡尔和朱潘(1977)以及塞维诺(Cervero，1989)等人的研究结论基本一致。在 1995 年，汉森(Hanssen)研究奥斯陆市时发现土地利用变化引起交通出行量的相应变化，其中住宅密度是一个主要因素。概括来讲，以上这些研究充分表明了土地利用对交通出行特征有着深刻的影响。

3. 城市土地利用与交通系统协调研究的归纳

通过上文诸多研究成果可知，城市土地利用与交通系统相互影响、相互作用，而城市土地利用和交通系统之间的不协调是造成城市交通问题的主要原因。因此，许多学者也从促进城市良性发展的角度出发，开展了二者之间关系相互协调的研究。早在 1982 年，汤姆逊(Thomson)就依据城市用地结构、城市形态和经济发展状况的不同，提出了五种解决城市交通问题的主要战略：强中心战略、完全机动化战略、弱中心战略、低成本战略和限制交通战略等。

随着可持续发展理论研究的逐步兴起，土地利用与交通系统的可持续发展也自然逐渐成为学者们的研究热点，许多学者从技术、价格、资金和交通土地利用一体化规划等角度出发研究了土地利用与交通系统的可持续性。到了 1996 年，布拉克和威廉(Black and Willian)指出了可持续的交通系统必须能够满足目前的交通需求而又不危及下一代的需求能力，他们这一定义得到了诸多学者的认同。惠特曼和克里斯廷(Whitman and Christine，1998)还进一步指出，良好的土地利用和完善的交通系统是社会可持续发展的重要因素。

此外，弗兰克(Frank)曾将以往诸多学者对城市交通系统与土地利用关系模型的研究进行了归纳总结，认为其主要有五种基本类型：劳瑞模型——把人口、就业等空间分布和土地利用融合于一个模型中考量；标准规划数学模拟方法模型——应用数学模拟方法来描述复杂的城市交通、土地利用关系的交通土地利用一体化模型；基于投入产出分析理论的多元空间模拟模型——把基于投入产出分析理论的多元空间模拟技术应用于劳瑞模型来刻画交通土地利用复杂关系的模型；城市经济学方法模型——以城市经济原则为基础，综合多种方法建立起来的土地利用和交通网络复杂关系的模型；微观模拟方法模型——主要以家庭为单位来研究住房、就业等土地利用因素和交通系统复杂关系的微观模拟模型。

4. 对国外城市交通系统与土地利用互动关系研究的评析

通过上文相关论述与总结，我们进一步分析可以发现，国外城市交通系统与土地利用互动关系的研究主要存在以下几个方面的问题。

(1) 早期二者关系探讨并未形成专门的课题研究

在早期阶段，确有许多学者对二者的关系进行了初步的理论探讨，但并未把它作为专门的课题进行研究，主要只是在一些理论研究中对一些内容有所反映，尽管如此，以上这些研究还是为日后的研究奠定了重要基础。

(2) 虽然现代二者关系理论研究成果丰富，但仍有局限性

概括而言，随着研究的深入，以往研究者们逐渐把研究视角放在二者的相互影响关系上，从客观、实证和静态的角度进行研究，可谓成果丰硕，并在一定程度上揭示了二者的相互影响作用，但仍然存在如下一些欠缺：1)缺乏综合性研究；2)缺乏微观性研究；3)缺乏动态连续的研究。

(3) 二者关系模型的灵活性、适用性以及移植性有所欠缺

长期以来，虽然相关学者对二者模型的研究进行了许多工作，而且模型模拟也一直是定量研究的有力工具和手段，但也存在如下一些不足：1)模型中缺乏对土地市场机制的了解和表达，无法将土地市场机制很好地与交通规划进行联系；2)尤其在模型中对城市开发中交通作用的描述力度较弱，交通系统只是机械地起到"迭代"的作用，缺乏交通系统变化对土地利用能动反作用的具体描述；3)进行这种模型设计需要大量的人力、财力和物力，需要高级别的研究机构来牵头开展，因此具有一定的操作难度，但从城市可持续发展的角度而言该研究是相当有意义的。

2.2.2 国外相关研究对我国城市交通系统与土地利用互动关系研究的启示❶

如上所述，虽然国外在城市交通系统与土地利用互动关系的研究方面存在一些问题与欠缺，但当前我国在城市交通系统与土地利用互动关系的研究上与国外相关研究成果相比仍存在很大差距。因此，通过以上针对长期以来国外在城市交通系统与土地利用相互关系等方面的研究进行总结评析之后，可以归纳出其对我国相关方面进行研究的一些启示。

❶ 参见毛蒋兴，闫小培. 国外城市交通系统与土地利用互动关系研究 [J]. 城市规划，2004(7)：64～69

1. 必须开展城市交通系统与土地利用之间系统性、综合性的互动关系研究

众所周知，城市本身就是一个大系统，城市交通系统与土地利用是其不可或缺的重要组成部分。城市道路系统、城市快速轨道交通系统、城市水运系统以及城市航空运输系统等都属于城市交通系统，而城市土地利用的内涵则包括城市土地上的各种建设活动、土地利用密度、土地利用结构、人口密度、住宅和工作岗位密度以及客货流量等内容。我国应该开展全面、系统和综合的城市交通系统与土地利用互动关系研究，全面探讨分析两者各种要素之间的互动影响关系，这将会大大促进相关理论建设的系统性和完整性。

2. 注重开展互动反馈研究，促进二者相互协调

城市交通系统与土地利用之间是一种相互联系和制约的循环作用与相互反馈关系，若割裂二者之间的互动反馈关系，仅从单方面探讨交通系统对土地利用的影响或者土地利用对交通系统的影响都是无法全面把握二者之间复杂关系的。

因此，在研究过程中，必须将二者结合起来进行深层次的互动反馈关系研究，从而全面把握它们之间的相互影响关系，并且在此基础上积极开展城市交通系统与土地利用相互协调研究，从深层次上探索能够协调二者关系的思路、政策和技术，进而有力促进二者关系的健康协调发展与我国城市交通问题的解决。

3. 积极开展多层次的二者互动关系定量研究

模型模拟是对二者互动关系进行定量研究的重要手段和工具。在研究中应开展微观、中观(城市分区层面)和宏观(城市层面)等多层次的二者互动关系的定量研究，全面研究城市各层次交通系统与土地利用的定量关系，促进定量模型模拟技术的实用性、适应性和全明性。对我国而言，在短期内也许相关模型理论和规划模型无法取得重大突破，但是借鉴国外先进的经验，同时集中人力、财力和物力等进行适合我国国情的模型研究与开发，对促进我国城市健康持续发展、有效协调二者的互动关系以及从根本上解决城市交通问题意义重大。

4. 有效开展立足我国特有国情的相关理论及案例实证研究

当前，我国经济持续高速发展，特有国情主要表现在以下三个方面：

(1) 城市人口众多

关于这一点，大家都很了解，目前我国约 13 亿人口中在城市居住的人口已约近 6 亿，一些特大城市人口规模巨大，如北京、上海均已达 1500 万，导致城市交通压力大且其他相关公共配套设施也都极为紧张，同时每年还要面临进城打工人口的大量涌入。

(2) 城市化进程加快

当前我国城市化进程不断加快，城市高速、高密度和集中开发

特征极为显著，许多大城市土地利用出现人口高密度、土地利用高强度开发、土地利用综合多元化和城市布局形态集中紧凑等显著特征。

(3) 城市机动化加速

我国诸多城市在城市化加速的同时，城市机动化也不断加速，交通需求量猛增，而许多大城市交通系统正处在由步行、自行车为主要构成的传统交通结构向机动化交通结构转变的时期，导致诸多交通问题与城市用地矛盾尖锐。

以上三个主要特征的叠加，构成了我国城市交通与城市用地相互关系研究的特有国情特征。鉴于我国以上特有国情，进行相关研究的专家选取上海、广州和北京等具有代表性的特大城市开展相关理论和实证研究，分析我国城市交通系统和土地利用格局的动态演化过程，进而探讨我国高密度、集中开发城市交通系统与土地利用互动关系影响内容及作用机制，将可以揭示我国二者关系发展的特殊规律。此举将会有助于相关理论研究与实践建设的全面性、完整性和适应性，也为相关研究领域开拓思路，注入新的内容。此外，在此基础上，研究将促进二者相互协调的相关政策、手段和技术的发展，探求解决我国城市交通问题的解决方案，这将有利于更好地规划和管理我们的城市，也更益于促进城市健康持续发展。

最后需要再次强调的是，必须坚持“协调好城市交通系统与土地利用两者关系是能顺利解决城市交通问题的根本对策”的观点，也就是说，对城市交通系统与土地利用互动关系的研究是进行城市交通政策分析和制定未来城市交通政策以及解决复杂城市交通问题的基础与前提。因此，围绕城市土地利用的研究，也是我们展开复合型的城市公共空间与城市交通关联研究的重要焦点与联系纽带。

2.3 城市交通结构[1]与复合型的城市公共空间结构在土地利用上的相互关系

城市空间结构与城市交通结构关系密切，尤其是二者在城市土地利用上相互作用、密不可分。而复合型的城市公共空间结构是综合密集型城市空间结构的集中体现，为了展开对复合型的城市公共空间与城市交通的关联研究，我们以城市土地利用为媒介，对城市交通结构与复合型的城市公共空间结构在土地利用上的相互关系进行扼要剖析，

[1] 下文相关部分内容参见叶亮. 城市空间结构与交通结构相互关系探析——以淮安市为例 [J]. 现代城市研究，2007(2)：60～65

城市交通结构主要指居民出行所采用的步行、骑车、乘坐公共交通、出租汽车等交通方式，并且由这些方式分别承担出行量在总量中所占的百分比。它和城市面积、布局、人口、自然地理、环境要求、经济发展水平、交通基础设施和对外交通联系等诸因素紧密相关。

以更好地解决复合型的城市公共空间与城市交通发展的相关问题。

2.3.1　影响复合型的城市公共空间结构发展的因素

1. 影响复合型的城市公共空间结构的一般性因素

影响复合型的城市公共空间扩展的诸多因素包括经济、区位、政策、交通和社会心理等。复合型的城市公共空间结构可以认为是在城市发展中，各种经济活动在城市空间上的投影，即是城市经济发展程度、阶段和内容的空间反映，同时城市经济发展必然会伴随着空间结构与城市土地利用结构的变化。因此，复合型的城市公共空间结构作为将来综合密集型城市空间结构的集中体现，其既是城市经济运行的结构，也是城市经济进一步发展的基础条件。

与此同时，以上社会、经济的发展和城市土地利用结构，决定了城市交通需求量和城市交通的结构，以及城市交通基础设施应达到相应的建设水平与服务水平。反过来，城市交通系统实际的供给能力又将制约城市社会、经济发展和土地利用结构。所以，城市交通和城市土地利用、城市社会经济发展关系密切，它们都深深影响着复合型的城市公共空间结构的发展。

2. 交通结构对复合型的城市公共空间发展的影响

城市交通结构对复合型的城市公共空间的发展有很大影响。从以往城市发展来看，交通结构是影响城市发展，尤其是影响城市形态变化的重要因素之一。交通结构的较大变化往往与交通方式的变革息息相关，可以说，伴随着历史上每一次交通方式的变革，区域、城镇的空间形态都会发生显著变化。按照城市交通方式的不同类型，可以将历史上出现的城市空间结构划分为：步行时代、马车时代和汽车时代的城市空间结构。由于交通方式的革新，交通结构在突破原状态的情况下达到新的稳定状态，城市整体平均交通速度得以提高，改变了出行区域可达范围的大小，从而引起了整个城市空间可达性的变化，进而又引起各种生产与生活等区位的重新选择，并且直接表现在土地利用上，引起地价、区位、空间分布等变化，影响到整个城市土地利用布局的状况。譬如，京沪高速铁路设计时速约为 350km，新北京南站运营后，北京到上海只需要 5h，将比目前京沪间特快列车缩短 9 个小时左右(见图 2-12)[1]。因此，随着现代交通技术的进步，各类交通方式得以快速发展，这些必将极大地影响到城市自身以及城市之间的空间范围与布局，从而也深刻影响着复合型的城市公共空间的发展。

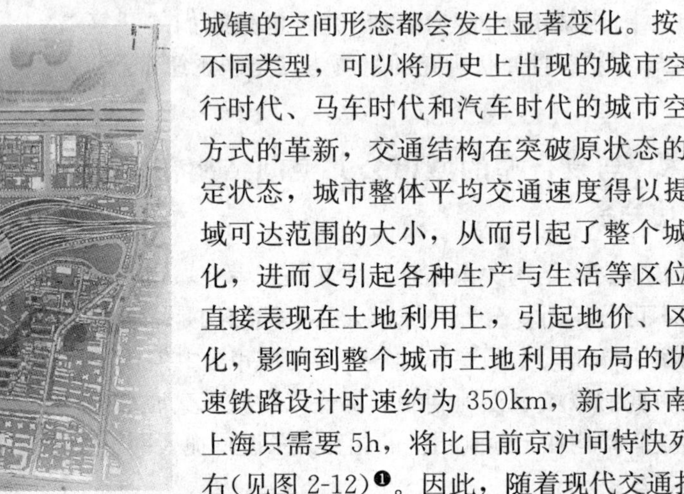

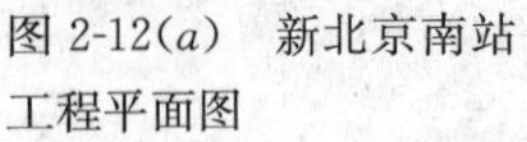

图 2-12(*a*)　新北京南站工程平面图

[1] http://www.china.com.cn/city/txt/2007-04/13/content_8110999.htm

据了解，广州中山大道 BRT 走廊建成后的 BRT 专用道及其车站设于道路中央，两侧维持双向六车道，供社会车辆通行。乘客可通过地面人行横道或天桥进出站。改建后，全线将规划为城市主干路。交通方式的发展扩大了城市通勤范围，带来邻里空间的重新组合，即居住的地域分散化和居住地域的社区隔离化。在上海召开的中国巴士快速交通行动大会公布了一份《上海 BRT 项目概念性报告》，该报告透露，上海将建快速公交系统(BRT)。这种新型的快速公共交通模式将让市民出行“大提速”。城市空间会随着城市客运网络的变化而发生变化，由此必然带来空间结构的新发展，这些都将影响到综合密集型城市中复合型的城市公共空间结构的发展。

图 2-12(*b*)　新北京南站效果图

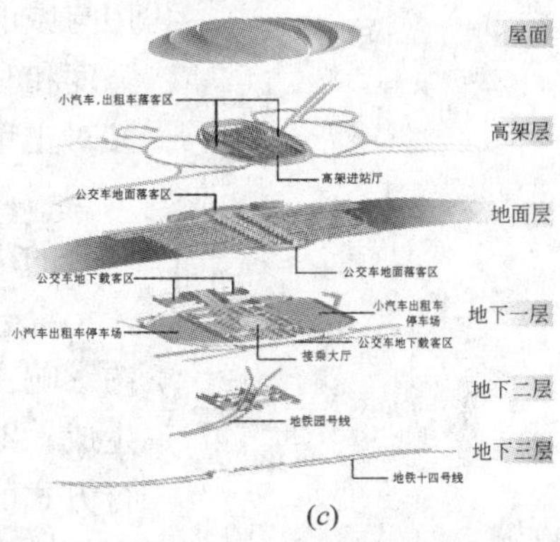

(*c*)

图 2-12(*c*)　新北京南站竖向分析

纵观人类城市发展历程，我们可以发现交通方式的演进是城市空间尺度发生变化的根本性动力，同时科学技术尤其是交通运输技术和通信技术的进步对城市空间结构和城市规划思想也有着很大影响。城市交通结构的变化将通过交通速度、可达性以及土地利用布局等方面直接或间接地作用于复合型的城市公共空间结构，从而对我们正在走向的综合密集型城市的发展产生极大作用。

图 2-12(*d*)　新北京南站工程剖透视

2.3.2　复合型的城市公共空间结构与城市交通结构的协调制约

纵观城市发展进程，城市交通结构的变化引导城市空间的演进，从而在当今城市向综合密集型城市发展中，城市交通结构的变化对复合型的城市公共空间结构的发展起着重要作用。反之，综合密集型城市中复合型的城市公共空间格局的变化在客观上也将影响城市交通系统的空间格局，进而决定交通方式的结构，该过程都是通过土地利用布局的改变来实现，其并非是单向静态的，而是双向动态、协调发展的(见图 2-13)。

1. 复合型的城市公共空间结构与交通结构的相互制约关系

复合型的城市公共空间结构对城市交通的影响主要体现在土地利

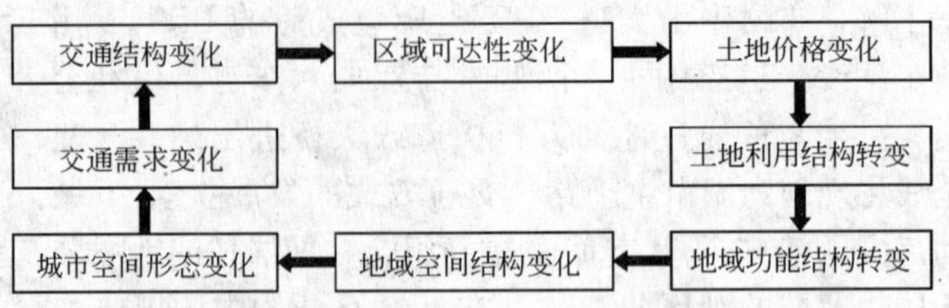

图 2-13 城市空间与交通结构间关联效应

用与城市交通的关系上，不同的土地利用类型和强度决定了交通发生强度和时间规律，进而影响交通方式的选择，而交通方式结构的变化又对土地利用产生影响，进而影响复合型的城市公共空间的发展。

(1) 综合密集型城市中复合型的城市公共空间格局对交通方式划分的决定性作用

综合密集型城市中复合型的城市公共空间格局对城市交通的制约影响主要体现在如下三个方面：1)城市土地使用类别决定出行的生成；2)城市空间布局决定出行分布；3)城市的规模大小决定了出行方式的划分组合。也就是说，在向综合密集型城市发展中，复合型的城市公共空间结构随着城市规模扩展而变化，同时人口与密度增加，公众出行距离也必然相应改变，导致交通方式的组成也必然随之调整以适应新的密集型空间布局与规模。

(2) 交通方式的组成结构制约复合型的城市公共空间结构的发展

前文就交通方式对复合型的城市公共空间结构的影响以及交通方式的革新引导复合型的城市公共空间扩展两个方面进行了相关研讨。除此之外，交通方式的组成结构也会对复合型的城市公共空间的发展起到制约作用。概括而言，交通方式一般分为个人和公共交通方式两类，在目前而言，个人交通方式包括步行、自行车、摩托车和小汽车等，公共交通方式主要包括公共汽车、有轨电车、快速公交系统、AGT(自动导轨电车)系统、LRT、单轨铁路以及地铁系统。而对于以上每一种交通方式而言，都有与其相对应的出行速度和适宜的客流密度，通过人们一般可以接受的出行时间可以折算出各种交通方式所较适宜的出行距离(见图 2-14)。因此，不同交通方式组成决定了人们一般的出行距离，也间接影响着综合密集型城市的空间范围和布局，进而制约复合型的城市公共空间结构的发展。

2. 复合型的城市公共空间结构和交通结构的协调关系

可以说，城市交通是城市社会、经济、环境功能结构的连接机制。它作为城市发展的伴生产物和一种变动式需求，未来城市交通的目的和功能是建立在综合密集型城市发展的背景之上的。而当前城市的发展也已远远超出了城市形成的初始阶段，城市功能结构也已经从一个低级物质性的积累与表象转换成为一个具有多元复杂性的动

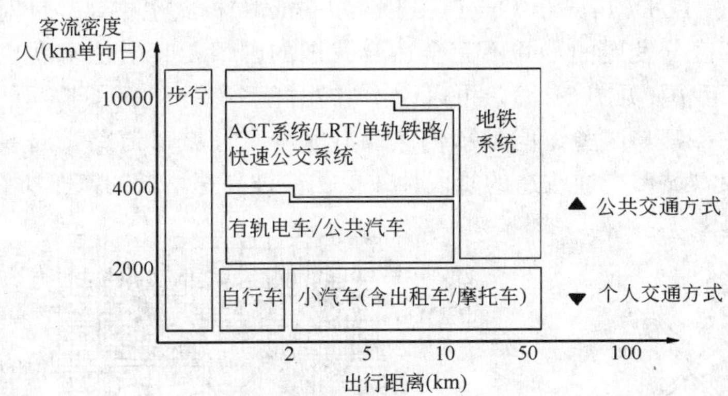

图 2-14 交通方式适用范围概念图

态系统。在此情况下，城市交通体系本身所连接的对象也从以往单纯的对物质性空间的连接转向系统化的对动态的社会和经济的过程。具体而言，一方面交通系统与城市系统之间的互动作用深刻地影响着当前城市在朝综合密集型发展中复合型的城市公共空间结构的发展；另一方面这种互动关系中所包含的内在机理也正在逐渐成为调整与改善城市交通系统自身运行机制和运行模式的深层次因素。

近年来，国内许多城市随着规模的进一步扩大、新区的建设、组团的形成以及局域功能的变化等都体现了城市空间结构正在快速调整之中，所以，坚持土地集约化利用理念，在向综合密集型城市发展过程中，合理协调复合型的城市公共空间结构和城市交通结构之间的关系已成为当今城市发展首要解决的问题之一。

2.4 当代与复合型的城市公共空间相关的主要城市交通发展理论

为了下文深入地展开复合型的城市公共空间与城市交通的关联研究，找出二者之间的内在关联与相互作用关系，也必然需要在反思以往城市交通发展状况的同时进一步探讨当代与复合型的城市公共空间相关的城市交通发展的一些代表性的新思想和新理论。

如今，城市的汽车交通问题已是有目共睹，然而有关这方面的问题其实早在《雅典宪章》中就已有明确的描述，“现代城市的混乱是机械时代无计划和无秩序的发展所造成的。……今日城市中和郊外的街道系统多为旧时代的遗产，都是为徒步与行驶马车而设计的；现在虽然不断地加以修改，但仍不能适合现代交通工具(如汽车、电车等)和交通量的需要。”虽然过去已经 70 多年了，但我们似乎仍然没有找到解决当前城市交通问题的理想办法。而 20 世纪 80 年代在美国出现并得到提倡的 TND(Traditional Neighborhood Development)、TOD(Transit Oriented Development)模式也主要是针对美国住宅郊区化发展的，并不完全适合我国的国情，其居住密度也要远远低于我国(见图 2-15)。可以说，中外许多专家进行了长期的、多方面的探索与试验，但是却仍然没有完全掌握城市道路交通改造的主动权，城市交通改造的阶段性效果往往被高速增长的汽车所吞噬。

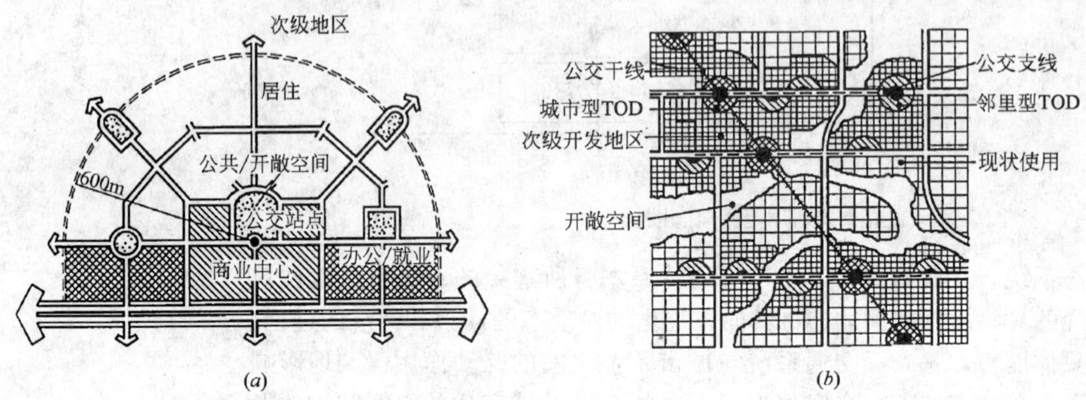

图 2-15　TOD 模式图解(一)
(a)TOD 邻里社区；(b)TOD 区域发展模式

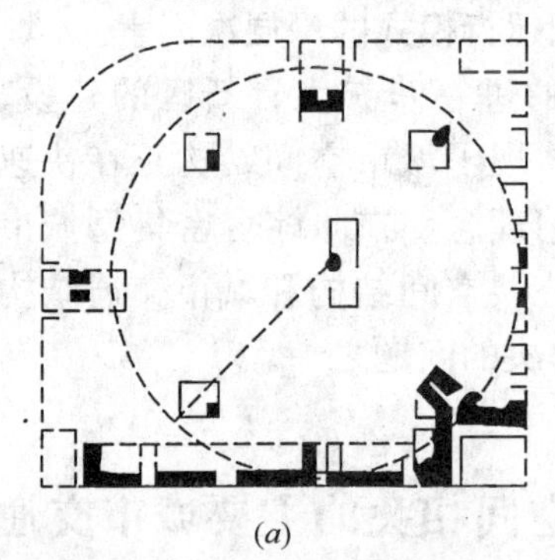

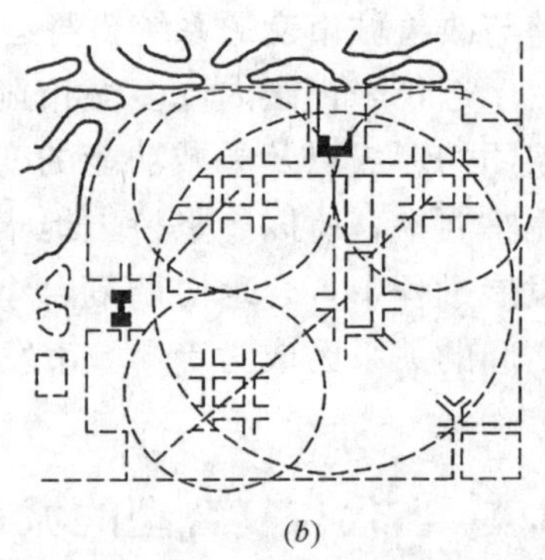

图 2-15　TND 模式图解(二)

问题的出路到底在哪里呢？从《雅典宪章》到《马丘比丘宪章》的思路，我们可以看到城市道路交通系统需要一个划时代的转变，然后以这个划时代的转变为基础，确立城市空间结构的新模式。在城市向综合密集型方向发展过程中，在加快复合型的城市公共空间系统建设与发展的同时，为了寻求解决城市交通等一系列相关问题的策略与途径，许多专家学者通过自己的研究提出了新思想和新理论，如董国良提出了“平均车速决定论”、“老城市四倍汽车容量道路交通系统改造工程”和“新城市建设六倍汽车容量道路交通系统工程”等理论观点，同时他在相关理论著作《畅通城市论——21 世纪城市交通与城市规划》、《建设汽车时代真正紧凑型不堵车城市理论和方法(论文集)》和《节地城市发展模式——JD 模式与可持续发展城市论》等书中对当代城市交通问题的解决提出了一些理论与方法。

再如，同济大学潘海啸教授编译的《城市交通空间创新设计——建筑行动起来!》一书，通过对法国动态城市基金会开展的全球巡展“建筑，行动起来!”的“转变/交换、共居/同存、停车/生活、穿越/到达、旅行/服务”等五个专题的介绍，力图阐明“一个宜人的城市交通空间应该如何组织”这样一个主题。其内容涉及城市交通换乘枢纽、停车场(楼)、高速公路、桥梁和立交桥的设计与规划等方面，反映了以法国为代表的欧洲建筑师、规划师们对城市交通空间的最新思考，其中折射出来的理念也已完全超越了城市交通单一功能和城市交通的工程观，城市交通空间已和城市、建筑公共空间等进行多方位融合，其也已被赋予了综合的城市功能(见图 2-16)。

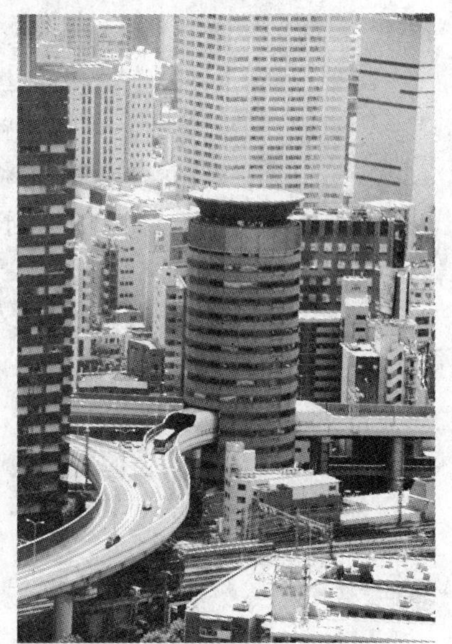

图 2-16 日本大阪福岛区的“塔门”建筑，与城市快速交通线结合建设

由此可见，城市是一个人们聚集的场所，高度的城市性是建立在人们能够实现来往方便自由，也就是高度的城市机动性与可达性的基础上的。而面向未来综合密集型城市中复合型的城市公共空间系统，如何全面提高城市的机动性与可达性(注意机动性和机动化的本质不同)，建立多模式交通体系则是一个关键。同时，城市土地利用问题既是复合型的城市公共空间发展研究的立足点，也是城市交通发展理论研究的重要关注点，因此，下文主要选取对建设真正紧凑型不堵车城市交通理论与方法和多层次一体化的客运交通模式理论研究进行介绍，从中我们可以发现将来城市交通发展与复合型的城市公共空间日趋一体化的倾向。

2.4.1 建设真正紧凑型不堵车城市交通理论与方法

在城市向综合密集型方向发展中，虽然提倡大力发展城市公共交通，但事实上小汽车的发展与拥有量在未来相当长一段时期内将仍会不断上升，因而能否建成真正紧凑型不堵车的城市，可以说也已经成为城市可持续发展的瓶颈问题之一。那么紧凑型城市的标准是什么呢？对于该标准，可以说许多专家从不同的角度有多种看法。针对在小汽车仍持续增长的情况下，董国良主要从城市交通的角度进行论证，认为紧凑型城市必须是在人口密度在 15000 人/km^2 左右，汽车拥有率为 600 辆/千人的条件下不出现交通拥堵和停车难的现象，并提出了紧凑型不堵车城市交通理论和方法❶。

1.“道路悖论”及其解决方法探讨

在城市发展中，城市道路的级配结构是道路交通系统模式的基

❶ 以下内容部分参见董国良著. 建设汽车时代真正紧凑型不堵车城市理论和方法(论文集)［M］. 北京：中国建筑工业出版社，2004

础，在这个级配结构中将城市道路分为快速路、主干路、支干路和支路四级。在国际上这四级道路密度的比例通常是 1∶2∶3∶6，其中快速路占 1/12，约为 8%。董国良通过多年研究发现以上这种级配结构将使城市交通陷入一个无法摆脱的“拥堵—治理—再拥堵”的悖论怪圈(见图 2-17)。下面通过分析揭示这个悖论中的内在规律，并希望找到彻底摆脱这个怪圈的新的城市道路结构，以期能使城市交通进入完全畅达的新阶段。

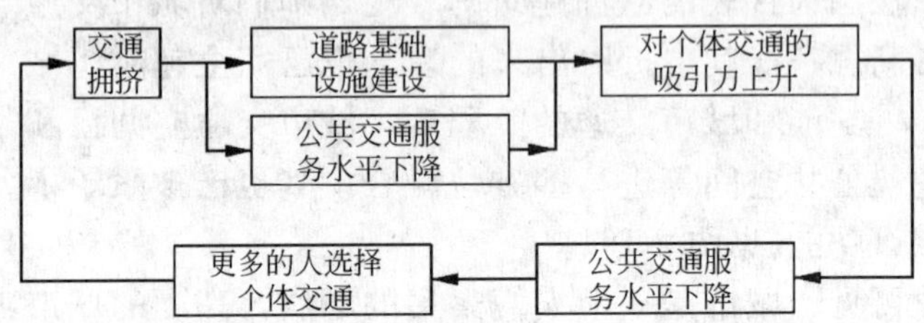

图 2-17　“拥堵—治理—再拥堵”怪圈示意图

(1) 城市交通拥堵所产生的第一个推论

当前，城市向综合密集型方向发展，在城市道路级配结构中，伴随着汽车数量的增加，交通拥堵将首先会发生在快速路的进出口道路上，而这种情况的产生，往往会被认为是与快速路配套的支路或支干路太少的原因。人们往往认为我国必须参照国际标准改善城市道路级配结构，增加支路和支干路的比例。也就是说，快速路进出口道路拥堵现象的产生，使人们得出了需要增加支干路或支路比例的结论，这就是交通拥堵所产生的第一个推论。

(2) 城市交通拥堵所产生的第二个推论

随着城市车辆的进一步增加，在逐步改善快速路进出口道路之后，城市便开始出现了第二阶段的交通拥堵，这便是在城市的快速路上普遍出现了交通拥堵现象。该现象又将促使人们得出一个新的结论，即必须增加快速路的道路密度，以提高快速路的通行能力，这也就是交通拥堵现象所导致的第二个推论。依照这个推论，当城市汽车数量越来越多时，快速路的道路密度也将越来越高。

(3) 道路悖论的产生

如果依照上述第一个推论，增加支路和支干路的比例是解决城市交通拥堵的办法，但同时这样将相对导致快速路比例的下降，也即降低了快速路的密度。

如果按照上述第二个推论，解决城市交通拥堵的办法便是增加快速路的密度，也就是增加快速路的比例，但这将导致支路和支干路比例的下降。

再则按照第一个推论，可以解决城市交通拥堵问题，但是由于第一个推论将会否定第二个推论，因此又将导致不能解决城市交通拥堵的局面。而按照第二个推论，可以解决城市交通拥堵问题，但却由于第二个推论将会否定第一个推论，所以也导致不能真正解决城市交通拥堵的局面。

最后，我们把第一个推论和第二推论综合在一起进行演绎，可以知道，增加支路和支干路比例的努力将会导致减少支路和支干路比例的结果，而增加快速路比例的努力也将导致降低快速路比例的结果。

这便是一个典型的“道路悖论”，这是一个在现行城市道路级配结构中，人们无法克服的悖论。董国良认为，如果将堵车看成是“城市癌症”的话，那么道路悖论便是这毛病的致病基因了。而且前述悖论中的逻辑矛盾，在国内外许多大城市交通改造的历史中，都曾经发生过生动演绎。前述两个阶段的交通拥堵问题在我国北京城市交通的历史上都先后出现过，而北京道路交通改造也曾经按照上述两个推论进行过许多努力。当前，北京也正处于第二个交通拥堵局面之中，即交通高峰期二环、三环路都处于交通拥挤的状况，平均时速时常只能在 10km/h 左右。因此，解决“道路悖论”是城市交通健康、持续发展的重要前提。

(4) 解决道路悖论的方法探讨

通过上述对城市“道路悖论”产生原因的分析，首先根据交通流匹配定律认为在向综合密集型城市发展中要解决“道路悖论”则市区道路必须全部是连续流交通，即全部为快速路才能够满足该定律的要求；然后根据速度趋同定律，只有城市路网中任何一部分道路都能保持汽车快速行驶，其他道路才能保持快速行驶的局面，其结论同样也是市区道路必须全为快速路。

也就是说，要解决这个“道路悖论”的方法就是将城市中市区道路全部建成快速路。而这样的话，必须解决以下三个难题：1)与平面交叉路口相比，该快速路网的立交桥不应多占用土地，只有这样才能适应现有城市道路的改造和满足城市不多占耕地的要求；2)解决人车彻底分离，建设宜人的步行系统(包含自行车道)；3)要同步解决大量汽车的停车系统问题。

解决“道路悖论”所要面临的这三个难题所涉及的立交、人车分离、步行系统以及停车系统等方面的规划建设与前文所阐述的复合型的城市公共空间系统建设的内容紧密相关。因此，下文将通过对三个难题解决办法的研究，来进一步加强整合复合型的城市公共空间与城市交通的建设与发展。

2. 城市道路交通设计思路的新转变

(1) 设法提高城市道路交通的平均车速

城市在向综合密集型方向建设中，必然在相当长时期内仍要面

图 2-18　日本大阪万博纪念公园地区不同交通分流组织

对小汽车增长问题，而平均车速度决定论主要反映了在这样的汽车时代城市交通的内在规律性：城市道路交通可持续发展的诸多指标，全部取决于交通高峰期城市道路在途车辆的平均车速。也就是说，要解决城市的堵车问题，不能仅仅靠修新路，更重要的是要通过复合型的城市公共空间与城市交通立体化结合改造，有效实行人车分离，建立完善的人行与车行系统，将城市中所有道路的车速都提高起来，才能解决包括微循环堵车在内的全部交通拥堵问题(图 2-18)。

进入汽车时代，城市交通空间必须与城市、建筑公共空间有机结合，以往那种希望通过几个大型道路工程来解决全市交通拥堵的想法已经不合时宜了，只有想办法提高整个路网中所有道路的通行能力，设法使城市整体路网中的道路转变成快速路，将全市的平均车速提高到 60～70km/h 左右，彻底恢复道路应有的通行功能，城市的交通问题才能一劳永逸地得到解决，而且可以满足城市土地占用指标、汽车能耗等二十多项指标的要求，从而实现城市交通的可持续发展。2003 年至今，上海先后建成了嘉金、新卫、亭枫、沪芦，郊环东南环、北环、南环等多条高速公路。进入 2008 年，上海“环加射线”的市域高速公路网也已基本建成，里程数达到 634.62km，初步实现了“153060”的目标，即重要工业区、重要集镇、交通枢纽、客货主要集散地 15min 进入高速公路网，中心城与新城、中心城至省界 30min 互通，高速网上任意两点间 60min 内到达，从而郊区与中心城区的心理距离被大大缩小❶。

(2) 交通设计思路要从关注“线”上转变到“面”上

在汽车时代交通的一个划时代特点是，城市交通需求已经不仅仅是对若干条干路通行能力的需求，也就是说交通需求不只是表现在几条“线”上，城市中高密度的交通需求几乎表现在城市每一块土地上，即由“线”上的需求转变为“面”上的需求。当今城市道路交通系统的建设必须满足“面”上的每一个功能点的交通需求，城市道路网中全部道路都应达到连续流交通。城市交通将进入需要整个路网全部具有快速路通行能力的要求才能妥善解决城市问题的

❶ http：//news.QQ.com.2008 年 01 月 08 日 22：24，解放日报．上海轨道交通进入网络化　规模超越巴黎香港

新时代。因此，城市交通设计思路也必须与时俱进，着眼点要由“线”转到“面”上来。可以说，当将来城市中的汽车数量超过一定比例后，仅靠修建几条大路就能改善城市交通状况的时代已成往事！

由此可见，传统的那种认为靠强化几条干道的通行能力就能解决城市交通拥挤状况的想法已经完全无法立足。汽车时代城市的交通主要表现出以下两个显著特点：1)城市犹如陷入汽车的“汪洋”之中，尤其是工作日早晚上下班时段，处处是汽车，靠强化数条路线的通行能力来解决城市交通问题的想法已经落后；2)单位面积上所形成的交通需求很高，而且微循环交通的交通量已达到使用传统快速路方能解决的程度。与此特点相适应的城市道路交通系统必须在每单位土地面积上都提供高密度的交通供给。

传统的设计思路是按照《城市道路规划设计规范》将快速路、主干路、次干路和支路路网密度约定为1∶2∶3∶6，主要依靠快速路和主干路承担连通的功能，承担城市机动车50%以上的交通量，这种道路等级和交通量的划分已成为经典。如果按照上述传统思路进行规划设计，快速路仅约占城市道路面积的8%，而当前各大城市交通的现状表明，当城市汽车拥有率大于100辆/千人之后，交通拥堵现象就会频繁出现，而且微循环的交通拥堵问题日益严重，随着汽车拥有率的逐步提高，最终必将成为“不治之症”。若以一个汽车保有量为800万辆的城市为例，以车均占道面积30～80m^2来计算，道路面积约为240～640km^2。显然，在实际城市中维持交通畅达的快速路面积将远不能满足这个要求，况且快速路也不可能进入微循环的交通空间。由此可见，在现行的城市交通模式下，若要依靠强化快速路的通行能力来解决汽车时代城市交通问题，非但在道路面积上无法满足需要，而且也无助于解决微循环的交通拥堵问题。

因此，城市在集约化发展要求下朝综合密集型演化的过程中，我们应该对传统的城市道路规划设计规范与策略进行根本性革新，充分利用复合型的城市公共空间系统建设与城市交通系统有机结合，尤其是通过将微循环的城市交通空间与复合型的城市公共空间整合起来，进行空间与功能的立体化组织，真正从整个城市空间大系统的层面上来寻求解决城市交通空间问题的根本性策略。

京沪高铁南京南站将一举改变南京城南的交通现状。南京南站48km^2的区域内，将形成一个“四纵三横”的快速路网体系，三条轨道交通、五条公交专用道、20条公交路线的公共交通体系。在“四纵三横”的框架下，南站地区将来的支路网密度将达到6.5km/km^2，和南京主城4.8km/km^2的道路网密度相比，南站地区的道路网络将更为发达。在南站“2”的规划区域内，快速道路的密

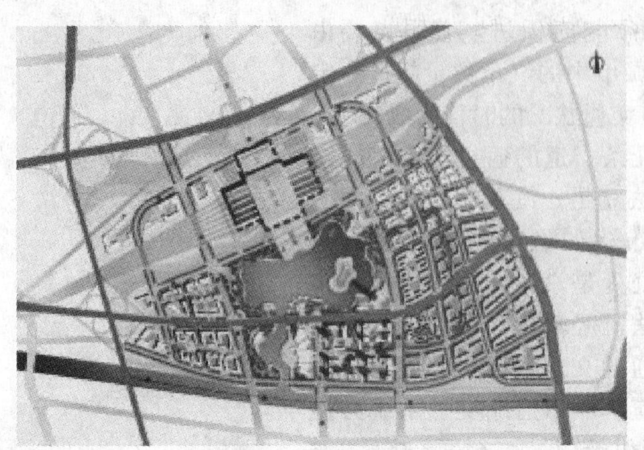

图 2-19　南京南站核心区“两横两纵”快速道路构架规划总平面图

度将达到 0.59km/km²，主干道的密度将达到 1.1km/km²，次干道的密度将达到 1.25km/km²[❶]。南京南站 6km² 的核心区域内，将以绕城公路等四条道路，组成“两横两纵”的快速道路构架(见图 2-19)。

为了实行由“线”上转变到“面”上的城市交通设计新思路，近几年来，上海也在大力推进轨道交通基本网络建设。随着上海轨道交通逐渐进入网络化发展时代，其规模将超越巴黎与香港。2007 年 12 月 29 日通车的轨道交通 6 号线、8 号线一期、9 号线一期以及 4 号线修复段、1 号线北延伸段等“三线二段”线路，不仅注重线路间的换乘方便，还增加了许多以人为本的设计理念。新线投运后，地面公共交通线路也适时调整，更好与轨道交通网络配套、衔接[❷]。

因此，为了实现公共交通线网的顺利建设并使其作用得以有效发挥，在交通线网节点建设中，必须将立体化的复合型的城市公共空间与交通空间进行有机结合。

(3) 交通设计思路要从交通供求总量平衡转变到交通供求密度[❸]平衡

当城市进入汽车时代后，交通需求出现了一个新的特点，即在繁华市区或某些社区居民集中地段，出现了汽车密度很高的现象。要解决这类地区交通拥挤问题，若采用传统的通过修道路和城市低密度化的方法来提高交通供给总量，虽然可以实现供给和需求在总量上的平衡，但是许多事实表明这根本不能解决汽车高密度区的交通拥挤现象。因此，问题的出路只能是设法提高交通供给的密度，而提高交通供给的密度主要依靠发展公共交通，以达到供给密度与需求密度的平衡，从而解决城市交通拥挤问题。尽管按照现行交通工程学的相关理论，交通供给密度与交通需求密度平衡似乎难以实现，但要适应汽车时代城市交通的新特点，就必须要坚持由交通供求总量平衡转变到努力实现交通供求密度平衡的设计新思路上来。2007 年，上海就已明确了公交优先的发展战略，从以往的“积极实施”转为“全面实施”，“两字”之差，突现的是上海对于城市交通

❶ http://www.nj35.com/News/content/2007/12/5527.html

❷ http://news.QQ.com. 2008 年 01 月 08 日 22：24，解放日报　上海轨道交通进入网络化　规模超越巴黎香港

❸ 交通供给密度：在城市 1km² 土地上道路的日平均交通供给量［车・公里/(平方公里・日)］；交通需求密度：在城市 1km² 土地上的人员，日平均给城市道路造成的交通量［车・公里/(平方公里・日)］。

发展的战略取向和民本定位。

(4) 交通设计思路要从"一重两轻"转变到三个系统同步建设

众所周知，城市道路交通系统由机动车道路系统、步行系统和停车系统三个子系统构成。以往国内外许多城市道路交通系统规划设计将着眼点主要放在解决机动车道路系统的建设上，往往导致机动车道路越修越多，而步行系统却越来越断裂、停车位的"欠账"也越来越严重。这是由于现行的交通工程学理论中虽然强调步行系统与停车系统的重要性，却无法实现人车的彻底分流，也无法实现与道路建设同步扩大的停车系统。国内外相当多的城市在道路交通系统规划建设中都形成了过于重视机动车道而轻视人行道和停车系统建设的"一重两轻"的局面，结果导致交通需求结构很不合理，一方面步行所占的比重越来越小，另一方面，或是因路边停车较多而影响道路通行，或是为寻找停车位而绕道远行，有关资料表明在城市繁华地段由于寻找停车位而增加的交通量竟高达30%。由此也带来了一系列相应的衍生问题，诸如许多原本宽度适宜的步行道路仅仅成为让人匆匆而过的"过道"而已，而非应该充满多样交流活动与生机的"街道"了。

在上述问题的解决上，日本JR奈良车站周边再开发"丝绸之路·城市21"项目提案可算是一个典范。作为据点城市的再开发项目，JR奈良车站周边的连续立体化再开发，以运用区域规划的手法进行，融入了复合型的城市公共空间与城市交通有机结合的设计思想，充分重视城市机动车道路系统、步行系统和停车系统三个子系统的有机构成(见图2-20)。该街区建造的指导方针是利用"红线"控制的方法，退红线部分与步行道合并，形成舒适、宽敞的步行道，通过退让后步行道宽度可达6～10m。无论是在地上还是地面都设置方便的步行道，然后地上的人行道尽量扩展到沿街建筑的退红线处，并种植2排或3排行道树，扩大绿色空间，使汽车道与人行道完全分离，进而再充分设置街椅、雕塑等街道附属设施，营造出一个重视步行道和绿化的街区景观(见图2-21)。尤为突出的是立

图2-20 奈良车站周边全景模型

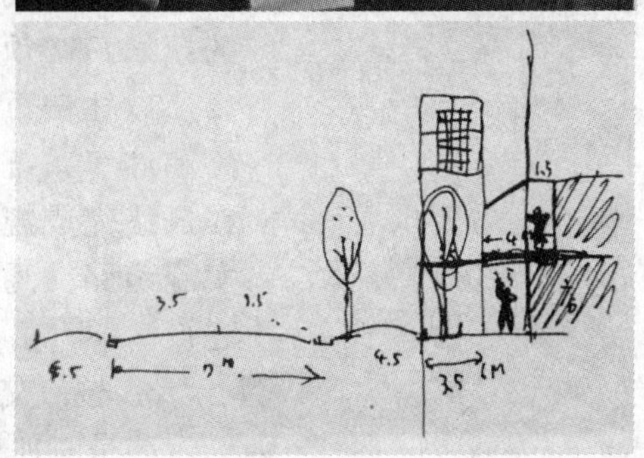

图2-21 建筑后退红线=2列行道树创造怡人步行空间

体化的绿色人工地坪(步行者专用广场)以及内部设置连接地上和地面的残疾人与老年人专用电梯的“城市之柱”(见图 2-22)。在该项目提案中，除了特殊情况外，公共停车场与附带各种设施的停车场都被设置在地下，由此形成了联络各个主要设施的地下网络系统。作为街区内的停车方式，公共停车场基本采取自动式停车方式；附带各种设施的停车场，将根据各设施的规模而采用新的城市型机械停车方式。这也是一个未来综合密集型城市停车系统的实验性提案。

图 2-22　立体化的绿色人工地坪(步行者专用广场)以及内部设置连接地上和地面的残疾人与老年人专用电梯的“城市之柱”

由于城市进入汽车时代以后，汽车的数量、密度均将不断显著增加，如果不改变以往“一重两轻”的局面，城市道路系统恐无法满足可持续发展的要求。因此，对汽车城市道路交通系统的规划，必须树立创建复合型的城市公共空间系统的理念，务必要从以往偏重机动车道路规划的思路转变到机动车道路、人行道路和停车系统并重的思路上来。这三个系统并重的思想不仅表现在最终完成规划建设全部工程以后三者是平衡的，而且要确保在实施道路交通规划的每个阶段中随时保证三个系统的同步协调建设。

3. 城市交通策略——全立体化的城市道路系统及其交通方法

这是一种在综合密集型城市中与复合型的城市公共空间系统结合的全立体化城市道路系统，日本 JR 奈良车站周边再开发项目提案中的城市道路交通系统在一定程度上说明了该系统采用比较少的占地面积，使机动车与人及非机动车完全分离，提高了道路的利用率，彻底解决城市道路堵车、停车难和交通区划问题。这种全立体化城市道路系统包括机动车道和非机动车道，其可为多种形式的分层结构，如一层可为地面机动车道，在地面机动车道的地下层设置人行道或非机动车道。进一步而言，上述交通系统也可以在地面机动车道的上方设置人行道或者非机动车道，其中人行道和地面机动车道进行对应设置，且在两侧设置的人行道或非机动车道之间设置横向通道，或人行道与地面机动车道不对应设置，或设置在地面机动车道并不对应的人行道层的其他地方。如我国香港长期以来实行较为全面的人车分离体系，使人流与车流都能高效运行，在公众活动最为密集的中环、金钟以及湾仔地区形成极为系统化的架空人行步道系统，其与城市中快速通行的车行系统互不干扰，而且通过与城市建筑进行一体化连接处理，充分发挥出人行步道系统的便捷、宜人化特点(见图 2-23)。北京央视联国际数字产业园的规划设计，不仅特征性地从数字化设计构思整个项目，建筑群体呈电路板型规划布局，而且交通流线实现完全人车双层分流系统，以不确定性建筑群体立面形成城市界面，同时园区内部形成“城市盆景”型下沉庭院园林景观(见图 2-24)。

图 2-23　香港人车分离形成连续、便捷的人行步道系统

图 2-24　央视联国际数字产业园鸟瞰

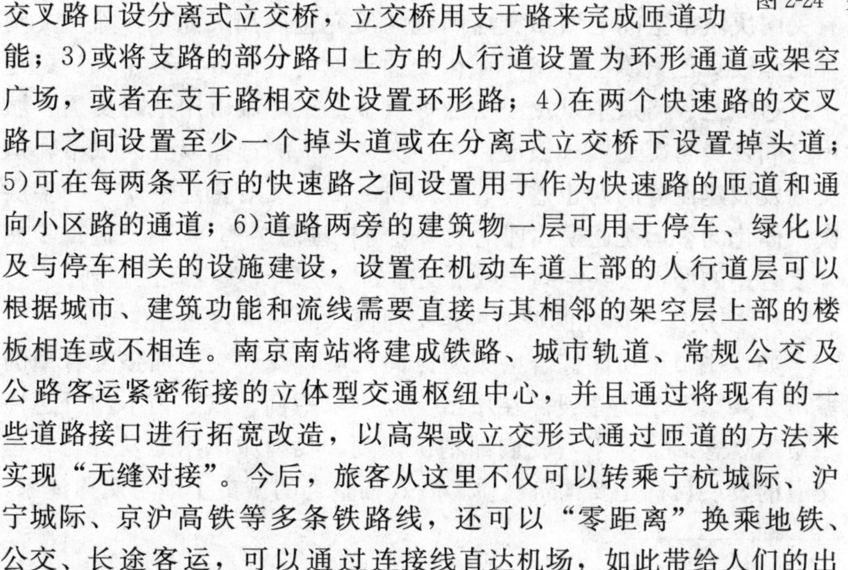

其中需要说明的是：1)人行道可以步行也可作为非机动车道；2)机动车道包括快速路和支干路，在快速路的交叉路口设分离式立交桥，立交桥用支干路来完成匝道功能；3)或将支路的部分路口上方的人行道设置为环形通道或架空广场，或者在支干路相交处设置环形路；4)在两个快速路的交叉路口之间设置至少一个掉头道或在分离式立交桥下设置掉头道；5)可在每两条平行的快速路之间设置用于作为快速路的匝道和通向小区路的通道；6)道路两旁的建筑物一层可用于停车、绿化以及与停车相关的设施建设，设置在机动车道上部的人行道层可以根据城市、建筑功能和流线需要直接与其相邻的架空层上部的楼板相连或不相连。南京南站将建成铁路、城市轨道、常规公交及公路客运紧密衔接的立体型交通枢纽中心，并且通过将现有的一些道路接口进行拓宽改造，以高架或立交形式通过匝道的方法来实现“无缝对接”。今后，旅客从这里不仅可以转乘宁杭城际、沪宁城际、京沪高铁等多条铁路线，还可以“零距离”换乘地铁、公交、长途客运，可以通过连接线直达机场，如此带给人们的出行便利将是空前的。

图 2-25　日本大阪千里地区的立体快速交通

此外，上述与复合型的城市公共空间系统紧密结合的立体化城市道路系统在交通方法上也有其自身特点，机动车道包括快速路和支干路，快速路在交叉口设分离式立交桥，快速路为直行和沿行驶方向向通行一侧转弯行驶，用支干路完成匝道功能，或者支干路为只允许直行或沿行驶方向向通行一侧转弯行驶(见图 2-25)。这样在快速路道口可以不设信号灯，实行人车分离，大大提高了通行速度，虽然在某些路段需要绕行，但由于整体道路的畅通将大大缩短行车时间。这样设计的结果，可将人、车完全分离，一方面既节约了大量的道路占地面积；另一方面又实现了机动车道交叉路口的全部立交化或无冲突点交通，在整个城市中形成纵横交错的无冲突点的交通系统，其与综合密集型城市中复合型的城市公共空间系统的立体化和高可达性相互依存、相互促进。

2.4.2　多层次一体化的城市客运交通模式理论研究

伴随着世界经济全球化和我国进入快速城市化时期，我国城市发展加速的同时将面临巨大调整，城市建设也将面临各种严峻的挑战。当前，我国城市正同时面临人口、土地和机动化三方面的沉重压力，城市土地利用和交通之间存在的问题和矛盾已越来越突出。有关解决城市空间与城市交通问题的研究进展如火如荼，除上文阐释的建设真正紧凑型不堵车城市交通理论与方法外，近年来，黄建中、边经卫、何宗华以及汪松滋等众多专家对城市用地与交通、城市空间发展与交通模式演变、主导交通方式的选择以及大城市轨道交通发展建设等问题也进行着深入研究，下文对黄建中研究的多层次一体化的客运交通模式理论成果进行梳理总结❶，为后文进一步展开复合型的城市公共空间与城市交通的关联研究奠定理论基础。

1. 多层次一体化的城市客运交通模式的基本内涵

如今城市正在向综合密集型方向发展，我们应当加强复合型的城市公共空间系统建设。在城市交通供求平衡、以人为本和可达性城市等观念的指导下，我们深刻认识到，我国城市用地发展与客运交通的发展目标是要构筑优质、高效和整合的城市土地与交通体系，

❶　下文相关部分内容参见黄建中著. 特大城市用地发展与客运交通模式［M］. 北京：中国建筑工业出版社，2006

利于复合型的城市公共空间系统建设，以满足城市不断增长的发展需求，从而全面提升城市的综合竞争力，促进城市持续、稳定和健康发展。基于此，多层次一体化客运交通模式的基本内涵主要概括为公共交通优先、多层次和一体化三个方面。

（1）公共交通优先原则

可以说，从我国城市用地紧张、布局紧凑、高密度以及用地混合的特点出发，同时根据公众利益优先和高效的原则，实施公共交通优先的政策已成为共识。实行公共交通优先的政策，首先体现在交通方式的选择上。也就是说，在向综合密集型城市发展中，为尽量避免或减少小汽车“汪洋”的出现，要优先保证合理的公共交通用地，优先保证公共交通的资金投入、高效运营和换乘方便。通过积极的引导措施，不断提高公共交通方式的比重，提高交通机动化水平，发挥慢行交通短距离出行与接驳公交的功能，从而逐渐形成以公共交通为主其他多方式的个体交通为辅的客运交通模式。

其次，公共交通优先的政策，还应该表现在城市用地的发展上。我国应该建立起适合公共交通发展的用地布局结构、用地控制指标以及用地开发方式，为此城市用地应当适度保持较为紧凑的发展形态，应该提倡沿公共交通走廊往外扩展的方式，在公共交通站点和沿线地区应该通过“地段级”复合型的城市公共空间系统与综合体建筑的有机结合建设，尽量保持比较高的开发强度，与此同时结合交通站点地区来合理安排复合功能的公共服务设施和商业设施，加强公共交通的吸引力和保证公共交通运行所需要的客流量，从而建立适合于公共交通发展的城市用地发展模式。

概括而言，实现公共交通优先的政策，必须通过将以上两个主要方面进行有机结合，才能真正发挥公共交通方式的优越性。

（2）多层次的供应体系

多层次的供应体系，主要包括两个方面内容，即多层次的客运交通方式的组合和区域内不同城市地区的差别政策。

通常来说，在城市的客运交通体系中，除公共交通方式以外，还有一些私人交通方式以其各自不同的适应性存在着，并且它们都是公共交通不可缺少的补充。应该根据不同交通方式的特点，因势利导，发挥其各自优势，从而建构多层次的交通供应体系。更进一步来看，在公共交通方式的内部，还包括了大运量的快速公共交通方式(譬如轨道交通)和常规的地面公共汽(电)车方式，任何一种偏颇于某种交通方式的观念都有可能造成整体客运交通系统运行效率的降低。

上述不同的交通方式在城市区域中不同地区应该体现政策的差异。若从目前我国特大城市的发展分析，多数城市在保持着市中心强大的同时，城市建设范围正随着郊区化的发展而向外扩展，打破了以往的“市区—郊区”二元结构，城市区域范围内的发展已经呈现出多层次的特征，以往单纯的城市或市区、郊区的概念已经不能包含整个城市地区的内涵了。所以，城市交通分布的集聚程度和城市道路资源利用率的高低，在不同的城市地区会呈现不同的状况。对于城市交通方式的选用，应当根据各地区不同的供求状况来采取相应的政策，确定各区域内适宜的交通方式结构、交通设施建设和用地发展政策，而这些往往需要和复合型的城市公共空间系统的建设相协调，以有利于综合密集型城市空间与城市交通系统发展的整体优化。

其中，以交通方式为例来看，主要可分为以下三个区域：1)城市中心区应采用依托大容量的快速轨道交通网络为主体的公共交通方式，同时完善道路等级配置，控制机动车流量，尽量降低个体机动车方式的比例；2)城市中心区的外围地区可以常规地面公共交通和轨道交通为主，加快城市快速路的建设，同时适当放宽小汽车等个体机动方式的使用；3)在郊区则可以通过高速公路网的建设，鼓励小汽车的使用，以形成公共交通方式和个体机动方式并重共存的供应体系。

可以说该多层次的供应体系是城市满足不同的发展需求，实现优质、高效和整合发展的重要保障。而在此过程中，复合型的城市公共交通系统的规划建设也应该和城市交通方式的区域划分相协调，也就是说，依据不同区域所选取的交通方式的主要特点来有针对性地组织该区域复合型的城市公共空间的等级、规模与形式，以利于城市整体上城市交通与复合型的城市公共空间的系统整合。

(3) 一体化的协调目标

我们所谈的多层次一体化客运交通模式的协调目标主要包括两个方面的内容：1)客运交通内部各种关联的一体化；2)客运交通与其各种外部关联，尤其是与城市用地发展的一体化，这也是能否真正实现复合型的城市公共空间与客运交通在城市用地上协调发展的关键。

依照传统的理解，一体化的客运交通就是指客运交通体系内部关联的紧密，即设施平衡、运行协调和管理统一。“设施平衡”主要指保持轨道和道路快速平衡发展的同时，重视换乘、停车和管理设施的建设。首先是关于道路与轨道之间的平衡，其次是动态设施与静态设施的协调，再次是以枢纽为联系各系统的纽带，最后通过管理设施将所有交通设施进行整合。“运行协调”指所有交通方式彼此协调，紧密衔接和安全运行，主要强调公交内部、公交与个体交通以及客运与货运分层次的整合。“管理统一”是指交通各相关部门协同运作，共享信息资源，从而实现高效管理。通过充分发挥政府、市场和公众的各种作用和组合优势，对城市交通的规划、投资、建设、运营和收费等进行综合协调。

而从广义上讲，一体化交通还应表现在交通体系与外部因素的密切关联上，也就是说，交通和复合型的城市公共空间在土地使用上相互结合，交通和经济相互适应，交通和环境相互协调，交通与社会相互促进，以及城市交通与对外交通紧密连接等方面(见图 2-26)。

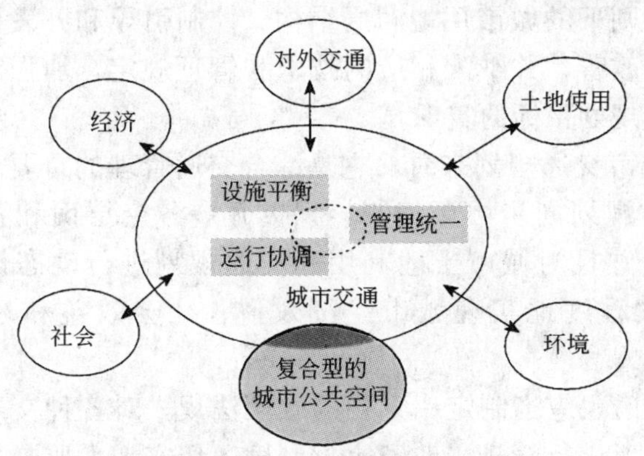

图 2-26 一体化交通的内外关联

2. 多层次一体化的城市客运交通模式的主要系统构成

在城市用地发展与多层次一体化客运交通模式的研究中，可以将该模式的系统构成主要分为三大体系来展开研究，即模式的目标体系、模式的控制体系、模式的管理体系以及模式发展的类型分异。

(1) 模式的目标体系

构筑优质、高效和整合的城市土地与交通体系是模式发展的总体目标，也就是要满足城市增长的发展需求，提升城市的综合竞争力，从而促进城市持续、稳定和健康发展。概括而言，应该关注以下目标的实现：

1) 构建功能完善的综合道路运行系统；

2) 构建协调运营的公共客运服务系统；

3) 构建功能完善的综合道路运行系统；

4) 构建多方式联运的交通衔接系统；

5) 构建统一协调和高效的用地和运输管理系统。

(2) 模式的控制体系

该模式的控制体系主要包括城市用地和客运交通两个方面。概括而言，有关城市用地发展方面，我们可以从城市用地的外延拓展与内涵更新两个方面确定的控制原则来进行把握，而城市客运交通系统则主要从客运交通方式与客运交通设施两个方面确定的相关控制原则来进行研究。

(3) 模式的管理体系

该模式的以上诸战略目标及其控制的实施离不开健全的管理体系。整体而言，模式的管理体系主要包括城市规划的编制及其管理体系、城市交通规划与投资管理体系、城市交通运营管理体系、定价与收费管理体系、城市管理体制与法制体系等方面的内容。

城市规划体系主要包括规划编制与规划管理两大方面，而且二者必须同时切实考虑城市交通的需求，特别要关注研究在公共交通优先战略原则下的城市用地布局结构、控制引导和开发设计等方面的内容上的改善，并纳入相应的技术和管理规定，加强法律上的保证，以利于规划目标的实现。

再从城市交通规划来看，它是综合交通管理的首要环节，应该与城市总体规划同步协调编制，积极开展各个层面和各个专业规划的合作，并且对城市土地利用和交通规划进行动态调整，同时要考虑最大程度地实现城市经济效益、社会效益和环境效益的统一。

城市政府也应当制定一系列的政策法规，对各种交通方式的运行以及经营者进行管理，改革审批制度、切实加大监督力度，提高依法行政水平，以保障服务、提高效率和规范市场。

交通设施以及服务的定价与收费政策是实现城市交通良性循环发展和合理引导交通需求的重要管理手段。因此，要通过制定合理的定价与收费政策，平衡各项交通设施的建设与使用以及各种交通方式之间的需求与供应，从而确保以合理的成本获得最大的综合效益。同时，城市交通环境管理是改善城市生态环境的重要组成部分，在不断适应城市机动化发展的进程中要重视交通环境的管理。

此外，建立协调、统一和有效的城市管理体制和法制环境对管理体系的完善具有很大作用。因此，我国应该加强改善目前管理体系中存在的诸如政出多门、职能交叉和缺乏协调等不良现状。

(4) 模式发展的类型分异

由于我国城市数量众多、分布广泛，其各自发展的基础条件与能力各有差异，同时具体的城市用地发展与客运交通特征也各不相同，因此还应该注意模式会出现类型上的分异，其也可以理解为模式发展的不同阶段，但是在模式的发展目标和内涵上的本质都是一致的。

模式 1：即基本模式，由于城市投资能力上的保证而主要采取建设轨道交通的城市公共交通模式。该模式适于经济条件好、人口较稠密其大多已形成特大城市地区的城市，也就是说，建议城市发展能力排序在前十位、非农业人口在 200 万以上的主要城市。

模式 2：主要指适于城市发展能力与经济增长速度中等，人口也比较稠密(多在 150 万以上)的城市。对于这类城市可采取先轨道交通与大运量快速公共汽(电)车系统并重的方式。根据当前迫切需要改善区域的交通需求，建设局部的轨道交通，并且在规划用地上预留将来城市轨道交通用地，同时大力发展公共汽(电)车快速通道等运量大、投资少、见效快的公共交通体系，等到时机成熟时再利用这些规划的系统用地来建设地上或地下的轨道交通设施，从而形成整体的网络，提高城市整体的运营效率。

模式3：主要适于城市发展能力较弱、经济增长慢、城市非农业人口规模较小(多在100～150万之间)且处于经济较为落后的地区。针对这类城市，建议主要以发展大运量的快速公共汽(电)车系统为主，同时加强改善并增强城市现有公共交通网络的服务水平，通过多种交通需求的管理来促进城市公共交通方式的使用。此外，需要强调的是，必须考虑到未来城市的轨道交通建设，在城市规划上作长远考虑，也就是说，在规划建设快速公共汽(电)车系统时，充分考虑用地和系统在衔接上升级的可能性。

概括来说，多层次一体化的客运交通模式根据不同城市的发展情况，提出了相应的城市交通与土地利用规划策略并考虑其长远与可持续性。其主要侧重于以城市交通在城市土地利用上的规划为媒介，进而对城市发展产生深刻作用，其作用要得以充分有效发挥必须将它与复合型的城市公共空间系统的规划与建设进行协调统一。

2.4.3 城市交通发展理论研究结论：城市交通发展与复合型的城市公共空间发展日趋一体化倾向

通过对上述建设真正紧凑型不堵车城市交通理论与方法和多层次一体化的城市客运交通模式理论的研究分析，可以发现当前城市交通发展与复合型的城市公共空间系统日趋一体化的倾向，概括来讲主要包括以下三个方面。

1. 城市交通空间必须与复合型的城市公共空间有机结合

在上文建设真正紧凑型不堵车城市交通理论与方法的分析中，我们已发现，在城市发展进入汽车时代之后，城市交通需求已经不仅仅是对若干条干路通行能力的需求。以往那种希望通过一些大型道路工程来解决城市交通拥堵的办法已经不能完全奏效。正如前文所述，城市中高密度的交通需求可以说几乎显现在每一块土地上，也就是说已由“线”上的需求转化为“面”上的整体系统需求。

同时，通过分析发现以前城市交通存在的一些问题之后，在今后城市交通发展上应该转变以往“一重两轻”的局面，真正做到机动车道路、人行道路与停车三大系统并重发展，这样必将极大地加强城市交通与复合型的城市公共空间系统的相互关联与渗透。

因此，只有通过对城市交通空间与城市、建筑公共空间的有机结合，加强人行道路系统建设，逐步转向城市交通空间与复合型的

图 2-27(a) 整体鸟瞰

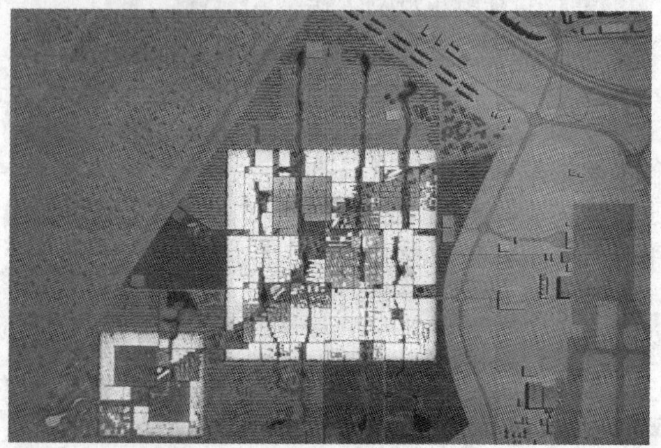

图 2-27(b) 区域规划

图 2-28(a) 立体化、宜人化交通换乘中心

城市公共空间的一体化统筹建设，才是真正通往从根本上解决城市交通问题并提高城市空间环境质量的正确途径。

2. 城市交通发展的立体化与复合型的城市公共空间系统立体化特征相辅相成

从上述城市交通发展研究中，我们可以知道，立体化的城市道路系统，不仅符合土地集约化利用的理念，可以减少占地面积，实现城市机动车与人及非机动车的分离，而且大幅度提高了道路利用率与车速，有利于彻底解决城市道路拥堵和停车困难等问题。所以说，在城市土地集约化利用理念的指导下，城市道路交通系统发展的立体化与复合型的城市公共空间系统的立体化特征相辅相成、相得益彰。

由英国福斯特及合伙人事务所负责的位于阿联酋首都阿布扎比的马斯达(Masdar)发展规划，其力图实现零碳和零废弃物的可持续发展社区理念，构建一个多功能、高密度的城市。其首先是一个密集型城市，分两期实施，并依靠一个大型光伏电站进行建设，接下来它便会成为二期工程的场地，并且在城市发展的同时避免城市低密度开发的蔓延(见图 2-27)。由于有零碳的目标，城市本身没有机动车，主要通过立体化复合型的城市公共空间系统与立体化城市交通的有机结合，人们从任何地方出发到达最近的交通服务站点或服务设施都不超过 200m(见图 2-28)。通过复合型的城市公共空间的塑造，形成紧凑、立体化的适于人们步行的街道，并且辅以人性化的快速交通系统，使得复合型的城市公共空间与城市交通发展的立体化优势相得益彰。

3. 城市客运交通模式的协调目标与复合型的城市公共空间作用

相一致

在上文多层次一体化城市客运交通模式协调目标的主要内容中，我们认识到其主要是包括客运交通内部各种关联的一体化以及客运交通与其各种外部关联，尤其是与城市用地发展的一体化。而其中譬如换乘与停车等设施的建设、以枢纽为联系各系统的纽带等协调目标也和复合型的城市公共空间系统建立的空间和功能组织效能具有一致性作用。

图 2-28(*b*) 文化中心

图 2-28(*c*) 具有交通高可达性的商业中心概念

同时，2005 年在《国务院办公厅转发建设部等部门关于优先发展城市交通意见的通知》中也认为，若要解决好城市交通问题、完善城市交通基础设施必须从以下三个方面进行❶。我们认为，其也是在相当程度上通过利用复合型的城市公共空间为载体进行城市交通系统建设。

(1) 合理规划设置场站和配套设施

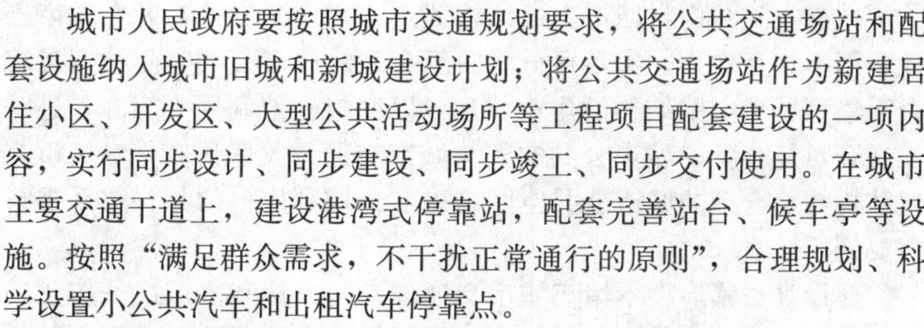

城市人民政府要按照城市交通规划要求，将公共交通场站和配套设施纳入城市旧城和新城建设计划；将公共交通场站作为新建居住小区、开发区、大型公共活动场所等工程项目配套建设的一项内容，实行同步设计、同步建设、同步竣工、同步交付使用。在城市主要交通干道上，建设港湾式停靠站，配套完善站台、候车亭等设施。按照“满足群众需求，不干扰正常通行的原则”，合理规划、科学设置小公共汽车和出租汽车停靠点。

(2) 加强城市交通换乘枢纽建设

交通换乘枢纽是一体化交通系统的关键环节。符合条件的地区要建立换乘枢纽中心，引入各种交通方式，实现公共汽(电)车、大容量快速公共汽车、轨道交通之间的便捷换乘，以及城市交通与铁路、公路、民航等对外交通之间的有效衔接。换乘枢纽中心要配套建设机动车、非机动车停车场，配套相应的指向标识、线路图、时

❶ 下文相关内容参见刘波等编著. 城市公共交通管理［M］. 北京：中国发展出版社，2007

刻表、换乘指南等服务设施，方便群众使用。

（3）推动智能交通系统发展

要积极利用高新技术，改造传统的公共交通系统，以信息化为基础，促进乘客、车辆、站场设施以及交通环境等要素之间的良性互动，推动智能公共交通系统建设。

由此可见，我们不妨通过复合型的城市公共空间与综合体建筑的设计与建设，来有效实现城市客运交通内部、外部的各种关联。也就是说，复合型的城市公共空间系统将成为城市客运交通枢纽联系各系统的空间载体与纽带，而该系统也将由此更具活力。因此，城市交通发展不仅必须而且也必然要与复合型的城市公共空间系统朝一体化方向发展，这样既有利于城市土地集约化利用，也有利于通过二者的协调与统一发展来有效解决城市交通与城市空间等方面存在的实际问题，从而有效提高城市运营的整体效率与效益。

2.5　本章小结

本章先对城市交通的基本概念作简要阐述，而后在探讨城市交通系统与城市土地利用相互关系的基础上，对城市交通结构与复合型的城市公共空间结构在土地利用上的相互关系展开研究，最后针对当代与复合型的城市公共空间相关的主要城市交通发展理论作深入剖析，进而得出城市交通发展与复合型的城市公共空间日趋一体化的结论。

城市空间结构与城市交通结构关系密切，尤其是二者在城市土地利用上相互作用、密不可分。而复合型的城市公共空间结构是综合密集型城市空间结构的集中体现，以城市土地利用为媒介，进一步展开对复合型的城市公共空间与城市交通的关联研究，对城市交通结构与复合型的城市公共空间结构在土地利用上的相互关系进行扼要剖析。

建设真正紧凑型不堵车城市交通理论与方法和多层次一体化的客运交通模式理论是当前城市交通发展研究中能适应时代需要并且与复合型的城市公共空间紧密相关的理论研究。通过研究可以发现，城市交通与复合型的城市公共空间有机结合能够更好促进二者的协调发展。

第3章 复合型的城市公共空间与城市交通在一体化进程中相互作用的关键性要素

通过前两章的分析研究，发现复合型的城市公共空间与城市交通在发展中日趋一体化，为了顺应城市发展规律，科学引导二者的相互发展，本章首先重点对二者在一体化进程中相互作用的关键性因素展开研究，然后对复合型的城市公共空间与城市交通一体化的一些重要目标进行归纳。

3.1 作用于城市交通的复合型的城市公共空间的特征性要素

在当代城市土地集约化利用理念的指引与城市交通系统复杂性内在需求的“双重高压”作用下，城市交通发展日趋于功能的复合化与空间的立体化，而这些也正好成为复合型的城市公共空间的特征性要素对城市交通发展产生重要作用的切入点，同时也成为它们相互联系的纽带。因此，下文主要从复合型的城市公共空间的特征性要素——城市用地功能的复合开发与复合型的城市公共空间的立体化两个方面来阐述复合型的城市公共空间对城市交通发展的主要影响。

3.1.1 城市用地功能的复合开发对城市交通发展的主要影响

正如前文所述，为了实行城市土地的集约利用，发展并营造综合密集型城市中复合型的城市公共空间系统，所以在城市用地发展中，要加强对城市用地功能的复合开发，它是建设与发展复合型的城市公共空间系统的一个重要前提保障，也可以说是在复合型的城市公共空间系统营建进程中的一个过程性要素。

具体而言，城市用地从功能组织方式上来看，它的开发通常可以分为单一功能开发和复合功能开发两大类：单一功能开发是指用地以一种功能的开发利用为主导，其他功能的开发为附属；复合功能开发则包含了多种主导功能，其本质特征在于特定用地范围之内不同土地使用的综合性与平衡性。值得注意的是，复合功能的开发与以往广义的土地复合使用(见表 3-1)相比，复合功能的开发更注重于各大功能类别的综合。复合的多种功能，对应于多种不同使用性质的空间及不同的人流、车流、物流、信息流，其中有需要吸引人流的商业，避开无关人流的办公、旅馆，避免与人流交叉的物流以及要求简洁有序的车流等各种不同的流线，如此增加了交通流线组织的复杂程度。

广义的土地复合使用概念　　**表 3-1**

城市 CBD	郊区商业带	大型居住区
超级街区(Super Block)	购物中心(Shopping Center)	规划单位开发(PUD)
• 高强度的土地使用		
• 超级街区概念		• 住房类型的混合
• 功能的垂直综合化	• 人行环境	• 共享的开放空间和人行系统
• 人车交通的立体分离	• 全天候的公共空间	• 宜人的环境
• 建筑内部停车	• 各类零售的协调组合	• 较高的密度
• 交通（公交）高可达	• 人车交通分离	• 生命的周期邻里
• 城市活力	• 交通可达性	• 灵活的规划管理
• 协调的多所有权关系（包括空权/地下权）		• 分期开发
• 城市更新		

由于功能、流线的复杂以及基地面积的制约，复合型的城市公共空间与城市交通在一体化过程中的功能组织、交通组织、空间组织需要有效的整合，采用地面、地下、空中三个层面相结合的立体化组织方式，并且可以与周围的城市交通体系相结合，形成整体化的交通与空间体系。早在 20 世纪 90 年代，上海浦东陆家嘴地区的城市设计虽说不是完全针对复合型的城市公共空间与城市交通一体化这一发展模式，但是它对城市中心区功能网络立体化组织方式的探索是值得参鉴的(见图 3-1)。

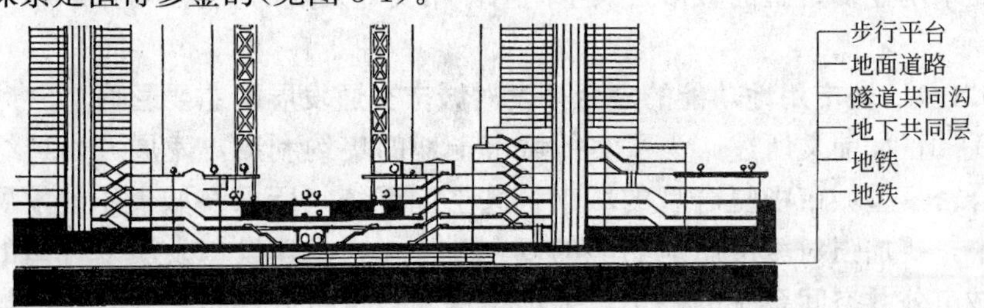

图 3-1　20 世纪 90 年代上海浦东陆家嘴地区的城市设计(其已初显复合、立体化概念)

复合功能的土地开发可以有利于协调平衡土地使用形式，譬如在规划设计中把办公楼、住宅和商业等功能类型的土地使用设施彼此邻近，共融于复合型的城市公共空间系统之中，从而可方便人们使用这些设施或减少出行的距离和时间，也利于加强人们在社会生活中相互之间的团结、亲密感。同时，在复合型的城市公共空间系统营建进程中的土地使用类型的复合也的确改善了人们出行环境品质并且减少了机动车的出行。如香港中环地区通过将城市人行系统结合在商业、办公等功能的土地复合开发之中，在建筑物裙房部分设置空中步道系统，从而公共领地和私人领地之间的界限被有意弱化而趋向于融为一体。步道系统连续穿越商业、办公、各种中转大厅等，与城市中的主要交通站点相接驳，与城市地下空间也有很好的连通，并同时具备室内和室外两种特征，与商业、商务活动、游览休憩行为的融合，使其形成人们乐于使用且充满活力的人行交通空间，在一定范围内减少了人们对机动交通出行的选择。概括来说，城市用地功能的复合开发对城市交通的影响主要表现在对城市交通出行与停车和城市交通网络两大方面。

1. 复合功能开发对城市交通出行与停车的影响

(1) 可降低出行发生率

通常来说，在复合型的城市公共空间建设中，不同的土地使用具有各自不同的出行发生率，有关学者认为高强度的活动相对出行较少，尤其是立体复合功能的开发，因为复合型的立体空间可以将部分以往的水平交通转化为空间体系内部的垂直交通，从而减少出行发生量，也减缓了高峰时段的交通强度，出行总量降低。当公共空间建设达到一定规模时，其作为纽带连接系统中含有居住、商业、工作场所、教育、娱乐、健身等多种功能的空间与用地，并且这个“活力”空间有足够的购买力以及许多日常行为可以在步行范围内解决时，就可以建成有效的功能混合的立体化开放式街区，同时可以有效降低机动车辆的交通(见图 3-2)。混合型土地使用的紧凑发展，使就业、居住和游憩功能彼此接近，在分享基础设施的同时，可以提供更多的使用公共交通的机会，从而也有效减少能源消耗[1]。

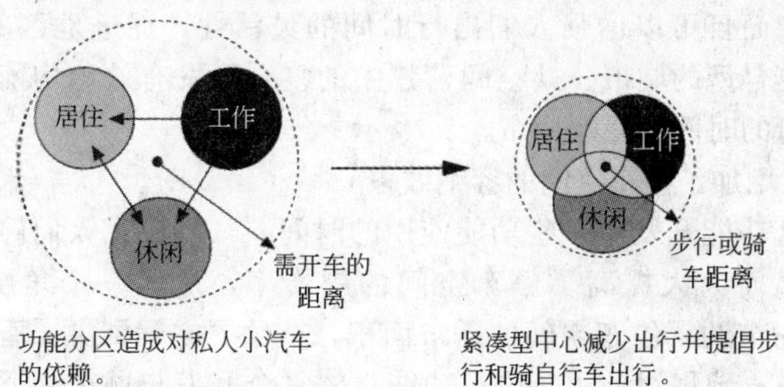

图 3-2　复合、紧凑型的多功能中心可减少所需要的出行并且创造活跃的可持续发展的复合型的城市公共空间

[1] D · Gregg Doyle. 美国的密集化和中产阶级化发展. 国外城市规划 [J]，2002(3)

（2）调整出行方式的结构

由于在复合型的城市公共空间系统营建中的复合功能的开发可以在一定的用地范围之内供给多种土地使用设施，增加了区域内人们多种活动的机会，因此有利于减少人们的出行距离并能更为有效地把握出行时间，也利于人们采用近距离的步行和自行车等交通方式(见图 3-3)。众所周知，非通勤交通距离的缩小依赖于非居住设施的复合开发，而在复合型的城市公共空间建设与发展中，居住与就业设施的复合开发则可以减少人们的通勤距离。在居住与就业设施的复合开发中，除了住房的类型和价格与就业人员的收入水平等是否相适应之外，更为关键的是就业岗位与住房单位的数量比例是否合理。

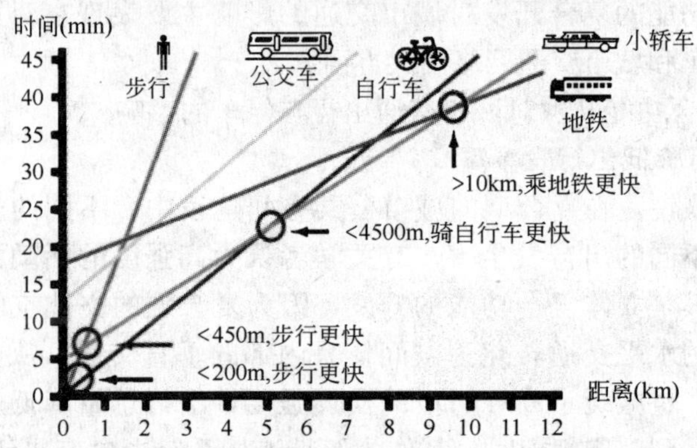

图 3-3　城市地区不同交通模式门到门之间的交通时间

（3）均衡人们出行的时间与空间分布

有关研究表明，复合开发可以分散交通的发生和吸引源，减轻城市双向交通的不均匀性，且复合功能的设置还可以“24 小时周期”为基本运行规则，合理协调各种不同设施的使用时间，相互交替。这样不仅可以直接有效地缓解人们早晚出行高峰时段过度集中的交通压力，而且可以增强人们出行时间的灵活性，促进地区的活力。因此，复合型的城市公共空间营建中的复合开发有效地均衡了人们交通出行的时间与空间分布。

（4）增加了停车空间的容纳效率

复合功能开发中一些功能使用的时间差，形成了人们停车的时间差，从而大大提高了停车空间的周转率，从另一个角度来看，也就相对节约了停车空间的需求面积，节约了空间资源。香港可以说是倡导土地集约利用，进行功能立体复合开发与城市交通有机结合的典范，其用地功能的组织建立于三维空间框架之上，由于香港处于用地极度紧缺、地价昂贵等先天条件制约下，所以许多城市开发项目都采用了建筑综合体的形式。我们提倡的复合型的城市公共空间系统营建中的复合功能开发几乎渗透到香港城市设计的最详尽层次，成为与高密度相伴生的香港第二大特征。正如《1996年香港发展纲略》中所描述的那样，“香港正在创造一种城市形态，即一个城市中包含更多的城市……该种用地规划和开发的新方法使城市功能得到更大程度的垂直综合……这种开发方式有助于分散交通负荷；促进市政设施集约利用，刺激商业和工业企业增长，活跃城市生活。”此外，复合功能的开发在欧美城市内城以及衰退地区的更新与复兴过程中也逐渐得以重视与推广(见图 3-4)，其对促进地区发展、倡导公交使用等方面也发挥着积极作用。

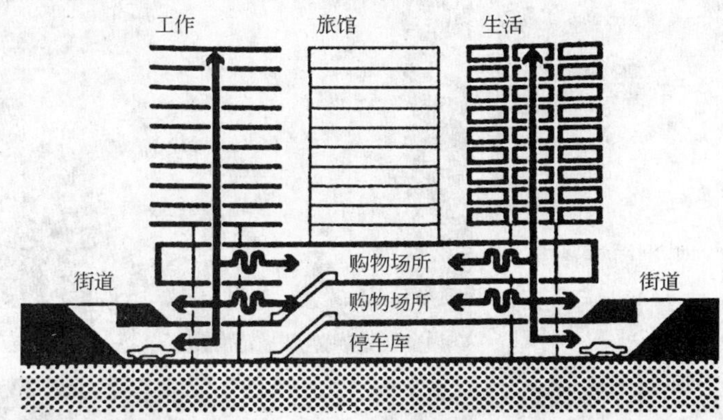

图 3-4　蒙特利尔 westmount square 复合功能开发组合示意

2. 复合开发对城市交通网络建设的影响

复合开发是营造复合型的城市公共空间体系的重要前提条件，在此过程中的各种土地使用是功能整体的有机组成部分，它们之间具有非常紧密的交通联系纽带，而且在许多复合开发项目中，交通也会是主导功能之一，国内外许多包括交通枢纽建设在内的土地开发是复合开发的一种常见而重要的模式，譬如西班牙阿班多转运站、香港九龙交通城(见图 3-5)和日本九州转运站(见图 3-6)等都具有典型的代表性。复合功能开发有利于城市交通设施的整体规划与综合配置，有利于加强城市交通网络的整体性，改善并提高交通服务的连续机能(包括公交线路换乘、人们出行方式转换等)，从而优化交通环境、提高交通效率，具体来讲，主要包括以下三个方面。

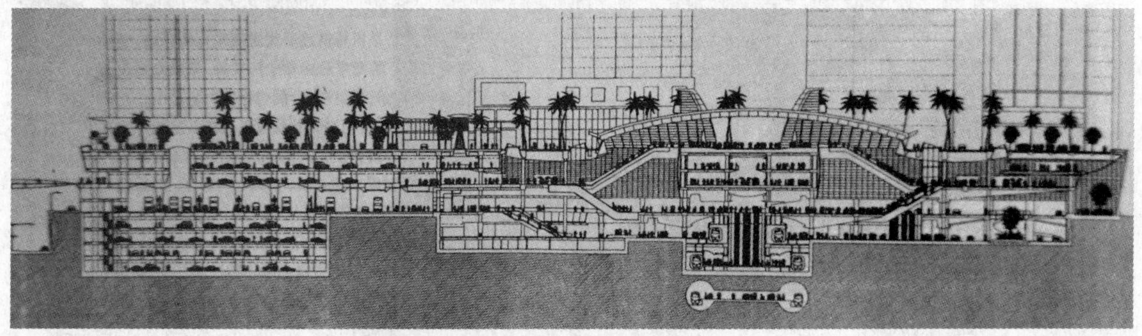

图 3-5(*a*)　香港九龙交通城剖面空间与流线示意

(1) 有利于实行人车分流并完善城市步行网络系统

为了积极营建复合型的城市公共空间系统，在功能复合开发过程中，土地使用必须从城市设计的整体层面出发，不仅仅考虑建筑单体自身所需要的入口、门厅、交通流线走廊和停车设施等公共交通空间，而更多的是从相邻建筑群体或地区进行整体性的交通网络设计，营造“共享交通空间”的交通网络核心(见图 3-7 和图 3-8)。

图 3-5(*b*)　香港九龙交通城剖面模型

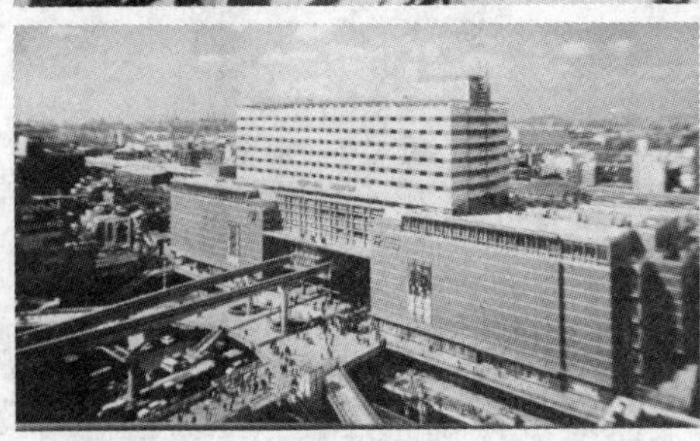

图 3-6　日本九州转运站鸟瞰

图 3-7　法国 TGV 交通换乘中心内景

图 3-8　国外某火车站与相邻建筑和城市交通的衔接

这方面有许多优秀的城市设计，诸如加拿大卡尔加里中心区的电梯步行系统、加拿大多伦多市地下步行系统、中国香港和美国明尼阿波利斯市空中步行系统等。香港在城市规划与建设上通过对相关用地内的建筑层高等指标的控制，建立起第三层步行系统，既实现了人车分行，增强了步行交通的连续性，又提高了步行网络的通达能力，更有利于步行网络的进一步扩展与完善(见图 3-9)。美国明尼阿波利斯市空中步行系统的规划与建设在全球都是有着相当影响力的，其从地下、地面和空中三个层次来规划和建设中心区人行交通系统。为了保证由步道系统连接的城市公共空间的整体性、安全性和便利性，明尼阿波利斯市还颁布了相关空中步行系统建设的基本准则，诸如 IDS 中心、西北中心和盖威达商场等重要的公共建筑通过立体步道系统串接形成有机整体。

图 3-9 香港连续、完善的城市步行系统

(2) 有效提高城市公共交通运营收入和效率

在复合型的城市公共空间系统建设中，要将城市设计与城市交通规划统一整合，把主要的大容量公共交通与居住、商业、办公等土地使用进行高强度的复合功能开发。这类复合功能的开发通常采用大型建筑综合体的模式，其能有效增加公交客流，提高载客率，从而有效提高城市公交运营收入与效率，实现良性循环。

北京东直门综合交通枢纽暨东华国际广场商务区项目为多功能综合性建筑群体，其含城市交通枢纽 7.8 万 m^2、航空服务楼 4.8 万 m^2、双塔写字楼 15.8 万 m^2、酒店 9 万 m^2、商场 15.8 万 m^2 以及公寓 5 万 m^2 等。该工程在复合开发模式下，以城市交通枢纽设计为核心，体现“以人为本、人车分流、换乘便捷、进出有序、便于管理、环保节能”的设计理念。交通枢纽包含交通集散大厅和大型公交场站等设施，可完成地铁 13 号线、2 号线、机场快轨线与城市公共交通之间的高效、综合换乘，其也是北京 2008 年奥运会配套项目(见图 3-10)。

香港的主要公共交通(地铁)运营的高效率、充足的客流与运营的获利，与其在广泛寻找能增加地铁客流量的房地产开发的同时始终坚持复合功能开发的原则密不可分。香港青衣地铁站建筑综合体就是一个成功案例，它通过复合型的城市公共空间体系很好地处理了各种功能与交通流线之间的复杂关系。相反，上海地铁一号线车站则由于多数没有采取复合功能开发的方式，而且沿途接驳系统不完善，人们换乘困难，严重影响了城市交通的运营效率，也影响了城市空间与城市交通的良性发展。因此，在城市发展中应该充分利

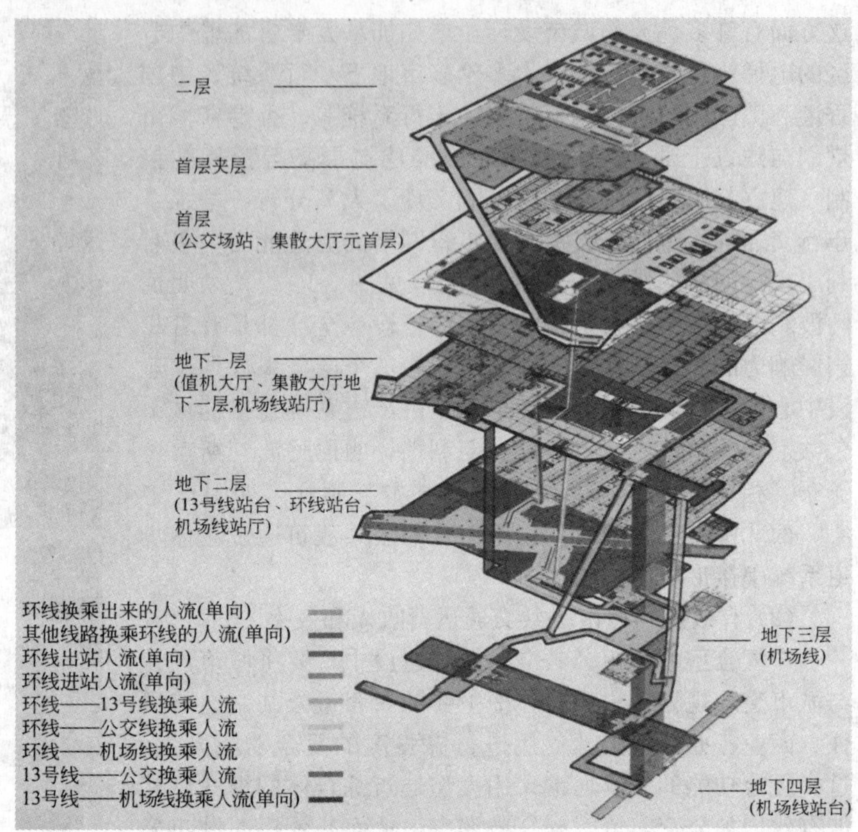

图 3-10　北京东直门综合交通枢纽集散大厅换乘流线示意

用复合开发的策略与模式，营造复合型的城市公共空间来改善并提高城市公共交通的运营收入与效率。

香港的主要公共交通(地铁)运营的高效率、充足的客流与运营的获利，与其在广泛寻找能增加地铁客流量的房地产开发的同时始终坚持复合功能开发的原则密不可分。香港青衣地铁站建筑综合体就是一个成功案例，它通过复合型的城市公共空间体系很好地处理了各种功能与交通流线之间的复杂关系。相反，上海地铁一号线车站则由于多数没有采取复合功能开发的方式，而且沿途接驳系统不完善，人们换乘困难，严重影响了城市交通的运营效率，也影响了城市空间与城市交通的良性发展。因此，在城市发展中应该充分利用复合开发的策略与模式，营造复合型的城市公共空间来改善并提高城市公共交通的运营收入与效率。

(3) 筹集部分城市交通建设、使用和养护费用

在建设复合型的城市公共空间系统进程中，积极进行复合功能的开发，通过多渠道和多样化方式，筹集部分城市交通建设、使用和养护费用，减轻政府的财政压力。美国辛辛那提的空桥系统便是采取公私联建的方式，且由房产所有者负责以后的保养维护。在香

港地铁建设中，仅车站与机场基地的联合开发计划的总净利润就已达到地铁系统建设总成本的17%，从而为政府减轻了投资压力。我国内地一些城市也已采取“以路带房，以房养路”的方式，利用土地开发为城市道路交通建设筹集部分资金，在今后的建设中应充分发挥复合开发的互动效应。

概括而言，复合型的城市公共空间系统建设的重要前提是复合功能的开发，其具有大规模、高强度、人车分流和交通枢纽化等主要特点，对城市交通发展影响很大，通常需要投入较大的建设资金，因而往往需要多个开发商进行联合开发，业权、利益关系自然相对复杂一些。针对目前国内这种情况，我国政府必须在机构和立法上进行创新，建立并完善联合开发的组织机制，通过兼有经营性与协调性的部门来制定合理的利益与分配原则，以确保复合开发的顺利实施，并且能从城市全局出发充分考虑开发交通条件的长久性。

3.1.2 复合型的城市公共空间立体化推进了城市交通立体化网络的形成

目前，我国正处于超常规快速发展时期，城市的急剧膨胀形成了对土地资源的极大需求。我国不仅是一个土地紧缺的国家，而且也是能源短缺性国家，城市的快速发展，使我们更需要面对严峻的土地资源和能源挑战。因此，复合型的城市公共空间形态的立体化是实行城市土地集约化利用原则的必然显现。与此同时，复合型的城市公共空间系统的建设与发展力图通过一定的交通空间联系来实现城市地上、地面和地下公共空间一体化的城市设计思想，其空间形态的立体化发展对城市交通的重要影响主要体现在“强化城市交通垂直方向的发展与促进城市交通立体网络化发展”两个方面，从而推进城市交通立体化网络的形成。

1. 有利于强化城市交通垂直方向的发展

复合型的城市公共空间立体化组织与城市交通的垂直发展是相互促进、相互激发的，而复合型的城市公共空间形态的立体化是功能立体化与交通立体化的显现形态，因而公共空间形态的立体化对于强化城市交通垂直方向的发展有积极作用。利用复合型的城市公共空间与换乘中心、枢纽建筑的联合来完善城市空间的垂直交通体系是城市建设中的常用方法。早在20世纪60年代，丹下健三提出的“中核系统”(Core System)概念就与上述方法有极为相近之处，即在公共空间中把电梯、楼梯以及设备管线动脉等集中在一个竖井之中构成建筑物的中核。在该系统中，垂直竖起的中核塔竖立于公共空间或停车场的人工地面上，人们在公共空间或停车场下车后，可进入中核，再通过乘坐电梯便可以到达想去的建筑空间。但由于这种模式与当时既有的城市现状之间存在很大矛盾，所以难以在城市建设中完整实现。然而丹下健三所提出的关于城市、交通和建筑空间有机联系及其交通换乘概念对之后国际范围内的城市设计实践产生了积极影响，可以说它对我们今天进行复合型的城市公共空间与城市交通的关联研究也具有一定的启发性。

2. 促进城市交通立体化网络的形成

复合型的城市公共空间的立体化有助于城市交通在垂直方向上的发展，同时通过大量“线性”的立体化城市商业、餐饮、休闲等街道空间来连接“点状”城市公共交通枢纽(换乘)节点与城市建筑功能群组，从而推进城市交通立体化网络的形成。

城市交通换乘系统可以形象地被喻为是城市交通网络中的一系列活动节点，主要指对城市各种交通工具、交通线路以及交通方式之间连续转换关系的统筹规划。交通换乘系统的具体内容包括城市远程交通与市内交通、快线与慢线、地上与地下、公共交通与私有交通、动态交通与静态交通(停车区域)之间的有机组织及实施建设。而复合型的城市公共空间则是各种交通换乘点之间的主要联系媒介和纽带。复合型的城市公共空间形态立体化与城市交通换乘系统的对应配合关系主要体现在以下两个方面：1)立体化的公共空间形态成为城市交通换乘系统的有机组成部分；2)具有良好秩序的交通换乘组织也是复合型的城市公共空间体系充满活力与生机的重要条件。

随着现代化城市与建筑功能的高度集聚、复合发展，我国一些大城市中复合型的城市公共空间正在逐步形成，空间形态朝立体化方向发展。以上这些变化对城市交通组织产生很大影响，随着交通流量的不断增长、交通工具的多样化与土地资源紧缺之间矛盾的发展而激发了城市交通的立体化，即地面交通、地下交通、高架以及人车分流构建成一张立体型的交通网络，快线交通与慢线交通的转换，机动车流、停车场与人流步行系统的转换，都要求建立完善的城市交通换乘系统来融入复合型的城市公共空间系统，二者互为促进、共同发展。复合型的城市公共空间对多重城市、建筑功能的容纳、连接与延续，促进了城市交通与城市、建筑空间的结合，在加强了城市交通垂直方向发展的同时，使得城市交通在水平方向也得以更好地延伸，形成综合立体型城市交通网络。

3.2　激发复合型的城市公共空间活力的城市交通要素

复合型的城市公共空间系统的建设与发展，是在坚持城市土地集约化利用理念下进行的，同时是为了实现人们社会工作与生活等方面的便捷性、可达性与舒适性。而随着复合型的城市公共空间与城市交通日趋一体化的发展，城市交通在加强城市机动性要求和提高城市交通可达性需求两个方面对复合型的城市公共空间的发展起着重要影响作用。

3.2.1 城市机动性的加强对复合型的城市公共空间设计提出新要求

通过第2章中有关城市交通发展的研究与分析可知，在当今现代化与城市化进程中，城市机动性起着重大作用，城市化和城市机动性的加强已经成为当代社会发展演变的两大主要特征。大至全球经济，小到社会中的每个人，可以说，机动性(城市机动性与机动化有着本质差别)已经成为一种当代社会生活的必要条件，其对我国复合型的城市公共空间系统的发展也起着举足轻重的作用。具体来说，城市机动性的加强增大了城市交通空间向复合型的城市公共空间以及建筑空间等方面的渗透力度，也就是说其促进了城市交通空间与其他城市空间的融合，反过来，为了加强城市机动性也需要通过交通换乘点与复合型的城市公共空间进行有机联系。

众所周知，随着科技进步和社会发展，现代化的交通工具和生活节奏使得当今城市的交通速度空前提高，新的信息通信技术使得即时性的信息交换成为可能，城市的动态性特征愈来愈明显。运动是城市发展与变化的前提，也是社会个体实现个人生活价值的根本要素，可以说运动已经成为当今社会现代化的一种标志，人流、物质流与信息流组成的庞大机动性系统，成为影响城市发展的重要因素。在这样的发展背景下，城市交通已并非只是在既定的空间框架中对不同的功能分区起联系作用，其对城市空间发展布局结构的作用也越来越显著。正如第2章中所论及的那样，城市交通和城市空间布局实际上均处于一个互动的过程，这一相互作用形成了城市发展变化的根本动力，也促进了城市交通与复合型的城市公共空间的进一步融合。

虽然现代城市规划和城市设计理论对城市空间发展等问题的研究已取得了相当的经验成果，但是目前对城市交通和城市机动性等问题的研究却仍处于起步阶段。随着城市机动性的不断加强，未来城市交通与复合型的城市公共空间的关系也越来越密切，这必然将成为无论是发达国家还是发展中国家都要认真思考与面对的现实问题。在应对这一全球性的挑战中，为了使不同城市之间能够共享他人取得的经验成果，尽快找到适应新城市发展状况的规划方法，许多国家的专家都付出了很多努力，譬如在一些欧洲学者的共同努力下，2001年在巴黎成立了“法国动态城市基金会”(Institut pour la

Ville en Mouvement，简称IVM)[1]。为了推进对城市机动性的研究，法国动态城市基金会(IVM)把工作重点主要集中在如下三个研究方向上：1)研究改善城市机动性对提升社会公平的影响；2)如何通过对机动性的干预改善城市的时间和空间品质；3)深化与推广对动态城市文化和特性的认识[2]。长时间以来，基金会(IVM)也围绕这三个研究方向组织了一系列的实践项目和计划。

1. 改善城市机动性对社会发展的影响

在今天的动态城市中，城市机动性与复合型的城市公共空间一样，也是一种重要的公共资源，它的可达性已经成为社会分化的重要原因之一，并且影响到城市运行的另一个要素——时间的分配。机动性的差别不仅反映着社会不平等现象，而且它也是进一步加深或造成这种不平等的起因。保证大家都能自由出行并且方便地到达目的地，这种机动性能力应该成为每个城市居民的一项最基本的权利，因为它也是保障个人其他权利(如工作、学习、住房、医疗保健和休闲活动等)的前提条件之一。

(1) 有关城市机动性的极端功能主义

巴黎城市规划学院让-皮埃尔·奥佛耶(Jean-Pierre Orfeuil)教授认为，人们对寻求生活所需和完全参与社会生活的能力，不仅与交通有关，也与每个人的人力资本有关，但这种资本的分配却是不平等的。这种能力在一定程度上取决于人际交往的多样性，以及对各种多元化的社会网络正式或非正式的参与活动。此外，人们在日常生活空间中的移动能力本身也取决于对于空间资源分配的认识与交通出行的技能，以上这些前提条件并非是所有人都具备的。实际的机动性能力源自一个机动性计划，这个计划因人而异，而且这个计划依赖于人们的各种能力、技能以及社会联系(见图3-11)[3]。

---

[1] 法国动态城市基金会(Institut pour la Ville en Mouvement)是由法国标志雪铁龙汽车集团提供赞助资金，由法兰西规划学院教授弗朗索瓦·朗社(Francois Ascher)领导的一个独立的、非盈利的学术机构。该学术机构的委员都来自在城市经济、政策与技术研究方面知名的研究所，如法国国家交通环境与安全研究院(INRETS)和法国科研中心(CNRS)下属的技术地域与社会研究院(LATTS)、城市交通经济学研究所(LET)等。同时，基金会与法国巴黎地区的“城市与环境”博士生院合作，共同设立了“大学校际学术合作委员会”(International academic chair)，该合作网络包括法国国立路桥高等学院、美国加州大学伯克利分校以及中国的同济大学和清华大学等国际知名学府。此外，基金会认识到由于不同城市各自历史自然文化背景的差别，不同城市对城市机动性这一共同问题的解决策略也会有各不相同的特点。因此，基金会正努力发展一个全球性的城市合作网络，从法国的城市和地区开始，目前这一网络已经发展到巴塞罗那、柏林、贝尔弗特、里斯本等欧洲各大城市，并且正在向美洲和亚洲扩展。

[2] 下文部分相关内容参见卓健. 运动中的城市：城市规划研究的新视野 [J]. 城市规划汇刊，2004(1)：88～91

[3] 参见让-皮埃尔·奥佛耶 [法]. 机动性与社会排斥 [J]. 城市规划汇刊，2004(5)：89～93

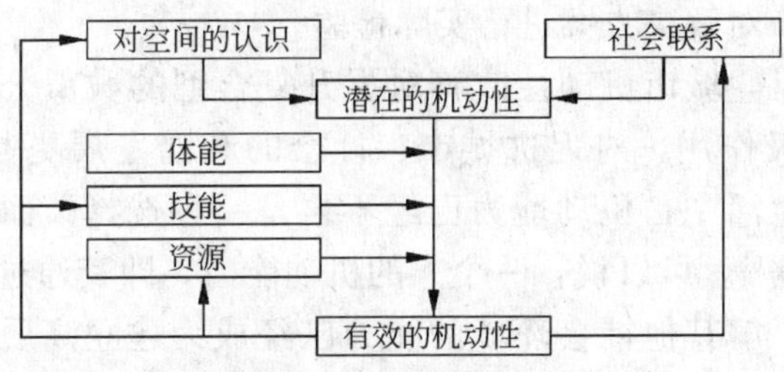

图 3-11 机动性的有条件良性循环

(2) 对地域的社会构成及关系网多样性的作用

交通系统和人的机动性能力对城市中地域的社会构成以及关系网的多样性起到很大作用。譬如，在一些遭受铁路、公路、机场等大型基础设施的环境负面影响严重(污染、噪声、景观破坏等)的地域，地价相对较低，往往以生活条件简陋的居民聚居为主。然而，具有较强机动性能力的社会各阶层成功人士，总是积极争取生活在同一阶层的优越区域环境中，从而间接地将弱势群体排挤到贫民区，导致人际关系网的单一片面化，客观上也产生了贫富分离的状况。在现实生活中，使得人们的居住地很大程度上映射出一个人在社会中的各种能力状况，也显示出个人的社会地位。因此，对机动性能力的探讨应当紧密结合那些存在严重生活问题的街区，也就是说，高品质的复合型的城市公共空间的创造有责任也应当适应和满足不同人群的生活方式需求，关注城市与社会的整体和谐性与可持续性。

(3) 城市机动性的社会公平分配

保证和改善城市机动性的公平分配与创造高品质复合型的城市公共空间系统，都是当代城市规划与城市设计的一个重要目标。为了展开研究改善城市机动性对提升城市社会公平的作用，IVM 于 2002 年 10 月在巴黎举办了以“城市机动性与社会分化”为议题的国际研讨会，同时制定了“友好的城市”的长期研究计划。在这个计划中主要设立了三个研究项目：第一个项目主要针对社会的弱势群体，来研究城市机动性在社会改良中的作用；第二个项目选择了残疾人与行动不便的人群(诸如孕妇、携带大件行李的旅客等)作为研究对象，研究如何把日常必须的出行转化成一种犹如在高品质复合型的城市公共空间中游憩、行进一般富有愉悦感、舒适度的城市体验；第三个项目主要研究儿童在城市中的机动性。由于需要考虑到儿童出行的安全性，导致儿童与父母的出行时间以及业余生活时常存在一定的冲突，这一方面限制了儿童的成长和自立，另一方面也给父母的业余生活带来额外压力。因此，法国动态城市基金会号召公共交通运营商、教育界人士、地方议员以及父母代表们共同合作，研讨改善儿童出行条件的方法与途径，并且在欧洲范围内的不同城市进行试点来对解决方案进行实际检验。

由此可见，城市机动性改善对提升复合型的城市公共空间的品质将起到积极作用，对促进城市、社会的和谐发展更是影响颇大。在当今城市生活中，机动能力已经不再是一种选择，而已成为人们一种生活必需❶。可以说，一个人的机动能力，即其通过远离家庭或社区，进行了解其他社会环境的能力已经成为建立高质量的生活轨迹和各种社会联系必不可少的重要条件，所以说改善城市整体的机动性对推动社会公平的发展具有积极作用。

2. 机动性发展提出对复合型的城市公共空间设计的新要求

当今社会，机动性的加强很大地丰富了人们的社会生活，增加了社会交往机会，改善城市机动性对社会发展具有积极意义，但同时不可忽视机动性发展对城市空间的作用与影响。由于在当今城市中人们的交通出行越来越频繁，交通空间在人们生活中也就逐渐变得越来越重要。它们已不再仅仅是担负单一的交通功能，而且往往同时成为公众交往、约会、购物和休闲等社会活动的场所，交通空间的功能也因此变得更加综合化、复杂化，从而推进交通空间与复合型的城市公共空间在空间、功能上均自然而然发生着更进一步融合、互动与默契。随着城市机动性的不断发展，城市中机动性特征较为明显的地区(如街道、车站、交通换乘中心、停车场等)也将成为综合密集型城市中最具有城市特征的地区，反过来讲，提高城市交通空间的环境质量，也可算是改善整个城市生活品质最为直接有效的手段之一。

与此同时，由于城市机动性的发展促使城市交通需求变得更为复杂，而与工业社会基本较为统一的生活节奏不同的是，信息社会个人化和多样化趋势使得人们出行动机和时间差别扩大，导致对城市交通方式也有更为多变的要求，这也就对城市交通空间与复合型的城市公共空间设计提出了新的要求。针对这种情况，IVM 曾提出了两个空间设计的指导性概念——多方式的机动性(multimobility)和交互的机动性(intermobility)。我们对这两个概念加以深化与发展，可以认为前者强调复合型的城市公共空间设计应该有利于发展多方式的交通工具，从而满足人们多样化的出行需求，同时创造适于不同交通方式同存共居的交通环境，以避免日常不同交通方式之间的矛盾；后者则主要强调复合型的城市公共空间的设计应方便不同交通方式之间的转乘，从而改变并降低人们对个人交通工具(尤其是小汽车)的依赖性，以通过增强公共交通与个人交通的相互兼容性，从根本上控制城市中小汽车使用的发展。概括而言，这两个重

❶ [法] 让-皮埃尔·奥佛耶. 机动性与社会排斥 [J]. 城市规划汇刊，2004(5)：89～93

要概念是对机动性概念理解的深化，其为将城市交通与复合型的城市公共空间系统规划相互整合提供了具体的理论指导。

为了在复合型的城市公共空间与城市交通空间设计中探索和实现以上两个概念理论的方法，IVM联合欧洲众多规划师、建筑师、景观设计师等进行共同设计，将城市机动性与城市空间设计之间的相互关系进一步细分为相互对应的五个方面，即旅行/服务、停泊/生活、同存/共居、换乘/交流、穿越/通达，并且围绕这些问题，收集了各城市在交通空间设计上的不同解决方案，汇总组成了题名为"建筑，行动起来!"的交通空间与城市空间相结合的创新设计实例展。展览中呈现了许多优秀案例，譬如荷兰阿纳姆中心站多功能中心，其不仅仅是一个车站，而更是一个富有活力的交通枢纽：是一个为火车、公共汽车、小汽车乃至自行车服务，并且拥有5000个停车泊位的多方式换乘枢纽，同时也是一个包括办公、居住、购物以及停车等功能的商务中心。为了有效地集散人流与提供服务，建筑师还在一个大型的室内空间创造性地营建了一个公共性的城市小环境。尤其突出的是，高密度是这个环境的主题，而特别的设计则更是起到了关键性作用。通过该展览在全球进行巡回展的同时，不断吸纳接展城市在城市交通空间与城市空间有机结合这些问题上的优秀实践案例，以此推动全球各城市形成一个动态交流网络，最终共同参与到这一问题的探讨与研究之中，目前我国也已有北京、上海、重庆、南京和成都等城市积极参与其中。

概括而言，该项工作的国际化开展，不仅加强了人们对于城市机动性与复合型的城市公共空间系统相互作用方面的思想认识，而且有利于推进我国复合型的城市公共空间与城市交通一体化的建设与发展。

3. 城市机动性发展下的新城市文明与城市文化对复合型的城市公共空间的呼唤

城市机动性的迅速发展使得具有浓重历史痕迹的中国城市充满着年轻的活力，城市机动性正在成为中国城市现代化的一个重要标志。众多学者研究认为，城市机动性的不断发展孕育着新的城市发展形式，而以往传统的城市概念认识已经很大程度上不能反映当代城市的发展状况，因而新的城市概念应当涵盖中心城市与城市郊区的城市地区——一个由高城市机动性支撑的整体运行的地域系统。我们应该突破以往"城—乡"二分旧观念的束缚，从新的地域空间尺度出发来探索城市发展途径，其中城市机动性发展除了对复合型的城市公共空间系统的建立有很大影响之外，还对丰富城市文化和建立新的城市文明具有积极意义。长期以来备受关注与指责的小汽车交通，作为城市机动性系统中的一个组成部分，单纯的限制也无济于彻底解决它所带来的相关城市问题，相反只有正确面对，妥善将其作为城市机动性系统中的一个恰当的组成部分，同时与其他交通方式(尤其是公共交通)和复合型的城市公共空间发展布局进行统一考虑、整体规划，加强复合型的城市公共空间与城市交通一体化的规划设计，方能利于从根本上解决小汽车引起的城市问题。

另外，公共交通的时间性已经成为当代人们社会交往活动的一个重要制约因素，主要体现在城市白天和夜间呈现出的状态特征的差异上。具体而言，许多大城市都在大力发展以公共交通为主的城市机动性体系，但由于夜间大量公交系统停止运营，使得对没有小汽车的人群来说，日夜间的机动性差别越来越大，夜间出行显得格外困难。同时，随着城市的进一步发展，城市的运行节奏也在逐渐发生变化，一个“夜间城市”正在逐渐兴起，即货运活动越来越多地被安排在夜间，需要越来越多的通宵营业活动来满足人们生活习惯的改变，等等。

随着技术与社会的发展进步，自然界的昼夜转换对人们城市生活的影响变得模糊化。因此，复合型的城市公共空间与城市交通的“全时化”也将成为未来城市新的城市文明与城市文化的一个重要方面。此外，“如何协调‘夜间城市’中社会生产活动及其产生的噪声和照明污染与居民休息之间的矛盾”、“如何保证‘夜间城市’的机动性与社会安全”以及“如何开发‘夜间城市’作为城市新的潜在的发展空间”等问题都将深刻影响着新的城市文化与城市文明，通过上文的研究与分析，我们确信复合型的城市公共空间与城市交通的一体化建设将能成为妥善解决这些问题的有效途径。

3.2.2　提高城市交通可达性的需求与建设复合型的城市公共空间的内在关联

在城市交通研究中，从关注“机动性”转向“可达性”是城市交通领域的根本性的观念转变。可达性(Accessibility)是城市研究中的一个十分重要的概念，它的一般定义是指对到达某一特定地点的远近的度量，具体指一定交通服务设施及服务赋予用地的可通达机会和能力。一位周游过各国的澳大利亚旅行者曾说，“我因事出差，如在澳大利亚城市，一天之内可指望参加四次会议；在欧洲可设法参加五次会；在美国只能参加三次会。”这是他对于在这些城市里可达性的直接印象，若简单感性地来说，可达性是指容易到达他要去活动的地方，也即指他能以很短的时间，花很少的钱，舒适、安全地到达他想要参加活动的地方。城市交通规划所要规划的就是可达性，然而过去的许多调查研究很少研究过可达性或如何来测量计算可达性❶。可达性还指在使用各种交通方式的条件下，城市中的某一地点的用地或设施所体现出来的一种经济属性。可达性水平通常是以某一空间范围与一定的时间限度内，能够到达特定地点的人数占总人数的比例为评价标准，它主要与人口密度以及到达该地点的交通设施的速度、容量以及线路网络等特征有关。复合型的城市公共空间系统的营造与城市交通的组织则对改善城市交通可达性水平起着重要作用。换句话说，为了提高城市交通可达性，则必须加强复合型的城市公共空间系统的建设，二者相互依存、相互促进。下文将在分析城市交通可达性的经济性基础上，对复合型的城市公共空间系统与可达性城市的真正内涵与内在关联进行讨论。

1. 城市交通可达性的经济性

城市交通可达性的经济性主要反映在可达性与城市土地价格的关系上。由于城市用地的开发组织都必须建立在一定的可达性水平基础上，从而导致可达性的高低直接影响到地块吸引力和地块在空间与数量上的结构特征。

各种用地的使用与开发对城市交通可达性需求不同，而不同的交通设施所形成的可达性水平也有很大差异，由此产生交通设施网络、出行方式结构和用地开发特征之间一些具有规模性的联系。也就是说，交通设施变化能够改变不同用地的可达性程度，并且诱导用地开发的地点选择与租金分布情况，以致影响城市地区和正处于城市化过程中地区的土地开发活动。城市中总体地价分布情况、用地形态和功能布局三个方面是城市交通可达性作用的主要宏观体现。

由于城市中不同地区之间存在一定竞争作用，用地相对可达性水平的改变将会引起地区增长的不平衡或转移现象，这样既可能创造新的土地价值，也有可能造成不同区位地价的此消彼长。譬如，“蒸汽时代”地价分布从中心向外降低的特征和“汽车时代”城市外围地价上升的格局，恰与中心区、外围区可达性差异相对缩小的过程相一致(见图 3-12)。

图 3-12 城市地价分布面的变化

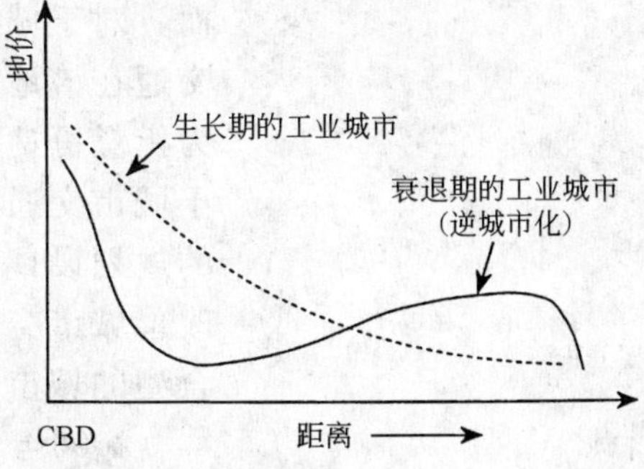

一般来说，城市土地价格有伴随城市交通可达性作用的改善而提高的倾向性。因为特定地块可达性的提高直接意味着到达该地区的交通时间成本降低，在较强的区位活动需求压力下，能产生土地价格上涨的趋势，从而促进了该区位土地开发时机的形成。因此，若加强对该地区的复合开发，通过创造复合型的城市公共空间系统来组织该地区的各种功能分布与交

❶ ［英］J.M. 汤姆逊著. 城市布局与交通规划［M］. 倪文彦，陶吴馨译. 北京：中国建筑工业出版社，1982

通流线等，则无疑可以使该地区的经济性得到极大提高，这反映出交通设施建设对土地开发所具有的先导作用。

2. 复合型的城市公共空间与高可达性城市的建立

可达性作为城市交通系统的主要评价指标之一，可分为两个层次来分析：1)从城市交通网络整体来对可达性指标进行理解，整体可达性反映了城市居民出行的方便程度，它是反映城市道路网质和量的合理性、管理水平等多方面特性的控制指标；2)从城市某一点、某一区域来理解可达性指标，主要包括从城市其他各点、各区到达特定点、区的方便性，这对于商业等公共设施比较重要，而从某一点、区到城市其他地方的方便程度则对城市居民出行而言更具有现实意义。

一些从事城市研究的学者进一步提出了以可达性为核心的城市土地与交通发展观念，即“可达性城市”的发展观。概括而言，可达性城市的主要特点包括以下几个方面：

1）保持较紧凑的城市形态和较高的人口密度，保持城市，尤其是中心区土地功能的多样性，以减少出行次数和出行距离；

2）发展远距离办公与远距离通信购物，以尽可能降低人和物的流动要求；

3）创造步行者、非机动车友好的道路基础设施与交通环境；

4）建立有竞争力和吸引力的线网覆盖率极高的公共交通系统；

5）运用多种方法和手段来减少个人机动化交通，从而提高已有基础设施的使用效率。

而目前，在对可达性的理解上，仍然存在着一定的观念误区，通常许多人认为“通”就是“达”，认为只需城市道路能够触及服务到的地方，就认为满足了可达性的要求，具体而言包括以下两个方面的误解：一是将可达性简单理解为机动车能否到达的层面上；二是片面认为公共交通能覆盖到的地区可达性当然就高。这种看法忽视了居民的出行与公共设施服务的方便程度。因而，对于城市交通可达性的理解，不能仅仅关注于车辆或者公共交通在该地区的覆盖面，而更应该以居民出行的实际方便程度作为衡量可达性高低的主要标准。一些不良问题的产生往往都和由于城市交通换乘系统未能与复合型的城市公共空间进行整体统一的规划设计，导致它们之间缺乏有机的融合密切相关。因此，要改善城市交通的可达性就必然要关注城市交通换乘空间节点与复合型的城市公共空间的一体化设计。

2006 年开始，铁道部工程设计鉴定中心征集新建铁路广深港客运专线新深圳站概念设计方案。2007 年中建国际在第二轮方案设计中，充分利用复合型的城市公共空间与城市交通的有机结合，不仅将新深圳站塑造成一个综合铁路客运、城市公交、地铁、轻轨以及长途公交等多种交通方式的大型客运枢纽系统，同时更是一个综合了酒店、办公、会议和商业等多种功能的新城市中心。它通过复合型的城市公共空间设计展示交通系统与城市连接的新模式，不仅建构了立体化的超级交通系统，更是将其与城市生活进行多向连接，成为深圳这个繁忙都市的活力象征与新的生长点。在公共空间的设计上，其将成为一个持续运转的有机体而契入城市与自然肌理，并为置身于其中的人们提供一个舒适、便捷的人性化流线系统，真正将各种交通方式纳入一个“零换乘”的联运体系之中，使其健康、高效运转(见图 3-13)。

树立正确的可达性观念，在城市发展进程中强调通过土地利用和交通系统的合理规划，真正促进复合型的城市公共空间与城市交通的合理均衡发展。只有充分建立这样的观念，才能正确认识我国大城市已有的紧凑形态、高密度和混合使用等特征的有利方面，在城市向综合密集型发展中，加强对复合型的城市公共空间的创建，利用其与城市交通的一体化，合理解决城市交通发展问题。

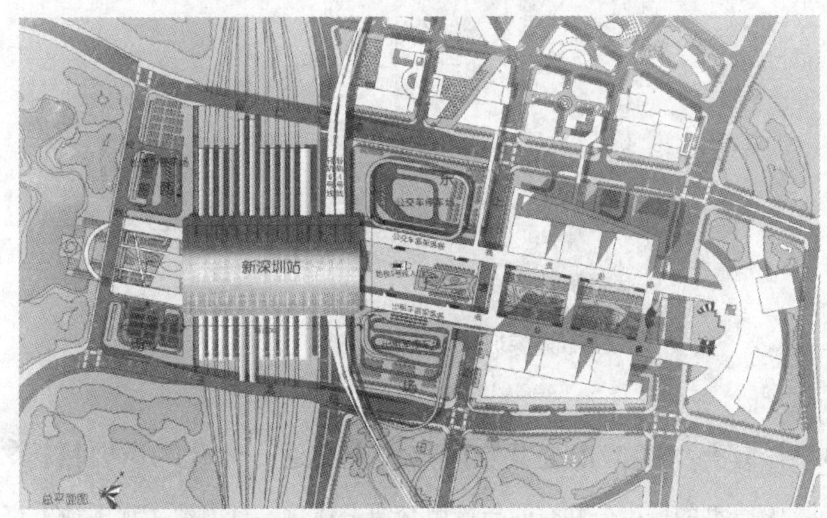

图 3-13(*a*) 新深圳站规划总平面

图 3-13(*b*) 新深圳站入口广场效果

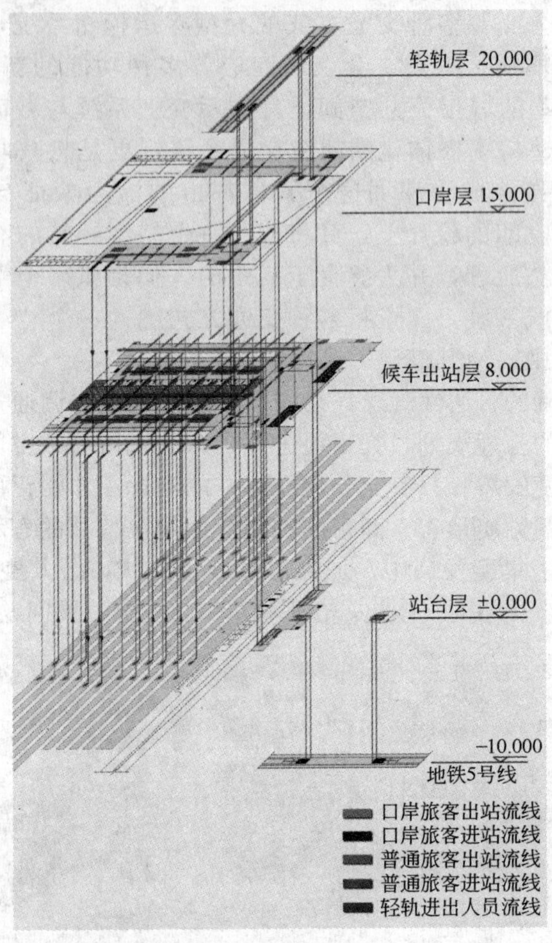

图 3-13(*c*)　新深圳站站房旅客流线

3.3　复合型的城市公共空间与城市交通一体化的重要目标❶

复合型的城市公共空间与城市交通一体化，有力地实现了地下空间、地上空间与城市地面空间相结合，能有效解决城市亟待解决的诸多矛盾，极大提高城市集约化水平，为城市内部的更新改造与发展提供巨大的空间潜力。复合型的城市公共空间与城市交通一体化的目标不仅要使空中、地下与地面的自然环境之间建立较为直接的联系，而且力图科学地改善目前对城市地下空间开发利用不足的现状，在加强对城市地下空间利用的同时，提高地下空间中的环境质量和改善人们的心理感受，并且降低常规开发成本，采用更灵活的开发方式以取得更好的开发

❶　部分内容曾以《谈交通建筑综合体中复合型的城市公共空间的营造——以日本京都车站为例》为题发表于《国际城市规划》2010 年第 4 期。

效益等，其重要目标主要可以概括为以下几个方面。

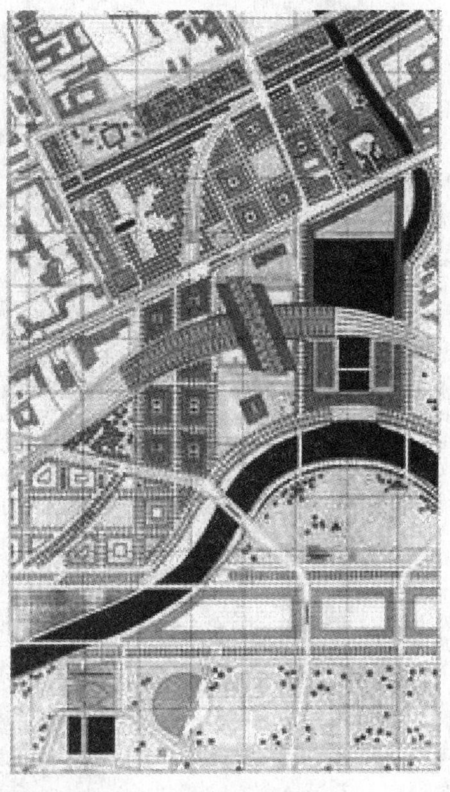

图 3-14　柏林莱尔特中心火车站规划总平面

3.3.1　扩大城市空间容量，改善城市交通

城市公共空间与交通建筑综合体的统一设计是在城市土地集约利用理念下的一种立体化发展方式，是在不同水平层面创造城市空间，并且通过垂直交通系统将它们整体联系起来形成立体网络。这种方式是在地上、地下多个层面利用城市土地，能拓展空间容量，提高城市土地的使用效益。

在大型城市交通建筑综合体建设中营造复合型的城市公共空间可以充分发挥城市地上、地下空间的联动作用，利于人车分流、高效地解决城市交通拥堵问题，诸如采用地下车行或者地下步行方式，还可以与城市空中高架系统相结合，建立立体化城市交通系统。由德国GMP(Von Gerkan Marg & Partner)设计的柏林莱尔特中心火车站，与一条位于地下15m处连接德国南部和北部的隧道及上部东西向的轨道交通进行交汇，其是欧洲规模最大且最繁忙的火车中转站。车站内有多部全景玻璃电梯和54部扶梯可以运送旅客，这里复合型的城市公共空间与交通空间的立体化结合程度较高，人们即使在很深的地下也能享受到自然光线，使得换乘火车这一日常城市交通行为被提升为一种难忘的空间和视觉体验(见图3-14和图3-15)。

根据国际经验，实行“公交优先”，是缓解大都市交通拥堵现象的良策。这也是复合型的城市公共空间与城市交通一体化的一个原则，可以与地铁、车站建立良好的连接，解决城市中心区、广场、绿地及其地下空

图 3-15(*a*)　柏林莱尔特中心火车站内部剖视模型图

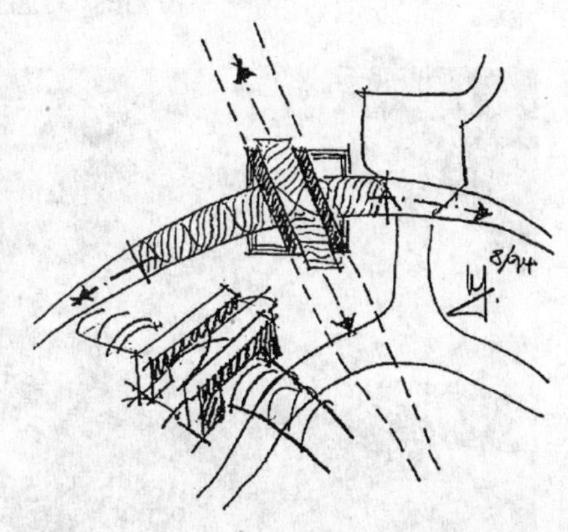

图 3-15(*b*)　柏林莱尔特中心火车站概念草图

图 3-15(*c*)　柏林莱尔特中心火车站内部动态、立体化空间

间大量人流的集散问题。在复合型的城市公共空间中以交通为主要功能的广场，诸如交通枢纽广场等，应围绕交通功能来组织地面、地下空间，更好地疏导人流、车流与组织换乘。地下设有地铁站的大型建筑综合体、广场与绿地，在地铁站周边的地下空间与地面的广场都要担负起人流集散的功能，地下空间、公共空间在功能与形态上也应当与地铁车站相结合。

同时，城市静态交通(停车场地)与城市公共空间的结合也是解决城市交通问题的一个重要方面。由都市实践设计的深圳笋岗中心广场，就是通过在一种极其空旷、零散的城市肌理之间强力推出一个吸引人的市民广场和大型地下停车场的复合来给该地区的商业转型与空间置换注射了一剂兴奋剂。整个广场表面被设计成一张具有强烈方向感的起伏“薄膜”，五个花岛漂浮其上，广场下面除了大型停车场地之外，局部还设有配套空间(见图 3-16)。该项目的实施给社会公众提供了一个城市活动场所，同时也有助于解决该地区的城市静态交通问题。

图 3-16(*a*)　深圳笋岗中心广场鸟瞰

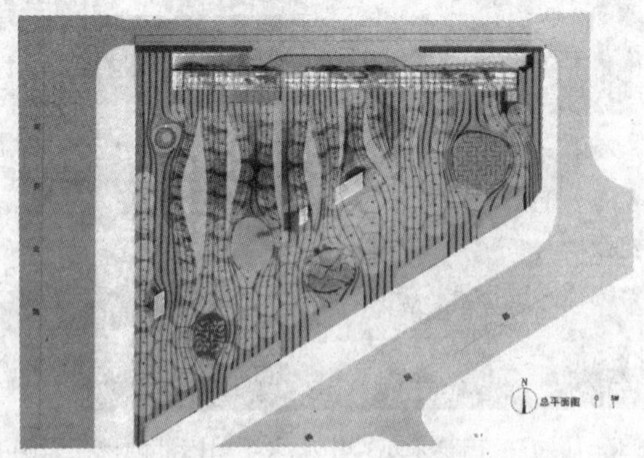

图 3-16(*b*)　深圳笋岗中心广场总平面图

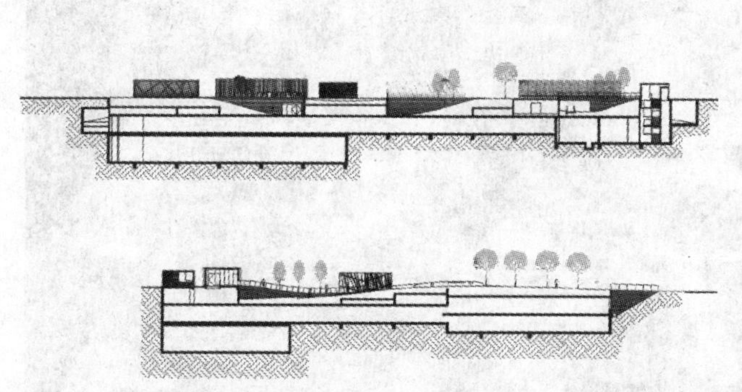

图 3-16(*c*) 广场剖面图(地下主要为静态交通——停车场)

图 3-16(*d*) 广场上市民休闲活动场景

3.3.2 完善广场和绿地的城市功能

城市广场是城市公共活动的客厅空间，而大型交通建筑综合体周边往往会配建一些公共广场、绿地来进行人流的疏导，并提供给市民活动。在建设交通建筑综合体过程中，通过营建复合型的城市公共空间来对城市广场、绿地的地下空间进行开发利用，在保持地面广场完整性的同时，也发挥地下配套服务设施的地面服务作用。建设复合型的城市公共空间，可以将一部分土地开发强度转入地下，而留出一定的地面作为城市绿化空间，从而促进城市绿地系统建设。实践证明这是在坚持城市土地集约利用理念下，一种行之有效地解决城市绿地建设与实现土地高价值利用之间矛盾的方法。

在建设中，有时也可以把绿地作为上升式广场进行设计，将车行放在较低的层面上，而把人行与非机动车交通放于地上，实现分层分流。巴西圣保罗市的安汉根班(Anhangaban)广场位于城市中心区，曾由法国景观建筑师波瓦(Bouvard)设计成一条较为纯粹的交通走廊，而后逐渐失去了原有的景致特点，同时由于频发的人车混行冲突导致了严重的城市问题。政府对此种状况组织重新设计，设计的核心便是建设一座面积达 6 万 m^2 的巨大上升式绿化广场，同时利用地形特点将主要车流交通设置在低洼部分的隧道中通行。此项建设非但使得自然生态景观重新回归该地区，而且有效增强了圣保罗市中心地区的城市活力，推进了复合型的城市公共空间与城市交通一体化的建设(见图 3-17)。

图 3-17(*a*) 安汉根班(Anhangaban)广场规划总平面

图 3-17(*b*)　安汉根班(Anhangaban)广场规划模型鸟瞰

再如日本大阪“难波公园”(Namba Parks)商业综合体项目，呈现出复合型公共空间的作用，它的内腔为具有流动感的商业空间，而不同高差的建筑外表所围合营造的即为“公园”，真正起到了供人们休闲、散步的公共空间的作用。它确实为拥挤喧嚣的城市带来了一片绿洲，沿着一座 30 层的高塔，难波公园彰显了一种自然生态的生活方式，空中花园、屋顶绿树公园直接与大街相连，为钢筋混凝土林立的城市里带来了一股清新的气息，人们可以欣赏成簇的大树、岩石、草坪、溪流以及露台等，人们徜徉在空中花园之中尽享体验式购物的乐趣(见图 3-18)。难波公园可谓集人文、商业、娱乐为一体的“自然生态式”体验购物的杰作。

图 3-18　大阪难波公园立体、叠落式空中花园景观鸟瞰

概括来讲，在复合型的城市公共空间与城市交通一体化过程中，为实现城市广场和绿地的城市功能与目标，对城市广场、绿地的地下空间开发应遵循一些基本原则：“人在地上，车、物在地下”，“人的长时间活动在地上，短时间活动在地下”等。此外，还应当依照适宜性原则——在地下安排与地下空间特征相适应的城市功能；对应性原则——地下空间的功能和地面功能相对应；协调性原则——与整体规划相协调，旨在综合解决城市问题。

3.3.3　促进城市地上、地下空间的协调发展

现代城市空间是一个由上部、下部功能空间共同运转的空间有机体，上部与下部空间的关系是相互制

约和促进的。严迅奇曾在总结高密度的香港城市空间特征时指出："香港的高楼本质上呈层叠状，它们是由一个包括公路、行人道、平台、桥梁、地下通道、大厅、堤顶大路等三维的连接网络连接在一起的，这张网在地下或在街道，在高架平台或高至半山的水平或垂直两个方向上，高度流动地将整个城市编织起来……"❶。在复合型的城市公共空间的营造中，它与城市交通建筑综合体相结合，上、下部空间协调发展才能高效利用地下空间资源，实现城市土地集约利用的目标。

随着城市土地资源日趋稀缺，土地开发重点已由地面向三维空间发展。地下空间资源作为城市的自然资源，在经济、环境建设以及城市可持续发展方面都具有重要意义。如荷兰国土面积狭小，其首都阿姆斯特丹建设用地更是极为匮乏，针对这一困难，荷兰工程师提出了"阿姆福拉"（Amfora）❷工程计划。时常，复合型的城市公共空间与交通建筑综合体一体化的空间区段也是城市中的重要节点，可以通过地下空间建设，使它对城市地上空间的建设起到补充和完善作用，促进城市地上与地下空间的协调发展。

3.4 本章小结

本章首先重点对复合型的城市公共空间与城市交通在一体化进程中相互作用的关键性因素展开研究，然后对复合型的城市公共空间与城市交通一体化的一些重要目标进行归纳总结。

在当代城市土地集约化利用理念的指引与城市交通系统复杂性内在需求的"双重高压"作用下，城市交通发展日益趋向于功能的复合化与空间的立体化，而这些也正好成为复合型的城市公共空间的特征性要素对城市交通发展产生重要作用的切入点，同时也成为它们相互联系的纽带。因此，本章主要从城市用地功能的复合开发与城市公共空间的立体化两个方面来阐述复合型的城市公共空间对城市交通发展的主要影响。而随着复合型的城市公共空间与城市交通日趋一体化的发展，城市交通在加强城市机动性要求和提高城市交通可达性需求两个方面对复合型的城市公共空间的发展也起着重要影响作用。

复合型的城市公共空间与城市交通一体化，主要目标在于实现地下空间、地上空间与城市地面空间相结合，有效解决城市亟待解决的诸多矛盾，提高城市集约化水平，改善城市交通状况以及为城市内部的更新改造与发展提供巨大的空间潜力。

---

❶ 严迅奇. 联系的美学 [J]. 世界建筑，1997(3)：28

❷ "阿姆福拉"（Amfora）工程计划：在阿姆斯特丹的运河下建设一个总面积达 100 万 m^2 的地下城市，其可以设置大量的零售、休闲和停车设施。文西. 简讯：阿姆斯特丹拟建地下城 [J]. 世界建筑，2008(4)：13

第4章　复合型的城市公共空间与城市交通一体化的规划策略与设计方法

前文已对复合型的城市公共空间与城市交通一体化进程中的关键性因素作了较为深入的研究，为了实现二者一体化发展的可实施性，我们也需要进一步探求二者一体化的规划策略与设计方法，因此，本章主要从总体策划（进程与管理保障）、动态规划（技术保障）和建构大公共交通系统（重要途径）三个方面来归纳实现复合型的城市公共空间与城市交通一体化的规划策略，进而笔者再结合调研案例，对二者一体化的设计方法进行分类研究。

4.1　总体策划——复合型的城市公共空间与城市交通一体化的进程与管理保障

从社会实践意义上来理解复合型的城市公共空间与城市交通一体化，这也是城市设计实践。因此，我们必须健全一种系统全面的城市设计过程，来保障这种实践活动的科学性。20世纪末，中国台湾学者林钦荣先生在分析城市方面诸问题时就曾指出："长期以来，台湾各地区之都市计画（划）作为，均缺乏恢宏之总体性都市发展政策之规划以及精致性都市三度或四度空间化的景观计划设计，以致都市计划之实施内涵大抵仅为地区道路布设及街廓划分之成果而已，实无法指导都市之建设，形（体）现具有整体风貌的都市格局。……缺乏完整健全的都市设计功能及制度动作，都市设计乃为达成都市计划目的而予执行的环境设计策略，也为塑造地方性风貌的重要执行计划，现今都市计划法系，对都市设计功能未作明确定位与发挥，致使公共环境品质低落。"[1] 西方学者兰恩（J. Lang）也曾借用西蒙（H. Simon）的观点，认为美国城市设计可以分为立项阶段、设计阶段、选择阶段、执行阶段、操作阶段或使用评价阶段。根据我国城市设计工作的特点，有关学者将城市设计的实践过程划分为四大阶段：总体策划阶段、设计组织阶段、实施执行阶段和运作维护阶段（见图4-1）。应该说这四个阶段是在

---

[1] 林钦荣著. 都市设计在台湾［M］. 台北市：创兴出版社有限公司，1995

不同层次上循环往复的，每一阶段都会制约下一阶段，反过来也将受到下一阶段的影响，而且各个阶段的关系又是螺旋递进的，在不同空间规模的层次上不断循环，上一个层次实践的产物是下一层次决策的基础。

总体策划阶段	围绕战略目标的确定,考虑社会、经济、文化、地理等多方面因素,对整个项目的全过程进行整体的策划。

设计组织阶段	通过组织恰当的设计过程,全面考虑地段特点、市民需求、管理体制、设计美学等因素,将战略目标具体化为一系列可操作的设计意图。

实施执行阶段	实施执行阶段是以上述一系列的设计蓝本或政策导则为基本依据,通过管理和运营措施,将设计意图转化为具体的行动。

运作维护阶段	对建成的物质环境,做经常性和制度化的维护,同时基于使用者空间行为的观察分析,评估战略目标实现的程度和存在的问题,对建成环境做必要的、合理化的修改,某些建成环境还有必要做运营上的考虑,使之在经济上可运转。

图 4-1 城市设计实践的四个阶段概述

由此可见，在上述过程中，总体策划阶段起着领航作用，同时也受一些条件的制约，因而本书主要针对复合型的城市公共空间与城市交通一体化的总体策划阶段展开。针对复合型的城市公共空间与城市交通一体化在城市设计实践中的总体策划阶段的相关问题进行研究非常必要，应当将其视为今后城市设计实践过程中的系列研究之一，并为后续研究奠定基础。

总体策划阶段主要是围绕复合型的城市公共空间与城市交通一体化目标的确定，考虑相关的社会、经济、文化、地理等多方面因素，对整个项目的全过程进行的整体策划与设计。具体来说，总体策划是把复合型的城市公共空间与城市交通一体化建设意图转换成定义明确、系统清晰、目标清楚且富有策略性运作思路的系统活动，产物形式主要是计划或大纲，也就是说，策划的核心就是通过对复合型的城市公共空间与城市交通一体化项目的系统性分析与策划，逐渐实现对该项目有目标、有计划和有步骤的全面、全过程控制。针对复合型的城市公共空间与城市交通一体化的城市设计实践特点，该总体策划主要应遵循如下一些步骤。❶

1. 基本目标决策与可行性研究

复合型的城市公共空间与城市交通一体化的总体策划阶段首先要根据具体项目的地区或地段面临的主要问题以及针对这些问题的

❶ 下文相关内容参见刘宛. 总体策划——城市设计实践过程的全面保障 [J]. 城市规划，2004(7)：59～63

初步设想确立城市设计实践活动的目标，然后在此基础上构思该城市设计实践活动的系统框架，以此奠定决策的基础并且进一步指导整个实践过程的进行。

通常在确定复合型的城市公共空间与城市交通一体化城市设计项目目标的过程中，需要解决如下主要问题：

(1) 立项的主要原因。关注当前城市交通与城市公共空间面临的主要问题，并且找出主要矛盾。

(2) 项目的要求。针对现状与问题，全面分析项目的要求，譬如城市交通与城市空间的功能要求和使用方式等。

(3) 外部制约条件。首先要调查与项目有关的各项法律、法规上的制约条件；其次调查社会人文环境，包括经济、技术、人口构成、生活方式和文化构成等；调查地理、地形、气候等自然物质环境；此外还需调查城市各项基础设施、道路交通以及城市规划中所规定的各项建设条件。

(4) 预期的效益。列出项目实施后预期达到的效益，考虑成功的最低标准线。

(5) 总体目标。依据上述各条件，排列时间、成本和质量等诸方面的优先次序。

概括来说，决策的首要基础就是研究城市中出现的城市公共空间与城市交通等方面的问题。然而，由于我国长期以来形成的“长官意志”的影响，导致专业机构在决策中缺乏应有的地位，决策的过程缺乏公正的外在制约，往往在一定程度上导致决策的官方化和盲目性。因此，应该加强专业技术部门在基本目标决策中的参与、介入作用，并让他们能对策划提供科学的依据与参考，尽量避免可能出现的较大失误。而且专业技术部门的这种参与不应仅仅依靠一些非正式的渠道或者临时性的组织，而必须依靠体制上的保障。因此，有关体制完善的具体内容将在 5.1 节中展开阐述。

此外，当复合型的城市公共空间与城市交通一体化城市设计项目的目标确定之后，应该分由各专业技术部门展开可行性研究，然后提供给决策层参考，其主要包括技术的可行性、财务的可行性、组织的可行性与社会的可行性等方面。

2. 项目的基本策划

当特定的复合型的城市公共空间与城市交通一体化项目基本目标通过可行性分析得到认可后，对该项目构成、项目过程与项目环境进行分析和策划，策划的成果将成为下一步设计组织阶段的纲领性文件。这部分工作内容主要由设计管理部门来完成，除了一些关键环节，否则一般也不需要决策领导层的参与。

在一体化项目的基本策划中，应该对设计组织进行初步的安排，在具体工作中可以灵活掌握。在城市设计活动的操作机构问题上，同样没有固定的模式。譬如旧金山的城市设计规划就强调要同时引导公共与私人部门的力量来满足人类需求，认识、加强和保护城市特色，并且通过促成一系列的政策来实现目标，持续引导公共与私人依照规划进行决策。在我国许多城市(如北京、上海等)，这种形式也已有许多成功的例子，该开发模式是典型的市场经济和政府行为的结合，今后将是我国复合型的城市公共空间与城市交通一体化城市建设中的一个重要形式。实质上，城市设计是一种技术、社会与艺术的过程，社会各方面都可能参与城市设计活动，他们是代表不同利益的机构或部门，并且在实践过程中扮演不同的角色。在城市建设过程中应当尽量调动不同机构的积极性，发挥各方面力量，相互促进，才能使城市公共环境得到良好改善。无论由谁承担该实践活动，复合型的城市公共空间与城市交通一体化的城市设计总是一个创造与管理城市空间的过程，这样的城市空间必然会在很大程度上反映出参与者的利益与愿望，因而“公众参与”对民意的真正实现意义重大，本书将在5.4.3节中围绕有效实行一体化城市设计中的公众参与管理机制进行阐述。

3. 全面预测评估

在复合型的城市公共空间与城市交通一体化项目基本策划确定之后，需要对该项目进行评估。项目评估主要包括财务评估、技术评估、组织评估以及社会评估，在这些评估中分别考虑成本收益、技术选择、约束条件以及在保障投资者利益的同时充分考虑将来使用者的利益。该阶段的工作也是由不同专业技术部门分别完成，主要是针对以上基本策划所做出的结论而给出专业层面的反馈意见。

需要指出的是，在复合型的城市公共空间与城市交通一体化实践工程项目中，该阶段的评估工作也时常需要和可行性研究结合在一起进行，以便对项目的基本目标决策进行适时调整，从而做出更科学、合理的定位。

4. 拟定工作计划

在以上工作的基础上，对复合型的城市公共空间与城市交通一体化的项目总体控制方案进行策划，并且在总体控制方案的基础上进行详细的目标分解与控制工作计划。具体而言，在这个阶段总体控制方案的策划部分在必要时往往需要项目决策领导层的参与，而具体的策划工作则主要让设计管理部门承担，并且在涉及技术细节与专业合作方面的问题上，主要由专业技术部门负责该部分工作。

复合型的城市公共空间与城市交通一体化城市设计项目总体策划的最终成果主要包括以下内容：

(1) 项目目标策划，包括项目总目标体系与子目标体系的拟定。

(2) 项目组织策划，主要包括组织机构设置、责任系统设计(包括机构的责任、权限、时间与人员等)、制度安排(包括制度、准则、标准与条例等)。

(3) 技术组织策划，主要进行技术分解，建立子系统与信息沟通系统以及确定应该采取的最佳途径，同时选择技术方案并且妥善做好复合型的城市公共空间与城市交通一体化城市设计项目进度安排。

(4) 项目运营策划，主要包括项目组织结构，工作程序与控制管理策划等几部分。

概括而言，复合型城市公共空间与城市交通一体化总体策划阶段的各个步骤(程序)和内容都非常重要，它们是保障该城市设计实践项目后面各个阶段工作顺利进行的前提与基础(见图 4-2)。也就是说，如果在总体策划阶段没有科学、合理的立论和严谨的策划，则会对整个项目产生严重的不利影响。通过以上诸方面的研讨认为，该总体策划的工作应该主要由设计管理部门牵头，在专业技术层的协助下共同承担，决策领导层则应当根据管理层与技术层所提供的依据，充分发挥自身决策与指导作用，尽量不要过多参与(干预)具体策划工作，以免影响其他部门开展工作的自由度与主观能动性的发挥，从而最大可能地确保总体策划能体现社会公众的利益。这样的组织管理方式有利于保障复合型的城市公共空间与城市交通一体化城市设计项目在宏观上的科学性与具体的操作性，当然同时也需要进一步提供体制和程序上的保障。

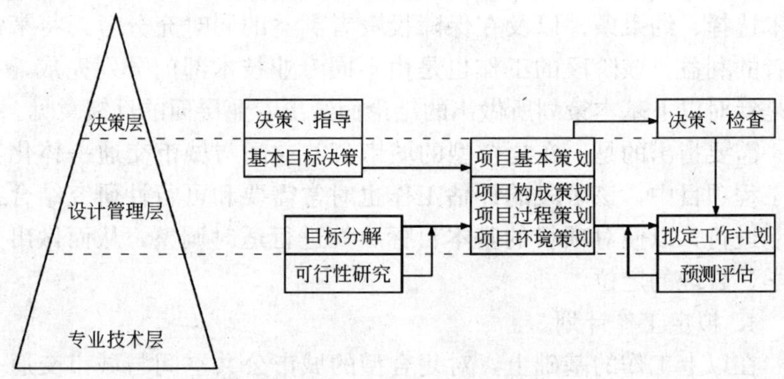

图 4-2　总体策划阶段不同层次参与策划的主要内容概述

4.2　动态规划——复合型的城市公共空间与城市交通一体化的技术保障

复合型的城市公共空间与城市交通一体化的动态规划策略是实现二者一体化建设与发展的重要技术保障，下文主要结合案例并针对以下两个方面特性展开研讨：1)城市空间发展的动态非确定性；

2)城市交通发展使城市产生高度的动态性。

鉴于此，应该如何把握并运用以上两个特性来进行复合型的城市公共空间与城市交通一体化的建设与发展呢?

4.2.1 运用“非确定性”城市设计思想——以新加坡“白色地段”概念应用为例❶

复合型的城市公共空间与城市交通的迅速发展从各方面都深刻地影响着城市与生活。城市是一个复杂的开放性巨系统，复杂性和多样性是这个巨系统最主要的本质特征，而受具体环境和时间局限的认识主体——人，也正是生存在这个充满不确定性的世界中。法国著名思想家埃德加·莫兰(Edgar Morin)在其著作《方法：天然之天性》一书中，通过对新的科技成就的分析，总结出新的认识论，他认为:“我们不可能清除认识论中的不确定性。……复杂性问题既不是把不确定性弃置一边，也不是陷在不确定性中变成彻底的怀疑者：为了理解对自然的认识本质，我们需要将不确定性深深地整合进认识，把认识整合进不确定性。”❷

在飞速发展的21世纪，面向市场经济这只“看不见的手”，城市规划与城市设计思想都必须与时俱进，因此复合型的城市公共空间与城市交通一体化的城市设计思想方法也必然从确定性走向非确定性，探索非确定性城市设计方法是我们面临的历史命题。在下文中将引述的新加坡“白色地段”这一概念，其核心便主要在于体现规划的灵活性，以适应未来城市发展不确定性的需要。同时，政府也充分从开发商角度进行考虑，从经营城市的立场出发对每块“白色地段”进行精心策划，从而又使它具有了很强的确定性。下文主要在阐述“非确定性”城市设计思想多维性的基础上，以新加坡“白色地段”概念为例，阐释“非确定性”城市设计思想在城市建设发展空间中的运用。

1.“非确定性”城市设计思想的多维性

非确定性城市设计思想是建立于以往确定性城市设计思想基础之上的，是对确定性城市设计思想的进一步辩证发展。它不回避复合型的城市公共空间与城市交通在城市系统中发展的不确定性，并且采用不确定性的思想方法来积极追求二者一体化发展的最大实效，该思想方法具有以下几方面的特性。

(1) 动态的思想观

非确定性思想揭示了长期行为不可预测而短期行为可以预测这

---

❶ 下文有关内容参见赵珂，赵钢.“非确定性”城市规划思想［J］. 城市规划汇刊，2004(2)：33～36

❷ ［法］埃德加·莫兰著. 方法：天然之天性［M］. 吴鸿缈，冯学俊译. 北京：北京大学出版社，2002

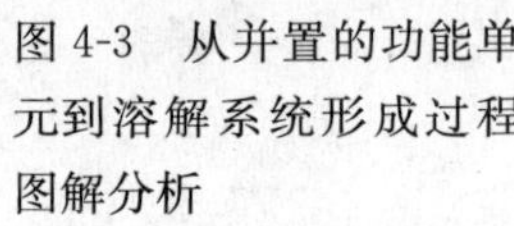

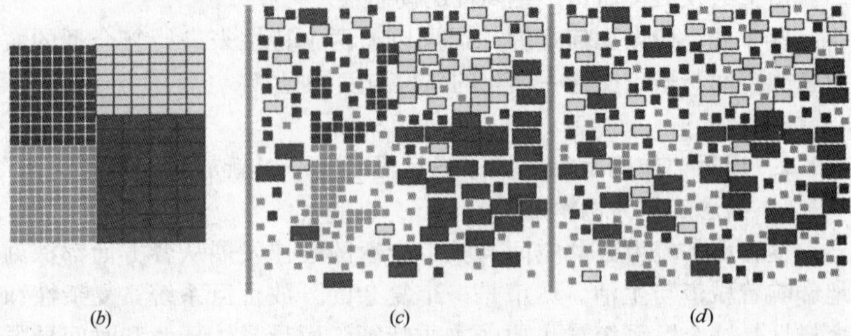

(a)　(b)　(c)　(d)

图 4-3　从并置的功能单元到溶解系统形成过程图解分析

(a)并置；(b)碎化；(c)运动/重叠；(d)重叠/溶解

一有限预测性特征，这为复合型的城市公共空间与城市交通一体化设计提供了一种崭新的思路。在复合型的城市公共空间与城市交通的一体化研究中，通过非确定性城市设计思想将二者放入综合密集型城市系统动态的、不断反馈的过程之中，虽将着眼点放在现在，但更关注历史和未来，通过对历史和未来的分析来把握变化，然后落实到短期的可预测性大的近期规划建设中，通过阶段性规划的实践成果反馈，对复合型的城市公共空间与城市交通一体化变化进行更深层次的分析，从而为下一步的近期规划奠定新的基础。除此之外，复合型的城市公共空间与城市交通一体化设计不仅满足自身城市建筑使用层面的功能，同时满足社会精神层面的功能，因其立足点是从城市的角度出发，所以它是对城市开放的，是与城市生活紧密结合的。其功能的网络化与交通组织的立体化，使得不同功能最终形成的是一个如同液态的有机系统，其目的及关注点是强调多元高效及“活力”。而具有“活力”的空间或场所可通过多种方式获得，例如将功能单元全部或部分碎化，将其置于一种离散结构状态，离散化的要素彼此占有或介入，出现全面的重叠。这时，原有的静态系统转化成了一种溶解如同液态的整体系统(见图 4-3)。❶ 这一过程又何尝不是在复合型的城市公共空间与城市交通一体化规划设计中，由以前过于强调功能分区转化到目前注重多样化、动态发展的城市生活的营造过程。由于注重对多样化、动态发展的城市生活的营造，在复合型的城市公共空间中，人们可享有充足的休闲娱乐设施及良好的交通与生态环境，从而使环境动态、可达且宜人化。

(2) 整体的思想观

既然非确定性城市设计思想将城市作为一个大系统，就必然是一个整体的思想观，而且它是由部分、整体、联系和组织所构成的回环，它是一个开放和封闭高度统一的活组织。在该组织中，整体

❶ 魏皓严，郑曦．并置、重叠——溶解系统［J］．城市建筑，2004(12)：6～7

与部分之间的关系并非只是纯粹的部分服从于整体，而是整体与部分之间的一种积极互动关系。在复合型的城市公共空间与城市交通一体化结合的大系统中，城市公共空间、建筑公共空间与城市交通空间等相关要素从以往较为独立的闭合系统向开放系统转变，公共空间的界线变得难以划分与界定，它们是相互关联、相互激发的，可以说它们是一种我中有你，你中有我的同存共生关系(见图 4-4)。

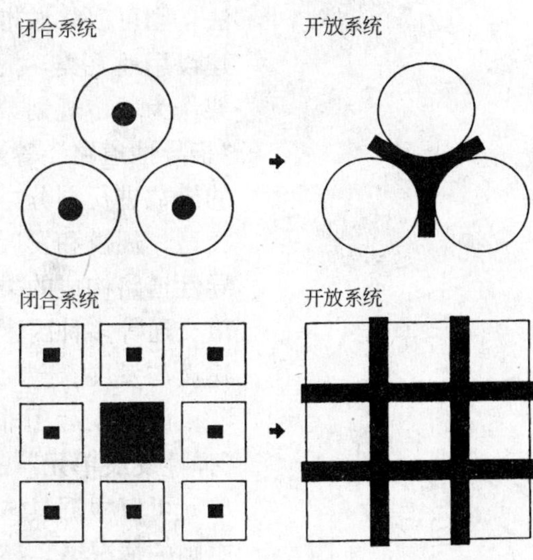

图 4-4 复合型的城市公共空间与城市交通一体化是从闭合系统向开放系统的转变

(3) 弹性的思想观

由于非确定性城市设计思想的不稳定性特征，在复合型的城市公共空间与城市交通一体化设计过程中必须考虑充分弹性，从而为影响系统的敏感区保留充足的弹性空间，以避免一体化城市设计实施中的“蝴蝶效应”。可以说，弹性的思想观在城市设计领域已引起广泛关注。譬如，台湾学者林钦荣在其著作《都市设计在台湾》一书中，在对台湾都市风貌进行长期详实考察的基础上，针对台湾普遍性与地域性现象(问题)、都市计划与管理问题进行全面剖析时曾指出，“都市计划及建筑管理法令的不具弹性，致使设计者及开发者积极性空间效益之创作无法发挥，且有关奖励性计划和建管法令技术与制度，诸如容积转移(T. D. R.)、计划单元整体开发(P. U. D.)、更新奖励等措施，仍有待研究开发并加以实施”。❶ 进一步来说，非确定性城市设计思想的整体性和多样性统一的主要特征也要求规划设计为城市多样性的保存提供充分的弹性空间，一个具有生命力的系统定然是多样性丰富的系统，也正是由于多样性的存在，要求我们的城市必然是一个多元复合的城市，一个功能、空间多重高度复合的城市，而复合型的城市公共空间与城市交通的一体化也正是其重要方面之一。

以上所谈到的弹性控制并非是一种无限度的弹性，而应该是一种“刚性＋柔性”相结合的城市规划与城市设计中的协调控制，也就是将通过对不确定因素的分析，把规划设计要素按其不确定性的程度进行弹性分类，分别进行不同弹性程度的规划设计控制。譬如，在一些城市交通的规划设计中，由于城市公共空间发展等多方面的不确定性，运用传统确定性规划方法，时常会导致规划与实际的脱离，“没有不改动的规划”似乎已经成为对传统确定性规划设计方法的真实写照与评价。但是如果我们采用非确定性的城市设计思想方

❶ 林钦荣著. 都市设计在台湾 [M]. 台北：创兴出版社有限公司，1995. 19～20

法，则可以将城市主体道路网络与城市生态敏感区等作为城市不可建设用地之类，把这些在规划与城市设计布局中相对稳定的主干骨架作为城市规划或城市设计的刚性结构，加以硬性控制，同时设置"指导性道路"等来作为区域的柔性结构，把城市设计区块按照一定的模数进行划分，通过地块划分的排列组合，来配合不确定的不同类型、规模和发展时序项目的需要。从而在不同的发展时期，由指导性道路构成的柔性结构可以根据将来复合型的城市公共空间与城市交通等多种因素发展的需要作相应调整，从而利于二者的一体化建设与发展。

此外，运用非确定性城市设计思想，在用地规划上可以引进"弹性发展单元"的概念，以适应不确定性因素的影响，而弹性发展单元可以根据具体发展情况在不违背总体城市规划与整体城市设计原则的情况下，还可以考虑市场的变化因素，可以根据具体情况改变用地性质，具有较强的兼容性。下文将具体介绍目前新加坡在规划方法中实行的"白色地段"，其实质上就是一种"弹性发展单元"策略，同时，还将引入"混合用地"等概念，将商业、服务业以及居住等功能和城市公共空间与城市交通相复合，在同一地块中进行多种用地功能的复合开发，从而促进复合型的城市公共空间与城市交通一体化的发展，增强其生机与活力。

2. 新加坡"白色地段"概念及其对复合型的城市公共空间与城市交通一体化的启示❶

"白色地段"这一概念运用了"非确定性"城市设计思想，它的核心主要在于体现了规划与城市设计的灵活性与弹性，适应于未来综合密集型城市发展的不确定性的需要。"白色地段"这一概念的提出与实施，可以说是动态城市设计思想在实践中实行的有效方法之一，我们期望通过下文对其进行概念的剖析与实践的总结，来得出一些重要启示，以利于城市公共空间与城市交通在未来综合密集型城市发展中的一体化建设。

(1)"白色地段"概念解析

1)"白色地段"

"白色地段"的概念是由新加坡市区重建局(URA)于 1995 年提出并试行，其主要目的是为发展商提供更为灵活的城市建设发展空间，也为更顺应未来城市发展的需要。具体来说，发展商可以根据土地开发需要来灵活决定经政府许可的土地利用性质、土地其他相关混合用途，以及各类用途用地所占比例。也就是说，只要开发建设符合经政府许可的建设要求则都是可以的，发展商在"白色地段"租赁期限内，

---

❶ 参见赵珂，赵钢．"非确定性"城市规划思想［J］．城市规划汇刊，2004(2)：33～36

可以依据招标合同要求，在任何时候，根据需要自由调整改变混合各类用地的使用性质与用地比例，而不需要交纳土地溢价。❶

2)“白色成分”

“白色成分”是指在“白色地段”内可以用于其他用途开发的用地性质和用地比例，因此所允许白色成分的多少也是白色地段灵活性的体现，发展商可以在一定许可条件下，通过对白色成分进行合理的调配与布局，以充分发挥白色地段的综合效益。

决定“白色成分”的因素是多方面的，通常以发展项目(即白色地段)所处的位置最为重要，主要看该地段能否与周围用地性质相配合，是否靠近地铁或者轻轨站，以及未来的交通网络是否能够与该地段的发展相适应(如交通容量、道路拥挤状况等)，这在很大程度上将决定复合型的城市公共空间的发展。譬如，商业园若接近地铁站便将会拥有更高的白色成分，因为它会吸引更多的人流量，从而也需要有更多相关用途与之发展相配合。新加坡长期以来一直关注研究如何更加科学地确定可被允许的“白色成分”。

(2)“白色地段”概念对复合型的城市公共空间与城市交通一体化建设的启示

1) 复合型的城市公共空间与城市交通一体化建设应适应未来城市发展的新特征

复合型的城市公共空间与城市交通一体化建设，应该适应城市发展的新特征，应当借鉴“白色地段”的开发理念，留有后续调整与发展空间，这样既可以充分集约利用土地，又能够适应未来城市空间的发展需要。

具体来讲，当前城市迅速向综合密集型发展，城市某些地段各方面条件变得日趋成熟，但更是变得日益复杂，城市 CBD 未来的发展方向、城市交通换乘站点的设置等诸多因素一旦交织在一起，许多地段的发展必将具有更大的不确定性，“发展什么、如何发展”，时常是政府和规划师们都很难预测的。因此，制定规划方案时对富有弹性和灵活性的“白色地段”的划定也体现出政府在城市建设方面直接面对适应于未来城市发展的新特征。规划师和建筑师往往并非能清楚地说明该地段应如何发展，但是可以肯定，良好的基础设施与地理区位条件会为该地段复合型的城市公共空间与城市交通一

❶ “土地溢价”和“开发费”是与“白色地段”相关的两个前提概念。根据 1964 年新加坡规划法令修正案，在规划允许的情况下，开发活动可以超出规定的开发强度或者变更规定的区划用途，但是必须支付开发费，使得土地增值的一部分收归国有，从而使得开发控制具有较强的适应性与针对性。对于拥有国家限制性契约的发展商在转变土地用途或使用率时，需要支付“土地溢价”，而土地溢价的计算方式是以开发费为依据，并作适当调整；对于没有限制性契约的地主在进行转换土地用途或者使用率时，则需要支付开发费。

体化的发展创造先决条件。在规划中予以界定，进行宏观指导与要求，而具体到每块“白色地段”的发展方向则可交由“市场”去决定，让发展商根据未来的需求灵活决定地块用途，以在一体化发展中充分发挥土地的使用价值。

2）政府对规划与城市设计的负责态度

从新加坡政府把“白色地段”推向市场并采取多项灵活的发展策略这一行为可以发现，政府同时也注意站在发展商的角度进行考虑，以确保他们获得合理的投资收益，更为重要的是，推动地区的建设与繁荣。新加坡“白色地段”推出后，通常要求该地块在8～10年内开发建设完工，但对于一些面积较大的地块，政府往往会允许发展商延长建设完工期限，以利于发展商配合市场需求逐步发展。同时，政府也会积极配合发展商协调“白色地段”的供应量与其他售地供应量以及相互之间的比例，从而确保市场供需状况的平衡性。

此外，新加坡政府在政策上也给予“白色地段”相当多的倾斜。首先，在发展商缴付所购地块的款项上，付款方式可以比较灵活些；其次政府为了促进地段的发展，时常组织有实力的策划公司担当地段的促销顾问，了解一些跨国企业的需求，在“白色地段”招标活动开始之前就代为招揽核心租户；再次，政府非常关注市场的培育，以使得城市的每一块地都经过精心策划而获得开发。城市房地产开发市场在形成过程中受到多种因素的相互作用与影响，诸如居住人口的聚集将带动商业的繁荣，而商业的发展又反过来促进了居住人口的集中与住宅开发，这种相互促动的过程需要一个相当长的时期，这也是一个市场培育的过程。新加坡政府在土地销售上并非有求必应，而是充分利用城市房地产的相互作用，互为市场机制，通过有计划、有组织的售地开发进程，注重市场的培育，使不同类型的房地产项目在适当的时机投放市场。特别“白色地段”定然是在市场发展时机相当成熟的时候才推出给发展商，而政府在此过程中可以说是倾力倾为，这也充分体现了政府对发展商和社会大众的一种负责任的规划态度。

本书所研究的复合型的城市公共空间与城市交通一体化不仅关系到社会大众的日常生活，更是关系到综合密集型城市空间未来的发展，这是一项既有现实意义，又有长远历史责任的课题。因此，政府不仅需要支持相关研究，而且在城市建设中应慎重开发，循序渐进，避免现今一些城市出现的操之过急、重复拆建等现象。如2004年12月，法国《城市规划》杂志和动态城市基金会共同在巴黎组织的一次有关中国城市问题的圆桌讨论会，法国国营铁路公司设计研究中心总经理所谈及对中国城市发展的一些印象：“北京从一个容积率0.2～0.3的、以胡同为主的二维城市，发展成为一个容积率为4～5的高密度的三维城市。这密度的变化在法国是通过一个缓慢的'层积'过程实现的，而在中国只需要短短的几年时间。"❶ 此种状况可以说是中国的国情，是发展中必然面临的问题，而我国政府应在发展高密度城市的同时，想办法如何让土地真正的集约化使用，保证城市公共空间的健康发展以及促进复合型的城市公共空间与城市交通一体化的城市立体化开发。

3) 建立完善和动态更新的规划政策指引

如今，社会在不断发展，我国复合型的城市公共空间与城市交通一体化的具体建设刚刚开始，其需求也在不断变化，如果我们的政策指引不能适应这种变化，那么其反而会阻碍发展。因此，必须建立完善和动态更新的规划政策指引。新加坡政府对这一点有着非常清醒的认识，在城市发展中从未停止对"白色地段"发展控制指引的动态更新与完善。同样道理，我国复合型的城市公共空间与城市交通一体化要持续、健康发展，就必须在城市设计中建立与之相关的动态更新的发展控制指引，具体运行机制在5.1.3节中阐述。

4.2.2 对城市交通速度的规划整合策略

当代城市交通速度在整体上的提高与个体间的分化加强了交通在城市发展中的地位与作用。早在1925年，勒·柯布西耶在《城市规划》一书中就曾认为"拥有速度的城市将赢得成功"。如今，我们要确立动态规划的思想来指引复合型的城市公共空间与城市交通的一体化建设与发展，除了主要应确立如上所述的"非确定性"的城市空间发展观之外，还应该加强对城市交通速度的规划整合的认识，因为城市交通速度对复合型的城市公共空间与城市交通一体化的发展具有很大影响。下文主要先对城市交通速度的发展特征作一概括，然后对速度与城市性的关系进行解析，最后对城市交通速度规划整合在复合型的城市公共空间与城市交通一体化建设中的意义与相关问题进行论述。❷

1. 城市交通速度的发展特征

当前，全球城市发展基本呈现两大主要特征：一是城市化继续加剧并向大都市化方向发展；二是城市中的人流、物流与信息流系统的机动性快速提高。城市交通速度是衡量城市机动性的重要指标之一，近年来在整体水平上也显著提高。

我国城市交通速度状况也呈现类似发展趋势，促成这种变化的

---

❶ 卓健. 中国城市是否可以作为一种"城市模式"？——记法国规划师的一次座谈会[J]. 城市规划，2005(4)：104～108

❷ 下文部分内容参见卓健. 速度·城市性·城市规划[J]. 城市规划，2004(1)：86～92

原因是多方面的，不仅有技术进步带来的高速度交通方式，同时由于快速交通方式在交通出行中比重的增加，交通管理水平的不断提高，减少了以往交通出行中候车、停车等时间的浪费，这也间接地促进了城市交通速度的整体改善。城市交通速度在迅速提升过程中，主要表现出以下三个特点：1)交通速度的提升并未减少人们的出行时间；2)交通速度的提升加大了居民的出行强度；3)在城市交通速度整体提高的同时，也伴随着个体间速度分化的现象。通过许多研究者的调查分析，我们可以认为，当代城市高速与低速交通同时并存是必然的，而且这种速度分化现象随着城市交通的进一步发展更加显著，这对城市发展与社会生活可能造成的多方面影响应当引起大家的充分关注，尤其是我国在复合型的城市公共空间与城市交通一体化的建设中应当引起重视。

2. 速度与城市性❶关系剖析

(1) 如上所述，速度的提升改变了传统城市密度的“三位一体”的空间聚集方式，逐渐诸多城市中心已不再同时是人、物(建筑等)与社会活动(就业岗位等)最集中的地方。现代城市交通方式促进了城市功能的分区，同时也导致城市中各密度的相对分离，且随时间变化呈动态分布。

(2) 速度的提升改变了人们对近邻关系的认识。“交通可达性”逐渐取代了以往“空间距离”在人们社会联系中的地位，使得人们对从邻里社区到城市的许多社会生活基本要素的需求，在时间上的近邻关系比空间上的近邻关系更为重要。

(3) 新的快速交通方式很大程度上割裂了人们与空间的直接接触，而为了获得更高的速度，封闭的快速交通方式限制了城市空间联系的程度，诸如高速道路设置有限的出入口、公交减少停靠站点等，快速交通产生的“隧道效应”破坏了城市空间的连续性，也引起社会活动在一些城市公共空间与交通空间的交互点周围积聚。

(4) 随着速度的提升，交通对城市空间的异化作用越来越大。因此，我们必须从以下两个方面来重新认识交通速度在城市中的作用与意义：

1) 速度是城市性的重要组成部分。城市作为社会互动的空间系统与载体，人、物以及信息的流动是不可或缺的，显然零速度的城市是不存在的。但随着发展，单纯依靠空间近邻关系来进行社会交

---

❶ 有关“城市性”的简要探讨。在当今城乡界限日益模糊的情况下，许多中西方学者都开始重新思考“什么是城市?”。当前一个基本的共识就是，“城市是社会互动的空间系统”，一个城市的活力主要取决于该城市在促进社会的相互联系、相互影响上的潜力。而大家通常用“城市性”(Urbanity)来说明这一潜力，城市性强的地区也就是城市特征明显的地区。

往的城市，其发展潜力将越来越有限，而那种纯粹的“交通空间”也脱离了和城市其他职能空间的联系，必将严重影响它存在的实际意义。所以，速度不仅仅是和“交通空间”相关联的属性，它不能分离于城市其他功能而独立存在，它是由城市中“社会互动”的需求所决定的。显然，复合型的城市公共空间与城市交通空间的有机交织、融合，大大提升了速度的真正“活力”，使其更具有社会意义。

2）交通速度直接影响到城市所能提供的社会互动的潜力。可以说，速度使我们对城市性的认识突破了传统静态三维空间的范畴，增加了时间这一重要维度。通过速度这一概念，我们不仅可以建立起空间与时间可度量的相互关系，而且也可以通过对城市交通速度的调控来更好地引导复合型的城市公共空间系统的发展。因此，可以说速度与密度一样，是可以在城市规划中用来干预和引导城市发展的重要工具。

3. 城市交通速度规划整合在复合型的城市公共空间与城市交通一体化中的意义与应注意的问题

（1）城市交通速度与复合型的城市公共空间一样，都是一种公共资源，即使在个人方式的交通中也一样。譬如，个人购买了私人交通工具(诸如小汽车等)，但这并不意味着个人就一定拥有了小汽车本身的速度，他只是拥有了个人方式的公共交通服务的接入工具，他所能获得的速度必须符合城市道路的规定许可，同时也受到道路交通状况的制约。将我国不同城市之间进行比较会发现，许多城市内的平均汽车速度是存在相当差异的，尤为突出的是，我国香港市内汽车平均速度要远高于内地许多城市的市内汽车平均速度，因而从一定层面上来说也大大提高了城市效率。也就是说，交通速度的公共属性为其作为公共干预的工具提供了前提条件。有相关研究提及，伦敦城区的经验以事实表明，调控城市交通速度是一项既易操作又行之有效的城市规划干预手段，因此其对我们进行复合型的城市公共空间与城市交通一体化的建设与发展能起到有效的调控作用。

（2）有助于促进城市空间(尤其是复合型的城市公共空间系统)规划与交通规划的相互结合。加强城市空间规划与交通规划相互联系的必要性已经成为当前的共识，但在实际操作中却碰到许多困难，其中一个主要原因就是双方缺乏共同语言与共同的研究对象。也就是说，一方重于强调“空间”，而另一方则关注“科学模型”，但是这种状况随着把交通速度结合进城市空间规划后将得到根本性的转变，“速度”概念将成为二者交融的桥梁。

正如担负城市交通多方式机动性转换的换乘中心，不仅深刻影响到城市交通速度运营水平，而且也是城市交通网络的首要元素，更是复合型的城市公共空间系统中的重要节点。伴随着城市交通多方式与网络化发展，一个城市交通网络的性能(譬如速度等)及其吸引力不仅取决于它所拥有的各条线路的运行质量，而且其连接质量(换乘中心的运行效率)也起着极为重要的作用。当前一种普遍的趋势就是把以往功能单一的换乘中心转变为用途广泛的复合型的城市公共空间系统的重要节点，其中商业、休闲和娱乐活动等占很大部分，时常也会加入一些政府公共服务部门的职能。

(3) 在城市交通速度规划整合中应注意以下几个问题：

1) 当前，虽然城市交通速度整体上呈上升趋势，但我们必须意识到高速度的城市交通方式并非普遍性的，也并不能取代低速度的城市交通。尽管节省时间是居民出行选择高速交通的一个重要原因，但也不能忽略居民对交通成本与舒适性的考虑。因此，步行与非机动车交通将会长期作为城市交通的一个重要组成部分，而步行交通系统的完善也是复合型的城市公共空间系统建设的一个重要方面。

2) 高速度交通也有其内在的缺陷，诸如不连续性、安全性等。因为高速交通的修建、维护以及运营成本都比较高，所以通常只能用作主要公共方式的交通，而交通线在空间上形成均衡网络需要相当长的时期。不均衡的空间布局不仅可能会导致城市空间的进一步分化，而且交通可达性的不平等也会加剧社会分化，从某种层面上来讲，其对复合型的城市公共空间与城市交通的一体化建设有一定负面制约。

3) 为了减轻上述高速交通对复合型的城市公共空间与城市交通一体化建设的负面影响，在建设高速交通网络的同时，更应加强并完善次级交通网络的建设。一方面，鼓励并支持多方式的交通可以避免城市速度的进一步分化，可缓解高速度交通对城市空间与复合型的城市公共空间异化的负面影响；另一方面，完善的次级交通网络可以防止“烟道效应”，更好地保证高速网络效能的正常发挥。国内外许多学者研究成果表明，城市道路交通局部速度的提高反而会刺激更多的交通需求，并且把周围地区的交通量吸引过来，从而导致交通速度的降低，甚至拥堵。

4) 应注重合理的道路网功能级配结构，其目的是为了避免因为过于强调机动性，而把注意力偏重于快速网络与主干网络的建设，导致忽视次干路和支线网络的建设，影响了交通的可达性，同时也不利于复合型的城市公共空间与城市交通的一体化建设。连续通行的城市快速路具有极高的机动性水平，但由于受严格的出入口限制而可达性较低。相反，城市支路虽然机动性水平低，但出入却非常方便，具有极好的可达性水平。次干路和支线网络道路往往承接或联系着城市、建筑公共空间，科学合理地进行次干路与支线路网的建设，能够促进城市交通与城市、建筑公共空间的一体化建设。

此外，不同距离的出行对于机动车与可达性的要求是不同的：行程距离越大的出行对于道路机动性水平的要求越高；相反，行程越短的出行对道路机动性的水平要求远不如对可达性水平的要求高。因此，合理的路网功能级配结构应该依据城市出行距离构成所决定的机动性与可达性平衡关系，确定不同功能类别的道路级配比例和衔接组合方式，这也是复合型的城市公共空间与城市交通一体化科学、持续发展的重要前提条件。

4.3 构建大公共交通系统——复合型的城市公共空间与城市交通一体化的重要途径

通过前文的论述可知，复合型的城市公共空间反映了未来综合密集型城市公共空间发展的趋向与内在要求，而其与城市交通的一体化则为解决综合密集型城市空间与城市交通在发展中的一些问题与矛盾提供了一剂良方妙药。众所周知，当前城市交通发展已处在一个艰难的境地，同时给城市空间发展也带来了巨大的压力，如何突破现状走出困境是目前城市与公共交通发展亟待解决的大问题，针对这一问题，诸多城市规划师、建筑师与城市交通规划师等都进行着大量的研究。

诸多交通学家认为，城市交通不只是城市交通供需平衡的问题，更是经济社会生存的基础，如果没有这些基础条件，人们生活就难以得到保障，城市产业结构难以顺利调整，城市也就无法继续发展下去，所以说城市发展的命脉在于交通。当城市交通经历了数番起伏之后，开始转向公共交通发展的方向回归，这种回归在某种程度上是迫于城市中交通拥堵的现实，但同时也是先进技术与城市高度发展下对于“和谐社会发展观”的一种理性回应。如前所述，交通拥堵已经成为全球诸多城市发展中难以逾越的瓶颈，虽然各种技术与策略不断出现，然而问题依然很严峻，许多问题已远非纯粹的公共交通技术可以解决的了，更主要的是它已深深涉及到城市空间、社会经济和文化的范畴。事实上，作为交通主要方式的人们的出行本身并非是一种需求，而只是一种衍生需求，也就是说应该没有人为了出行而出行，人们出行总是有其各自目的，这便是出行的本质特征。若不注意这一点，那么再多的努力与探求都将起不到解决问题本质的作用，只有跳出交通圈子的禁锢来看交通，方能从根本上去把握问题的本质，并从根本上去思索，这才是解决问题的正确方向。

在复合型城市公共空间与城市交通一体化的城市设计思想下，

无论从城市土地、空间集约开发利用还是从能源节约层面考虑，构建大公共交通系统的策略无疑将是城市交通与综合密集型城市空间进入新一轮发展阶段的有益尝试。理查德·罗杰斯事务所就曾在上海陆家嘴地区国际投标方案中试图以公共空间和交通系统网络的整体化来实现城市的紧凑与多中心可持续发展。

下文将首先阐释大公共交通系统的概念，然后从“以网络化公共交通为导向在城市开发中建构复合型的城市公共空间体系”与“对实施大公共交通系统的进程分析”两个主要方面来阐述大公共交通系统的建构，[1] 这也是实现复合型的城市公共空间与城市交通一体化的重要途径。

4.3.1 大公共交通系统的内涵及其与复合型的城市公共空间的关系

大公共交通系统是在复合型的城市公共空间与城市交通一体化的城市设计思想下，为解决综合密集型城市空间与城市交通发展问题，从根本上去抓住综合密集型城市公共空间与公共交通问题的实质并提出相应策略的新构思。

建立大公共交通系统的目的在于突破以往过于单一的公共交通概念，从更加深刻、更加本质的层面上去把握公共交通的实质，以公共交通的建设来带动城市公共空间系统的整合与发展。真正从人的总体需求出发，在综合密集型城市空间布局上与城市公共空间相协调、集约利用土地资源，同时营造良好的公共交通建设与城市空间的人文环境，并使各种公共交通形式在结构上尽可能优化，从而减少公共交通资源的浪费，提高城市公共空间与公共交通的整体效益。在城市发展中，以网络化公共交通为导向建构复合型的城市公共空间体系，从根本上立意，循序渐进，为城市公共空间与城市交通有机结合、健康发展奠定坚实的基础并开辟重要途径。

大公共交通系统受到城市空间环境、社会人文和经济技术等因素的影响与制约，其主要内容包括以下三大部分，即公共交通文化体系、公共交通运输体系以及信息交通体系。具体来说，其中公共交通文化体系虽属于非技术性层面，却是构建大公共交通系统的本质性要素，它渗透到整个系统的每一部分和分支，并且对其他要素的行动发挥着极大的影响作用，主导着大公共交通系统功能效益的整体涌现程度。而公共交通体系与信息交通体系则属于技术性的层面，需要利用现代技术来解决交通中出行交通与信息交流的需求。

---

[1] 以下部分相关内容参见李林波，杨东援，能文. 大公共交通系统之构建［J］. 城市规划学刊，2005(4)：72～75

由于出行交通是一种衍生需求，是社会公众在社会、经济、文化活动中所衍生出来的，与人们在城市公共空间中的活动和目的紧密关联，并且与信息交流在很大范围内具有相互替代性，所以说公共交通体系和信息交通体系之间是相互补充与促进的关系，其合理的结构必然会给城市公共空间与城市交通的结合带来全新的活力与生机。下文主要从城市公共交通文化体系、城市公共交通系统的组建以及信息交通体系与复合型的城市公共空间的有机结合三个方面对大公共交通系统的内涵进行阐述。

1. 城市公共交通文化体系

文化是文明背后的核心与灵魂所在，是社会公众的自觉能动性和创造性，也是支配人们生活方式的内在依据，是一种普遍的社会精神特质。它是一个“文而化之”的动态过程，而非一种静态或实体，它是人们面对现实生活的境界、悟性、思维、想象力与创造力，也是人们对自己现实能力的一种超越。

强调公共交通文化体系的建设旨在帮助社会公众树立一种全新的城市公共空间与公共交通意识，从根本上认识到交通的实际需求、交通问题产生的本质原因，以及交通与城市公共空间制约与促进的相互关系，在诸多的利益冲突中达成一种和谐与共识，从而在自身的空间与交通行为的决策中做出合理的判断，同时也为城市设计师和决策者们进行有效规划决策提供有力的背景支持。概括来讲，城市公共交通文化体系主要包括和谐社会观、先进价值观、制度文化、管理文化以及运营文化。

它们相互交织、相互作用，促进了城市公共交通文化体系的发展。同时，公共交通文化体系的建设也是实现我国城市交通与复合型的城市公共空间一体化和谐发展的基础，是一个具体现实方向，更是一个循序渐进的过程。

2. 城市公共交通系统的组建

整体而言，城市公共交通系统包括四个子系统，即公共交通运输方式、公共交通设施、公共交通规划和公共交通运营管理。四大子系统又分别由许多要素组成，各要素之间彼此建构，相互作用、相互协调，并在不同的结构中产生不同的整体表现性。因此，在复合型的城市公共空间与城市交通一体化进程中，进行公共交通规划时必须立足于“区域视野”的高度，考虑从城市系统的角度出发，整合复合型的城市公共空间，把有限的城市空间资源与时间资源进行最优化利用。切实利用集成整合的系统思想，以公共交通为核心，充分发挥网络化公共交通的导向作用，并以复合型的城市公共空间为载体与依托进行有机整合，借助经济、技术与政策的力量来创建一个通畅、舒适的城市交通与复合型的城市公共空间环境。

3. 推进信息交通体系与复合型的城市公共空间有机结合

黑川纪章在1967年早有预测性的说到："如果说'城市是流动的建筑化'，那么城市的立体化就是将信息流动本身立体化。"❶ 众所周知，交通的主要目的在于出行与信息的沟通。事实上，相当一部分的出行也主要是为了相互间信息的一种有效沟通。因此，如若在不出行的情况下就能够实现信息的沟通与交流，那么就可以减少相当一部分出行交通量，从而有效缓解城市交通的拥挤程度。而复合型的城市公共空间往往可以包含丰富的信息，将复合型的城市公共空间与城市交通空间有机结合，则不仅能为人们提供一个舒适的交流沟通的公共环境，而且让社会公众在出行的同时也能获得大量有用的信息，从而减少潜在的交通出行量。在此信息时代，信息高速公路的建立与普及无疑为信息交通的兴起提供了一个契机，充分利用复合型的城市公共空间与城市交通一体化为载体，建立和完善信息交通体系，这将对缓解城市交通拥挤状况起到较大的作用。

信息交通主要是通过信息的传递与确认来满足社会公众日常的一些基本需求，从而替代一些纯粹为获取信息而产生的出行活动。当前，诸如网上业务、在线订购、远程教育等信息交通的兴起已经给人们的出行带来很大简化、便利作用。所以说，信息交通与城市公共交通在社会公众的城市生活中具有同等重要的地位与作用，它们之间在某种程度上具有一定的相互替代性，通过以复合型的城市公共空间为载体可以实现它们之间更深层次的结合。对此，在未来综合密集型城市交通的规划建设中必须加以充分重视。

信息交通体系主要由四部分构成：电子通信系统、电子网络系统、电子商务系统和公共信息平台(载体)。以上四个系统虽然本身自成体系，但其功能侧重点各有所不同，需要依靠共同协调配合来满足社会公众对于信息交流与传播的需求。这几年来，一些大城市不断完善的中心城路网和信息系统建设，也提升了城市路网的运营效率。❷ 我们可以充分利用各级复合型的城市公共空间与城市交通的一体化空间为载体，为社会公众提供最大化的信息资源，解决人们日常事务的信息传递和沟通(见图4-5)。

---

❶ ［日］黑川纪章著. 黑川纪章城市设计的思想与手法［M］. 覃力，黄衍顺等译. 北京：中国建筑工业出版社，2004

❷ http：//news. QQ. com. 2008年01月08日22：24，解放日报，上海轨道交通进入网络化　规模超越巴黎香港

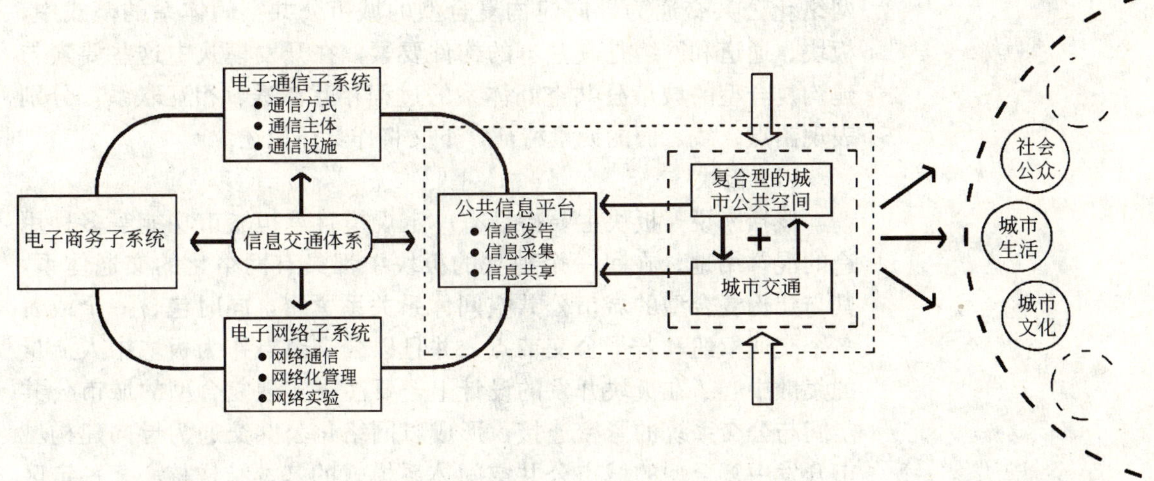

图 4-5 信息交通体系、复合型的城市公共空间与城市交通相互作用结构示意图

4.3.2 在城市开发中以网络化公共交通为导向建构复合型的城市公共空间体系❶

1. 在城市开发中以网络化公共交通为导向建构复合型的城市公共空间体系的基本要素

倡导在城市开发中以网络化公共交通为导向建构复合型的城市公共空间体系，有利于促进城市交通与复合型的城市公共空间的一体化发展，这种模式在新城建设中更易于施行。在世界上的很多大型都市当中，科学、高效的大型城市公共交通换乘系统的运行质量已成为衡量一个城市运行效率和城市面貌的重要物质标准，许多城市在发展中不断探索公共交通系统与城市空间的有机联系（见图 4-6）。在以

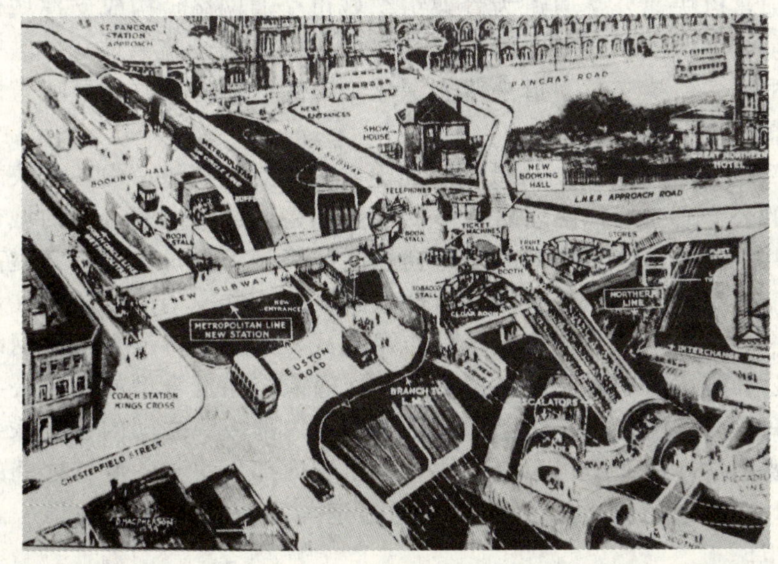

图 4-6 20 世纪 50 年代伦敦公共交通系统模型示意图

❶ 下文部分相关内容参见孟欣，牟连臣，王珊，胡春晖. 网络化公共交通导向下的新城开发 [J]. 城市问题，2007(2)：31～35

网络化公共交通为导向建构复合型的城市公共空间体系的模式中，板块、通道和网络是其基本的构件要素，在开发模式中这些要素与建构复合型的城市公共空间体系的过程相互渗透、相互联系，分别表现出点、线、面的元素特征，下文将作具体论述。

(1) 板块

概括来说，板块主要指具有一定规模且承担城市功能等多种用途的混合用地。在每一个独立的板块中都具有网络化的交通体系，其与建构复合型的城市公共空间体系关系紧密，同时包含一个或者多个交通枢纽和若干公交节点，并且以公交节点作为板块中人流量的集散中心。在板块开发的设计上，要注重实现复合型的城市公共空间与公交系统的紧密连接，形成以网络化公共交通为导向建构城市开发中复合型的城市公共空间体系模式的基本结构核心。一定区域内的板块可以发展形成功能综合体建筑群，而板块之间提倡通过复合型的城市公共空间建立立体网络化联系。

(2) 通道

通道主要是指以公共交通为主导的板块之间的联系性元素，是自然系统或人工的市政与交通设施，也是包含多种运输方式且相互协调的综合“管道”，其包含轨道交通通道和常规地面交通通道。通道可分为外部通道与内部通道两大类。

1) 外部通道主要指从宏观层面上连接城市中心与城市板块、城市板块之间的公交通道，其规划的总体发展目标是在扩大腹地范围的基础上，提高复合型的城市公共空间体系的枢纽地位。规划通常以快速公交通道为骨架组织城市交通网络，构成支撑城市中复合型的城市公共空间布局有序增长的基础设施条件，并进一步根据多系统交通通道来落实深化，形成合理的公共交通通道网络布局。

2) 内部通道主要从微观层面上看，它是连接城市内各板块之间的公交通道，其规划的总体发展目标是通过建设复合型的城市公共空间体系，使城市的交通拥挤影响降到最低，真正有效提高运输效率、城市交通空间与复合型的城市公共空间的品质。在城市中应采取不同于传统城镇的布局方式，其主要特征为采用网络化公共交通通道体系，将多种公共交通系统与复合型的城市公共空间融合呈网络状交织于通道中，城市内部板块之间的公交联系主要由常规地面交通系统解决，而新城内部板块与中心城之间的公共交通通道则主要由轨道交通通道与常规地面交通通道一起承担。

(3) 网络

网络主要指在城市内部、新城与中心城之间所形成的由各种通道和公共交通节点有机组合在一起的系统、综合的组合方式，其也是城市交通与复合型的城市公共空间一体化的生动显现，是一种具有高密度、高覆盖与高水平特性的公交导向网络，它包含通道与板块的连接方式、通道与通道的关系等内容。

为了实现城市形态与土地利用格局的最优化，达到城市中心区与周边新城资源利用最大化，就必须综合考虑城市公共交通系统与土地利用，促使交通系统与土地开发协调一致。随着我国城市化程度大幅度提高，城市发展带来的突出矛盾之一就是交通的超负荷，因而在大多数城市和特大城市中建立以公交系统(尤其是轨道交通)为导向的城市交通体系迫在眉睫。结合这些快速交通线规划的住区、商贸中心与大型城市综合体建筑，使多数人在距离交通站合理的范围内，从而可以使更多的人选用公共交通作为出行的工具，经过合理的规划，可以使尽量多的综合社区、商贸中心以及大型城市综合体等与公交系统(特别是轨道系统)紧密结合，在有条件的地域发展轨道交通，更加有利于资源的整合。

公共交通的通道具有多样化特点，通道系统与新城中复合型的城市公共空间有机结合，从某种层面上来说，其本身时常也是一个复合型的城市公共空间系统，系统中各种通道或平行或相交，并且通过交通枢纽交接形成立体多元的网络化连接方式。此外，通过网络化的交通通道和各种用地板块的有机结合，构成了适合城市发展与土地利用结构的一种复合型的城市公共空间增长模式，加强了城市发展的统一性。

2. 在城市开发中以网络化公共交通为导向建构复合型的城市公共空间模式的特点

在新城开发中，这种模式有利于促进城市交通与复合型的城市公共空间的一体化发展，并且可以积极发挥公共交通的引导作用，即采取以公共交通，尤其是以大容量的轨道交通通道支撑、架构区域交通网络为导向，激发新城中复合型的城市公共空间形成网络状发展模式。同时，保证城市土地的开发与交通设施的建设相协调，倡导公共交通优先建设与发展，形成以公共交通通道网络化和复合型的城市公共空间有机结合的新城区布局板块与土地利用模式，孕育新城的理性增长(见图 4-7～图 4-10)。

以网络化公共交通为导向的复合型城市公共空间建设开发模式，在促进城市交通与复合型的城市公共空间有机一体化的过程中，具有以下几方面的特点：

(1) 充分利用已建成的和规划将建成的布局合理的各类城市大容量快速通道为依托布置城市住区和就业岗位，以避免城市的无序扩张。

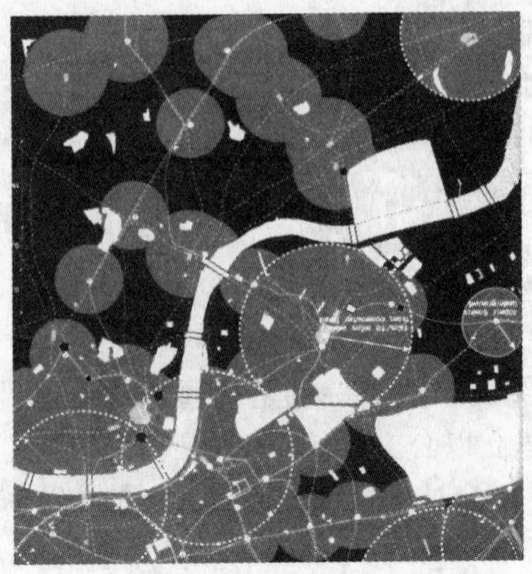

图 4-7　伦敦公共交通领域可达性分析图

注：此图为理查德·罗杰斯事务所对伦敦公共交通领域所做的分析图，其中灰色部分为10min可到达的最近地铁站的区域，黑色部分为缺乏互相联系的区域。

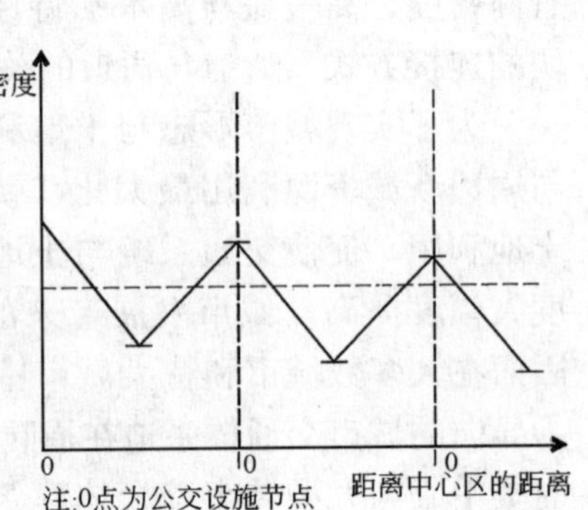

图 4-8　密度与距离公交设施节点的关系

图 4-9　建于青衣车站(交通枢纽)上的盈翠半岛住区

图 4-10　香港太谷城中静态交通与住区关系

(2) 沿通道规划板块开发将大大提高公共交通的客流吸引率，反过来这也利于促进通道的进一步规模化发展与成熟，并且使得土地交通的可达性得以有效提高。

(3) 构筑以轨道交通、高速公路以及交通枢纽为主体的公共交通通道支撑体系，并且与复合型的城市公共空间有机融合，以此充分发挥公共交通设施对新城复合型的城市公共空间建设的积极引导作用，促进新城城市空间结构的调整与功能布局优化。

3. 以网络化公共交通为导向的复合型城市公共空间的开发建设

众所周知，在新城开发中以网络化公共交通为导向的复合型城市公共空间的开发和建设需循序渐进，依据发展模式的特点分时序进行。也就是说，其开发是个长期规划的过程，在综合考虑政府投资建设的承受力和将来发展的经济承载力的同时，根据综合密集型城市不同发展时期对复合型的城市公共空间开发利用的不同需求进行综合规划，将开发的重点控制在复合型的城市公共空间与城市交通内部、外部通道网络不同的辐射层次，从而有效解决综合密集型城市发展的各个不同阶段与不同建设时期各种新建设施与原有设施的协调统一。

同时，值得一提的是，在知识经济时代，网络系统与综合交通网已成为地域开发的先导，其主要体现在两个方面：一方面，信息网络的布局将成为城市及区域发展的重要依托，信息基础设施建设成为城市与区域发展的主要驱动力之一；另一方面，综合交通网络，特别是前文所提到的快速通道网的建设仍是促进城市与区域整体发展的必要基础。网络的同时性在一定程度上突破了空间可达性对于城市布局的制约，使空间区位的差异性淡化，而城市生产的分散，工作与生活界线的模糊化也促进了土地使用功能的兼容与城市功能的空间整合。❶

(1)“点、线、面”相结合的滚动式开发模式

在“点、线、面”相结合的滚动式开发模式中，“点”主要包括与复合型的城市公共空间紧密结合的外部、内部通道中的公共交通节点以及外部通道与内部通道的交点；“线”主要指外部通道与内部通道中的公共交通主线；“面”主要指由“点”和“线”相互交织且与复合型的城市公共空间有机一体化形成的立体交通网络。此外，“点、线、面”相结合的滚动式开发模式在明确通道和板块开发的形态对应关系的同时，还关联到公共交通网络化的构成能否实施的可行性，为以后城市发展、新老城有机结合以及通道中的各种综合交通网络系统的建立与复合型的城市公共空间的发展树立一个概念性的基本框架。

具体而言，外部通道中与复合型的城市公共空间有机结合的公共交通节点是外部通道的重要组成部分，其与中心城区形成高强度联系，不仅为中心城与新城的直接连接起交通疏导的作用，而且可以为城市复合型的城市公共空间的进一步扩展服务。在外部通道中，复合开发节点的影响因素主要包括地面板块的空间现状、地面用地的功能需求和各种交通系统相交的交点情况。

而内部通道中公共交通节点也是与复合型的城市公共空间一体化的城市内部各个板块的中心点，是各条公交路线的换乘点，是人们日常生活的主要集散点，并且由这些中心点辐射到其他各个板块。目前，南京河西城市板块的南北通道主要由地铁一号线与一些公交汽车线路组成，沿途的地铁与公交汽车站点成为居民城市

❶ 黄亚平编著. 城市空间理论与空间分析［M］. 南京：东南大学出版社，2002

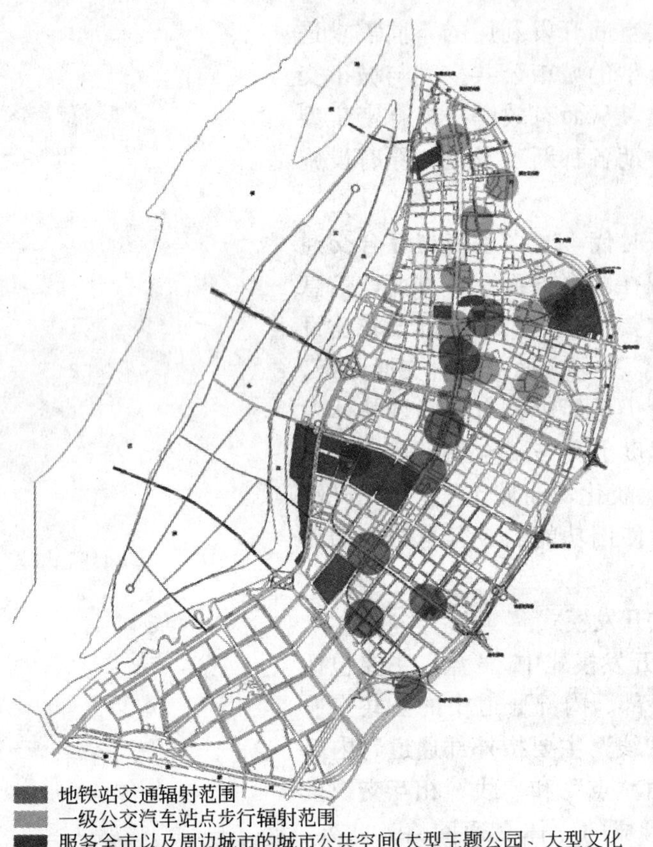

图 4-11 南京河西城市板块南北通道上的主要交通节点与大型城市公共空间(主题公园、体育设施、文化中心等)分布

生活的主要交通集散点，同时也是与现有主要城市公共空间通达的接入点(见图 4-11)。

外部通道和内部通道的交点是复合型的城市公共空间系统中的大型公交枢纽中心，担负着新城与中心城、新城之间、板块之间相衔接的重要功能转换作用。内外部通道的节点设置与配套设施情况和城市内外流通的通畅性紧密相关，譬如法国的南特市就有一套利用“停车换乘”系统的成熟经验。早在 20 世纪 80 年代初起，南特市就实行了一项革新性的城市政策，并且把城市规划的概念与交通以及城市出行的概念联系起来，统筹考虑。当时，南特市正处第一条轻轨线建设期间，关于车站周围停车场的问题尚未作为一种特殊考虑提上议程。然而，政府当局不久便发现社会公众普遍采用一种新的方法，即把车停在城外就近轻轨站的地方，然后搭乘轻轨进入中心城。而后，当局便出台了一项新措施——在轻轨站和公共汽车及轻轨转换中心的周边设置中转停车场，以供进行城市内外交通转换的公众使用。

在新城与中心城板块连接的通道设计中起到总体控制作用的是外部通道中的公共交通主线，其直接影响到通道中大型公交枢纽节点的位置，决定两板块的联系与新城开发的位置。对公交主线进一步细化可按“快线”、“普线”和“支线”三级系统对公交通道网络结构进行完善，并根据客运枢纽与轨道交通线网的发展，动态调整和优化城区的公交线网布局。而内部通道中的公交主线则是城市内部公交的重要组成要素，其作为城市主要空间架构的同时担负着城区中人口流动的作用与城市居民日常通勤的职责。

(2)“点、线、面”相结合的滚动式开发模式的开发时序划分

“点、线、面”相结合的滚动式开发模式的开发时序分为通道先导模式、板块先导模式与综合模式三种。

1) 通道先导模式

通道先导模式是滚动式开发模式的主要开发时序之一，其目的

是实现由通道的发展来逐步带动板块发展，进而推动复合型的城市公共空间系统整体发展。在规划程序中，通道是首要关键要素，随着通道的定位，规划确定通道上的若干节点，此时就要根据各方面的因素着重考虑节点如何建立复合型的城市公共空间，来将通道交通顺畅地接入社会公众的各种城市生活，再由节点辐射延续到板块区域(见图 4-12)。

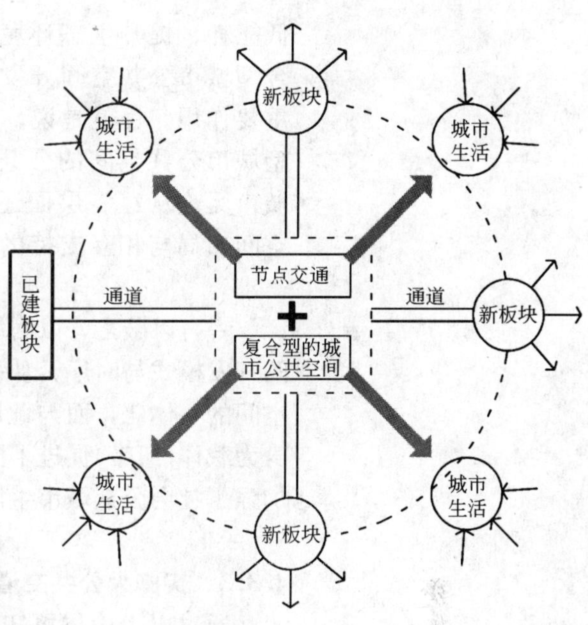

图 4-12 通道先导模式与复合型的城市公共空间共同作用示意图

2) 板块先导模式

板块先导模式主要是指由板块带动通道的发展，进而推动城市中复合型的城市公共空间系统的整体发展。具体而言，在城市发展的现状下，已经存在若干可划分的板块，则以这些现有的或规划中的板块为依据，确定中心节点并且与复合型的城市公共空间建设有机结合，以此密切联系公众的城市生活需求，进而规划通道位置。这种板块先导模式更适合于在城市现状条件复杂的城市发展中应用，可以快捷地为原有板块区域引入通道，从而促进板块发展，通过复合型的城市公共空间系统发展来加强板块之间的联系。

3) 综合模式

综合模式主要是指在“点、线、面”相结合的滚动式发展模式的开发时序中，依据城市开发的具体情况对以上两种模式的综合运用。事实上，在任何一个城市的规划与开发进程中，以上两种复合型的城市公共空间建设模式必然是同时存在和相互影响的，只是可能在不同的开发时期以准为主的问题。因此，充分发挥以上这两种模式的共同作用才是“点、线、面”相结合的滚动式开发模式的最优化。

以“点、线、面”相结合的滚动式开发模式的开发时序进行复合型的城市公共空间开发，具有很多有利方面：可以减少开发建设的资金需求量，降低今后城市的维修成本；避免城市建筑空间的单调性，使复合型的城市公共空间能够满足社会公众个性化、多元化、多样化的生活需求，城市空间发展也更具弹性；同时建立良好的城市反馈机制，可以使前期的建设为后期开发提供有益的经验，减少规划与建设的失误。

因此，复合型的城市公共空间开发模式不仅深刻影响城市布局结构，而且对城市能否长期保持良性发展的势头起着举足轻重的作用。为了避免城市的无序蔓延，为了能集约利用土地资源、降低能耗、提升生态环境品质，建立以网络化公共交通为导向的复合型城市公共空间开发模式与开发时序将为城市的健康发展起到重要作用。也就是说，以通道、板块、网络为主要元素发展复合型城市公共空间的公共交通先导模式能够合理构建城市布局，使城市无论从经济层面还是社会层面来看，都将极大地以网络化的空间布局与相互支持的复合功能来满足社会公众多样的城市生活需求。

一言以蔽之，以网络化公共交通为导向的复合型的城市公共空间开发模式与时序，从多方面加强了城市交通与复合型的城市公共空间的一体化，而与此同时，复合型的城市公共空间也反过来以自身为载体(纽带)促进了网络化公共交通体系与城市空间的高效链接，加强了社会公众城市生活的紧密联系。

4.3.3　实施大公共交通系统的进程分析

通过以上论述可知，大公共交通系统从根本上体现了社会公众生活、交通的目的和意义，也从根本上揭示了目前城市交通问题的产生根源，那就是城市公共交通文化的缺失与公共交通规划的非系统性。应在城市开发中以网络化公共交通为导向建构复合型的城市公共空间体系，若将城市交通与复合型的城市公共空间进行一体化规划设计必然会大大提高城市交通与社会公众城市生活联系的高效性和便捷性。同时，随着信息交通的兴起与复合型的城市公共空间载体作用的加强和发挥，也必定能在很大程度上缓解城市交通拥挤程度并且为城市交通未来的发展带来新的生机。因此，大公共交通系统的构建对促进城市交通与复合型的城市公共空间一体化发展具有重大意义，其也必然是城市交通与城市空间共同发展的主要趋向。

但是，大公共交通系统的构建与实施，不可能一蹴而就，其必然需要经过一个循序渐进的过程。

(1) 公共交通文化的建设是一种从根本上树立的意识，力图通过协调与教育在利益冲突复杂、明显的公交领域形成一种先进的共识来督促公共交通和谐氛围的生成。因此，其建设的过程必定是缓慢而艰难的。当前处于如此一个思想繁杂且物欲并重的时代，外在环境中尚存在诸多不良因素对公共交通文化的建设进行负面影响，鉴于此，除了树立持续发展理念外，还要加强普及交通文化的社会教育，不分年龄长幼，从思想抓起。

(2) 针对当前存在诸多不足的城市公共交通规划现状而言，今后的规划要站在“区域视野”的高度，从系统分析的层面出发，与复合型的城市公共空间系统统筹规划，因地制宜，避免规划带着过于浓重的纯技术气息而缺乏生机与效率，满足社会公众城市生活的个性化与多样化需求，真正体现人文关怀。正如诸多专家所强调和认为的一样，目前亟待解决的公共交通与城市公共空间共同发展的问题主要在于如何盘整现状，通过对城市现有公共空间与公共交通系统进行整合、调整和改造，以更快、更好地适应广大社会公众的城市生活与出行需求，并且更好地改善与提高公共交通服务水平。譬如根据城市各自现实情况特点，通过利用构建城市交通网络、在城市开发中以网络化公共交通为导向组织复合型的城市公共空间建设、结合 TOD 规划设计原则与 BRT 交通方式等途径来促进复合型的城市公共空间与城市交通的一体化建设，满足人们生活与出行的需求。

(3) 对于信息交通的建设与发展，关键不仅仅在于设施问题，更在于社会公众、各单位与政府部门认识上的问题，只有当大家充分认识到其意义之重要、作用之巨大，把诸多可以通过信息高速公路解决的问题放到网络上，同时充分发挥复合型的城市公共空间与城市交通空间一体化作为信息平台（载体）的作用，方能有效发挥信息交通潜能。

总而言之，大公共交通系统的施行的确是一个任重道远的过程，它所深刻体现的是一种和谐发展与文化渗透的内涵，而并非是硬件或技术的简单模仿或引借。当然，舒适、高效的城市生活与交通出行服务更不是先进技术所能完全涵盖或达成的。它是整个复合型的城市公共空间系统与公共交通体系有机结合乃至地区和国家综合实力与社会文化的共同体现，尤其需要来自政府部门的关注与扶持。在全社会范围倡导这样一种共同的理念，并且把该理念通过各种途径灌输传达到社会，在各种利益冲突中进行有效调控，唯有如此，未来城市空间与城市交通才能共同走上和谐发展之路。

4.4　复合型的城市公共空间与城市交通一体化的设计方法[❶]

上文中已对复合型的城市公共空间与城市交通一体化的规划策略进行了归纳总结，下文主要从功能组织与布局、交通流线组织、空间组合三大方面来对其设计方法展开研究，其中每一方面的研究都会选取一些案例作为线索加以分析，以求让理论更加具体且具有针对性，避免空洞化。

❶ 本节部分内容曾以《对复合型的城市公共空间与城市交通一体化设计方法的探讨》为题发表于《建筑学报》学术论文专刊 2009 年第 2 期，135～140。

4.4.1　功能组织与布局

复合型的城市公共空间与城市交通一体化的功能组织与布局主要旨在以复合型的城市公共空间与城市交通的一体化设计为纽带将城市某区段内各建筑功能单元之间的关联有效组织起来，更好地满足当代城市生活的一体化和运作方式的集约化。

复合型的城市公共空间与城市交通一体化设计的功能组织与布局从总体上来分主要有依附于城市街道、依附于城市综合体以及依附于城市交通枢纽中心等几种情况。

1. 依附于城市街道

城市街道是进行各类城市公共生活的大动脉，大量的人流、车流行于其间，连接并通往各种功能场所，是展现市民生活的线性舞台，因而它必然成为城市公共空间与城市交通一体化设计的功能组织与布局的重要载体之一。虽然城市街道是进行一体化设计功能组织与布局的“线性”纽带与依托，但是城市街道要能真正承担起该职能与作用，发挥复合型的城市公共空间的效能，积极改善现代城市交通的一些弊端，则通常需具备一些条件特征，如地面街道与地下空间、地下交通相结合、人车立体分流等，德国慕尼黑商业步行街和美国费城市场东街等都是典型案例。

案例：德国慕尼黑商业步行街

德国慕尼黑这座历史名城曾几乎毁于战火，后随着经济的恢复与发展，历史名城的风貌逐渐恢复，直至 1972 年举办世界奥运会，城市各项建设得以推进。为了缓解城市交通压力、保护历史名城的公共空间生活面貌，慕尼黑进行了城市地铁、城郊快速铁路的全面建设，并与城市公共汽车、有轨电车相结合，从而形成覆盖全城的高效、快速、安全的公交网络服务体系，同时也为将老城中心区凡恩大街、考芬格大街等改造成步行商业街创造了条件(见图 4-13～图 4-15)。❶

在以步行街与广场组成为主的中心区城市公共空间周围，沿老城边缘修建快速环路，并于环路交叉口进行人车分流，设立地下人行过街通道。同时，东西、南北方向两条铁路也在中心区转入地下，交汇于该区的玛利亚广场。为了方便公共空间中大量人流的乘车疏散问题，地下交通的车站均布置在步行街附近，而从步行街区以外进入商业街区可乘地下公共车辆直接到达。在该步行街区有着上千家商店、餐馆，也有极具传统韵味的露天市场以及教堂、博物馆、音乐厅、剧院等，它是慕尼黑反映市民生活的重要公共空间场所(见图 4-16 和图 4-17)。

---

❶ 韩冬青、冯金龙编著. 城市・建筑一体化设计 [M]. 南京：东南大学出版社，1999

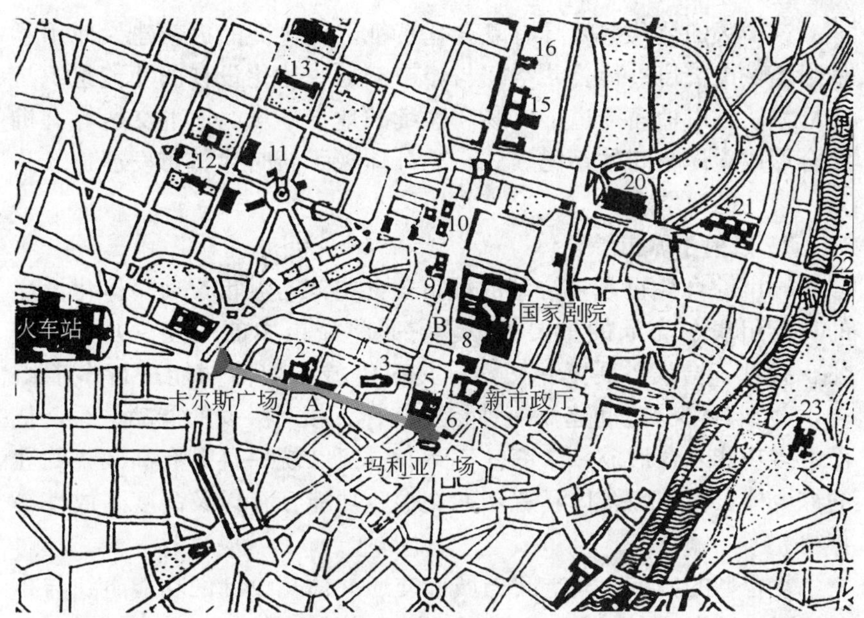

图 4-13 慕尼黑市中心区平面图

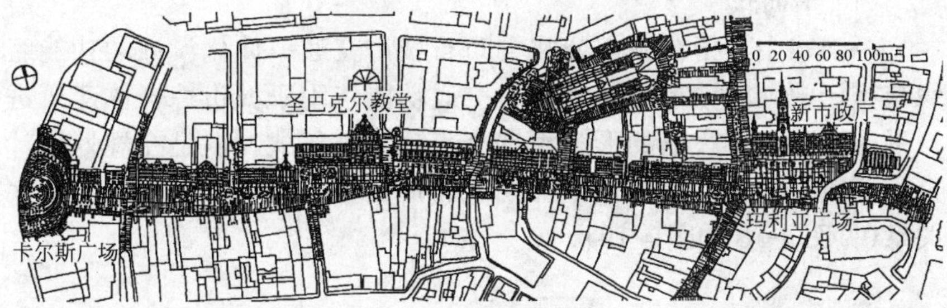

图 4-14 商业步行街平面

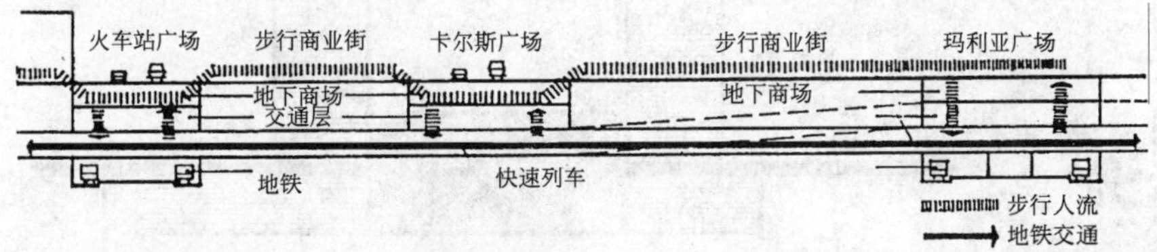

图 4-15 商业步行街地下交通换乘体系示意图

图 4-16 步行街主入口卡尔斯广场

图 4-17 街头咖啡座

该街区的公共空间具有复合化特征，商业街的更新建设使用了依附于城市街道进行公共空间与城市交通一体化设计的功能组织与布局方法，以地面街道、广场和连续的地下商场、地下交通等有机结合形成立体空间体系的模式，充分体现了新时代城市发展追求高效、集约的时空观。

2. 依附于城市综合体

城市综合体也是复合型的城市公共空间与城市交通一体化设计的功能组织与布局的重要载体。它是将城市中的商业、办公、居住、餐饮、会议、展览、文娱、交通等城市生活功能进行多项组合，并在各部分之间建立一种相互依存、相互激发的能动关系，从而由多功能复合形成一个高效率运行、复杂统一且具有高效集约性的综合体。城市综合体具有功能交混、功能互补以及高度开放性等特征。

复合型的城市公共空间与城市交通一体化设计的功能组织与布局依附于城市综合体主要有平面式与立体式两种。

(1) 平面式

平面式主要指在城市公共空间与城市交通一体化设计的功能组织与布局中，将城市公共空间与交通功能依附于城市综合体建筑进行平面式布置，广场的形态也许会表现为立体式，但是在规划设计上主要表现为在二维层面上对功能布局的操作，具有较明确的图底关系(见图 4-18 和图 4-19)。

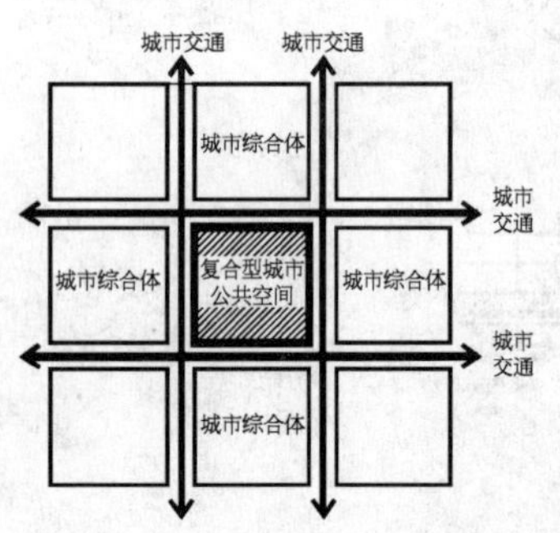

图 4-18　平面式依附于城市综合体的概念图

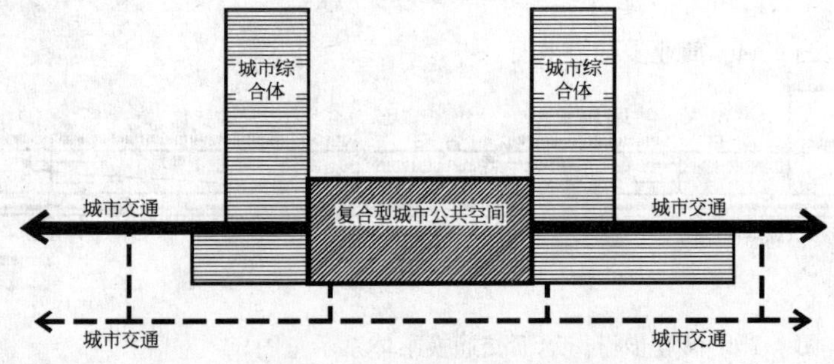

图 4-19　平面式依附于城市综合体的剖式概念图

案例：美国洛克菲勒中心广场

设计者：R. 胡德、H. W. 科比特、W. K. 哈里森等；设计时间：1928～1935 年。

虽然美国洛克菲勒中心广场始建于 1936 年，但它却是美国城市中较有影响、深受市民与游客喜爱的公共空间之一，也是现代城市公共空间设计走向功能复合化的典范之一。在总体平面布局上，作为城市公共空间载体的下沉式广场依附于该城市综合体建筑群，其位于高达 70 层的主体建筑 RCA 大厦前面，被周围高层建筑所围合，同时下沉广场结合城市步行交通人流与建筑群的地下商场、剧场以及第五大道相连成片。该广场利用地面高差产生了有明确界面的下沉空间，夏季结合绿化布置露天的咖啡座，冬季则又成为溜冰场，是钢筋混凝土的高层建筑群中难得的人性化场所(见图 4-20～图 4-22)。

在此案例中，城市公共空间与城市人流交通通过城市综合体建筑底部开放性空间的结合，在实现了复合型城市公共空间与城市交通一体化设计的功能组织与布局的同时，更是有效连接了该地段城市商业、文娱、交通等功能空间、激活了该地段的活力。

(2) 立体式

立体式主要指在复合型的城市公共空间与城市交通一体化设计的功能组织与布局中，将城市公共空间与城市交通功能依附于城市综合体进行立体式穿插组织，形成多功能复合、通达便捷、高效集约的立体化城市空间(见图 4-23 和图 4-24)。从设计角度主要表现为从三维层面对功能组织与布局进行操作，图底关系不是很明确，需借助多重剖面与平面相结合进行布局组织。

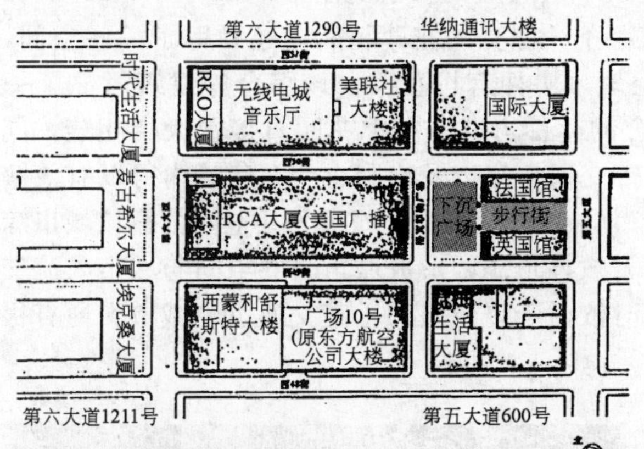

图 4-20 洛克菲勒中心平面

图 4-21 广场鸟瞰图

图 4-22 洛克菲勒广场夏季成为露天咖啡厅

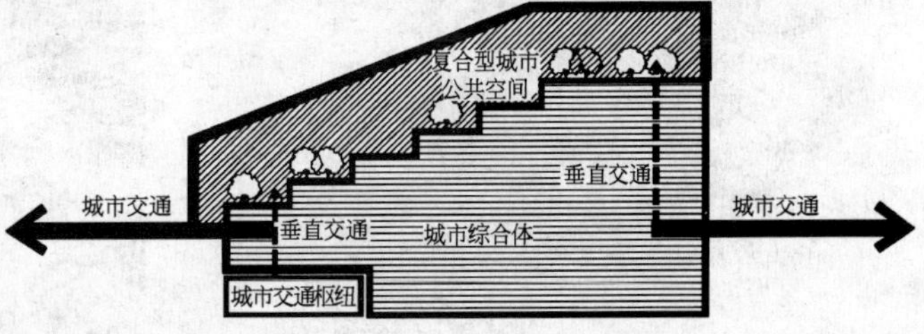

图 4-23 立体式依附于城市综合体的概念图

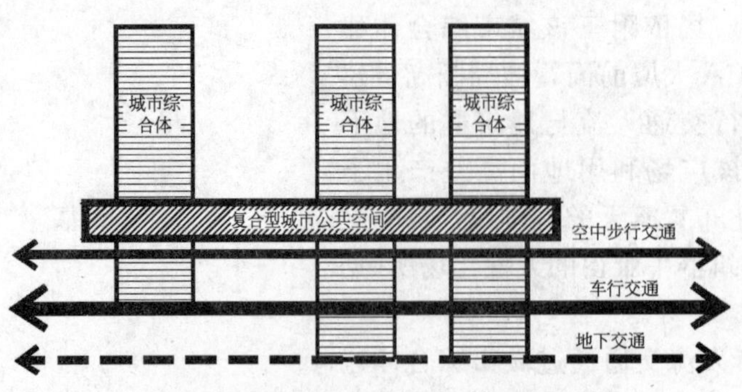

图 4-24　立体穿插式依附于城市综合体的概念

案例：日本大阪难波公园

设计者：美国 Jon Jerde 设计公司；设计时间：1998～2003 年。

日本大阪“难波公园”(Namba Parks)是一个综合体建筑，同时也是一个生态城市公园，其在复合型的城市公共空间与城市交通一体化设计的功能组织与布局上，便是依附于城市综合体进行立体式布局的典型案例。

难波城的原址是一座棒球馆，位于邻近难波火车站的一片新商业区，离机场一站之遥，其将城际列车、地铁等交通枢纽功能与商场、公园、办公、酒店完美结合。开发商 NK 电气铁道公司邀请美国捷得公司为其设计一座对大阪产生形象提升意义的建筑作品，捷得因此把难波定义为公园，旨在为拥挤喧嚣的城市带来一片绿洲。在该案例中，公园形态表现为立体台地式，覆盖于建筑屋面表皮之上，表皮之下的建筑空间功能为商店与餐饮，其中咖啡厅较多，许多露天咖啡座均布置在绿树丛林之中，层层退台，竖向设计完全淡化了商业建筑中层与层的概念(见图 4-25～图 4-28)。在空中花园，除了种植了不少漂亮的花草植物，还开辟了一些空间，让城市人租用一块土地，耕种有机蔬菜，该综合体建筑彰显了一种与自然生态相结合的生活方式。空中花园直接跟大街相连，同时，城际列车、地铁等交通枢纽以及换乘也均在建筑内得以有效解决(见图 4-29 和图 4-30)。在该案例中，城市公共空间依靠该城市综合体建筑特有的立体开放性形态，形成城市公共空间与城市人流交通的一体化结合，同时依附于该建筑的垂直交通也与城市交通有很好的接驳。

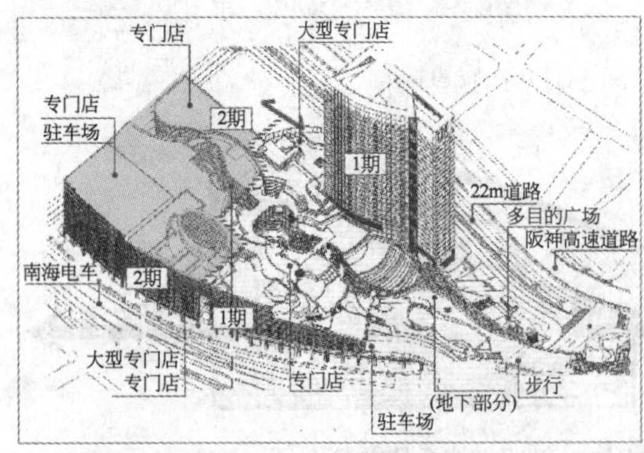

图 4-25　难波公园总体布局示意图

图 4-26　难波公园鸟瞰图

图 4-27　难波公园主入口

图 4-28　围绕内街层层退台的露天咖啡座

图 4-29　难波空中花园

图 4-30　车站与难波商场之间的公共通道

案例：香港岛中环、金钟地段

在香港中环、金钟等地段也有许多依附于城市综合体建筑进行公共空间与城市交通有机结合的案例，其形式基本表现为立体穿插式。香港是地少人多的行政区，城市形态多表现为高层建筑居多的高密度特征，而高密度的发展将会在很大程度上引起城市功能的复杂性与城市交通的混乱性，香港岛是香港行政区的政治、经济、文化中心，因此其在规划设计上，首先重视交通系统与建筑的连接处理。

香港岛中心实行较为全面的人车分离体系，因而中环、金钟等地段的城市公共空间多产生于二层的人行步道系统。这些人行步道穿插于综合体之中，并将诸多综合体进行了有益连接，从而形成了一条室内道路，在该步道的两侧布置有商业、休闲、餐饮等多种功能；距离较远的综合体之间依靠无雨天桥连接，无雨天桥在周末会成为城市中一些特定人群的聚会、交流之地，充满了城市公共空间的活力与人情味(见图 4-31 和图 4-32)。该步道依附于城市综合体建筑进行穿插、连接的同时，还与城市公共空间和地铁交通站点有机结合，从而形成供人们集休憩、活动和交通于一体的连续、高效、舒适的立体化城市空间。

图 4-31　通往国际环球中心的二层步廊

图 4-32　穿越在环球中心中的步道

3. 依附于城市交通枢纽

除了上述的城市街道与城市综合体，城市交通枢纽以及相关的换乘中心往往也是公共空间与交通一体化设计功能组织与布局的重要载体。城市交通枢纽以及相关的换乘中心是城市人流的集散中心，城市公共空间通过立体化组织依附于它，不仅可以取得更好的公共空间利用效果，而且也能有效提高交通交通枢纽及换乘中心的运行效率，相得益彰。

案例：日本横滨国际客运码头

设计者：FOA(Foreign Office Architects)；设计时间：1995 年～2002 年

横滨一直是日本对外国际贸易的重要港口城市，横滨国际客运码头的所在地也称 MINATO MIRAL21 地区，以前是横滨码头、船厂、仓储所在地。20 世纪 80 年代对该地区重新进行了规划，设计的宗旨在于将传统的港口贸易文化与新世纪信息时代的商业、商务、旅游相互并存，成为迈向 21 世纪的国际都市核心。

横滨客运码头是日本横滨港口国际候船大楼，被称为“不回转的码头”，建筑师利用原码头地基进行了新建，之后依旧作为码头使用，建筑立面全部采用实木，在海与岸的交接处顺势建起一座波浪式的码头，原木的材质与波浪的造型，既不显得突兀，又很容易让人联想起老式的日本船坞(见图 4-33 和图 4-34)。建筑师在设计理念上不希望将其设计为传统观念中的凸式码头，而是作为城市地面的延伸，并推出“环形路径”的概念，即在建筑中为来自城市和海上的不同目的的人群设计各自的路径。每条路径都不是尽端而是与城市相连的一个环节，并赋予它们贯穿建筑各层的不同表面(surface)，人在其中有多种活动的可能性。传统建筑中相互分离的各层平面，在这个建筑中被不同路径所构成的连续表面所取代，即使是顶面也是作为城市空间的延伸，可以由街道直接通达。可以说 FOA 的横滨客运码头就是由不同的路径组成的，它只有表面，没有立面，各面分界线也难以确定。从剖面上大致来分，在该建筑中，顶部表皮为城市公共空间，建筑的内部是等待、餐饮、商业设施，底层为停车场(见图 4-35～图 4-37)。笔者在调研中发现，众多游客或当地人均将其作为城市公共空间的一部分，而不仅仅是一个候船大楼，在节假日时常会有许多演出在此举行。

图 4-33　如同地面起伏延伸的横滨码头

图 4-34　横滨码头鸟瞰图

图 4-35　等候休闲廊道

图 4-36　地下层的停车场

图 4-37　在屋面广场上举办的公共活动

4.4.2 交通流线组织

复合型的城市公共空间与城市交通一体化设计，需要在功能组织与布局的基础上对交通流线进行合理组织来完成。在前文将复合型的城市公共空间系统划分为“城市级”、“地区级”以及“地段级”三个层次，那么要深入对其与城市交通一体化设计的交通流线组织进行研究，也就需要先对此进行分层次说明。

其中，“城市级”与“地区级”层次的复合型城市公共空间与城市交通的一体化设计主要侧重于城市整体层面上的规划策略，其作用范围相对于“地段级”层次的一体化设计来说要更广、更趋向于如 4.3 节中所论述的城市层面的规划策略，它们主要涉及与一些城市交通枢纽的有机结合，包括城市对内、对外的交通联系。

具体来说，在当代城市发展的大趋势下，“城市级”层次的复合型城市公共空间与城市交通一体化设计在交通流线组织上主要集中反映在如下三个方面：1)与城市快速轨道交通系统进行衔接；2)与城市地铁网络规划紧密结合；3)与城市步行系统有机融合。

“地区级”层次的复合型城市公共空间与城市交通一体化设计在交通流线组织上主要集中体现在一些功能相对独立的重要区域(诸如城市中心区、大型商业中心以及大型公共建筑群体等)的公共空间与交通的有机结合。

“城市级”与“地区级”层次的复合型城市公共空间与城市交通一体化设计主要是通过总体规划阶段的城市设计来进行策略性控制，而“地段级”层次的一体化则是在上述两层次策略性控制与指导下进行的具体设计活动，其也是“城市级”与“地区级”一体化最终能真正落实的必然途径与作用点。因此，下文主要选取“地段级”层次的复合型城市公共空间与城市交通一体化设计中的交通流线组织问题进行具体研究。

“地段级”层次的复合型城市公共空间与城市交通一体化设计的交通流线组织主要可分为分层式和交叠式两种模式。下文主要结合中国香港岛东区的太谷城和阿联酋迪拜商业湾西区商业园区设计案例进行分析。

1. 分层式

分层式是指在复合型的城市公共空间与城市交通一体化设计中对人流、车流等不同交通流线采取立体分层的组织方法(见图 4-38)。

案例：香港岛东区的太谷城

设计者：Wong. Tung& Partners Ltd；设计时间：1972～1984 年。

太古城是位于香港岛东部的大型住宅社区，前身为太古船坞(于

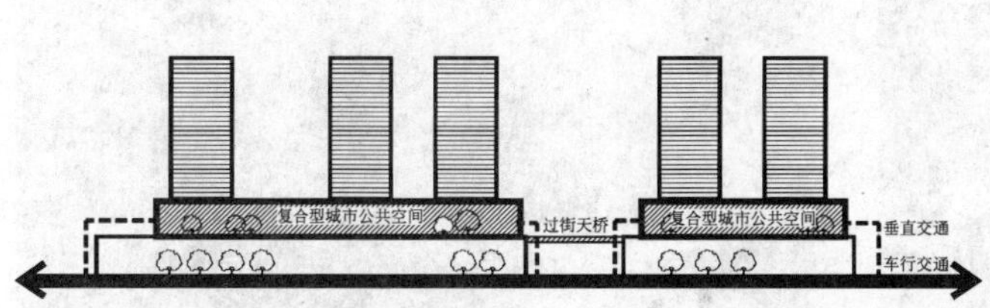

图 4-38 分层式交通组织概念图

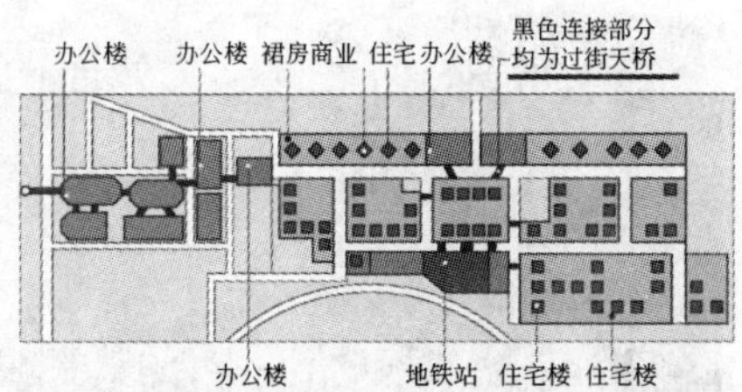

图 4-39 太谷城总平面布局——其中“过街天桥”将街区之间进行连接(图中黑色连接部分为过街天桥)

1907 年建成)，20 世纪 70 年代，太古船坞迁出后，原址的大片土地被太古地产分阶段重新发展，至 1980 年代末全部完成。太古城占地 53 亩，内建有 61 座塔楼、若干店铺以及一座在太古地铁站上的大型商业中心。其功能主要以居住为主，同时包含办公、酒店、商业等，太古城人口超过 4 万，俨如一个小城市。

太古城是香港较早采用分层式交通流线组织的大型社区，其在规划设计中，被城市支路分成若干个居住地块(街区单元)，各街区单元围绕太古城中心购物商场(City Plaza)和太古地铁站展开布置，街区与街区之间均以空中过街天桥相连，如此使得居住地块之间相连成片(见图 4-39)。太古城的城市机动车交通位于地面层，而公共空间主要位于建筑群的二层裙房之上。街区单元的二层裙房之上是花园式休闲空间，布置了绿化平台、儿童游戏场、幼儿园、商铺等，在街道上可通过室外公共楼梯直接到达二层，如此使二层花园平台具有较强的公共性与开放性，其既充当街区单元社区活动中心的角色，同时又是城市公共空间的组成部分。“城”中面状的公共空间通过过街天桥相连成片，形成连续的人流步行系统。居住者去商场或去地铁站也不需要先到城市道路上，而可以通过二层公共空间的人流步行路线直接到达，不受城市机动车辆的干扰，使得公共空间真正发挥了作用，同时增加了人们步行交通的便捷性与趣味性(见图 4-40～图 4-43)。

图 4-40 香港太古城二层花园平台

图 4-41 二层回廊上的商铺

图 4-42　连接中心商场与街区单元之间的空中连廊

图 4-43　一、二层间的高差边界

这种在复合型的城市公共空间与城市交通一体化设计中的分层式交通流线组织加强了城市机动车流与享用公共空间人流的各自效能。

2. 交叠式

交叠式是指在复合型的城市公共空间与城市交通一体化设计的交通流线组织中，城市公共空间与各种交通空间相互交叉、重叠并进行三维组织的模式。在交叠式交通组织的建筑群中，人们既能在不同层次的标高上穿越建筑到达其他处，也能利用建筑内部的楼梯、扶梯和电梯进行上下不同层次标高的转换。一般上部主体基本还保留着各自的独立性，而其底部则相互交织，并会"溶解"到城市空间网络中。因此，交叠式的交通组织不是均质的"地面层"的重叠，而是水平、垂直、斜向的密集交织，是三维空间的层次组织。

案例：阿联酋迪拜商业湾西区商业园区设计

设计者：B+H 建筑事务所；设计时间：设计进行中。

迪拜，可以当之无愧地说是当今世界的第一建筑实验地，全球有 12 万 5 千台建筑起重机，"蹲"在迪拜的就有 3 万(15%～25%)。阿联酋迪拜商业湾西区商业园区由阿联酋迪拜地产控股集团开发，面积 10 万 m^2，由 4 座容纳 3000 名员工的办公楼、2 处辅助商业、餐饮裙房和一个区域性停车设施组成。❶ 本案例由加拿大 B+H 建筑事务所设计，设计中追求超越迪拜的地理环境和文化底蕴的建筑风格，除了运用生态技术策略外，较为引人注目的是它的裙房设计，外形酷似印度鲱鱼的裙房呈现出沙丘一般的起伏，并且覆盖了整个园区，在基底提供了多种交通路径，这些路径通向屋顶景观广场或者通向下沉式庭院。建筑的一层被一条机动车道分为东西两个区域，分别为办公商业区和停车楼区；二层的东西两区域被一张沙丘般起伏的

❶ 文中相关内容参见 B+H 建筑事务所. 阿联酋迪拜商业湾西区商业园区 [J]. 世界建筑导报，2008(2)：23～25

“毯”所覆盖，从而连成完整的一体，作为该区域的屋顶绿化休闲广场，并与办公区二层的商业紧紧相连，增强了其公共性(见图 4-44 和图 4-45)。因为“毯子”的高低起伏，时而与地面层相接，时而高起与二层相连，使得一、二层的界限不甚清晰，交通流线也不同于一般垂直或水平组织；为了增强一、二层之间空间的互融，在设计中运用“减法”减去了许多卵形的屋面覆盖，形成了许多下沉庭院，如此又进一步加强了交通的多样选择性与复杂性(见图 4-46～图 4-48)。因而，整个区域裙房的交通流线由水平、斜向、垂直、曲线式的组织所共同交叠构成，而正是由于交通组织的多样性与复杂性增加了广场上人们交流的几率，带来了公共空间的活力与生机。

图 4-44 迪拜商业湾西区商业园区设计鸟瞰图

图 4-45 屋面广场与地面层通过下沉广场相融

图 4-46 标准层平面图

图 4-47 北立面图

图 4-48 停车楼透视图

4.4.3　空间组合方法

复合型的城市公共空间与城市交通一体化空间形态格局主要取决于其复杂的功能组织需求、功能群组之间的内在关联以及联系各功能的交通组织，这些反映在空间关系上就构成了复合型的城市公共空间与城市交通一体化的空间组合。要求该空间组织不仅能形成良好的物质环境，还应形成特定区域的社会环境，这种环境需要得到社会公众的认同，并充分反映人们对特定地域的感情与归属。

1. 空间组合原则

复合型的城市公共空间与城市交通的功能互动机制是二者一体化空间组织的源动力，同时，空间组合方式也应当合理回应城市整体环境所提出的对资源与能源的节约以及其他制约因素的要求。由此，笔者认为，复合型的城市公共空间与城市交通一体化的空间组合原则主要应该包括以下几个方面。

(1) 实现复合型的城市公共空间、城市交通空间以及建筑功能空间等各空间单元的合理归属。

(2) 实现城市空间组织的合理高效性，促进城市整体上的有效运作，同时还应满足人们对城市空间的认知规律与舒适度要求。

(3) 实现对城市空间资源的综合开发与利用，加强对城市地上、地面和地下空间的综合开发与和谐发展，树立起综合集约、动态高效的城市空间利用理念。

2. 空间组合方法

基于上述诸原则，复合型的城市公共空间与城市交通在一体化设计中的空间组合方法主要有以下几种形式。

(1) 多种功能空间复合整体化

多种功能空间进行相互复合是复合型的城市公共空间与城市交通在建设中最基本与最常见的空间组合方法之一，其主要表现为某空间单元同时兼有建筑单体空间、城市公共空间以及城市交通空间的双(多)重归属，空间使用效益有效提高的特征(见图 4-49)。这种相互复合的空间具有很强的开放性与灵活性，可以让建筑内部使用者与城市公众共同使用，在功能上加强了综合密集型城市中城市功能向传统建筑功能内部的渗透与同化，也促进了建筑单体功能向城市整体功能的衍生与发展，其间，尤其是城市交通功能的介入，更是加大了各功能空间复合的活力与效应。

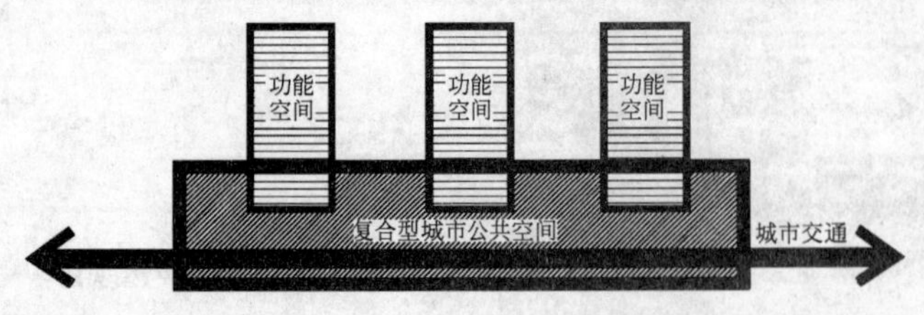

图 4-49　多种功能空间复合整体化概念图

位于深圳市中心，紧邻深圳—香港边界线的文锦渡客运站，作为一集汽车客运、办公、司乘公寓以及商业设施等多种功能于一体的综合体建筑，其内部空间组合是一种典型的复合化方法(见图 4-50 和图 4-51)。

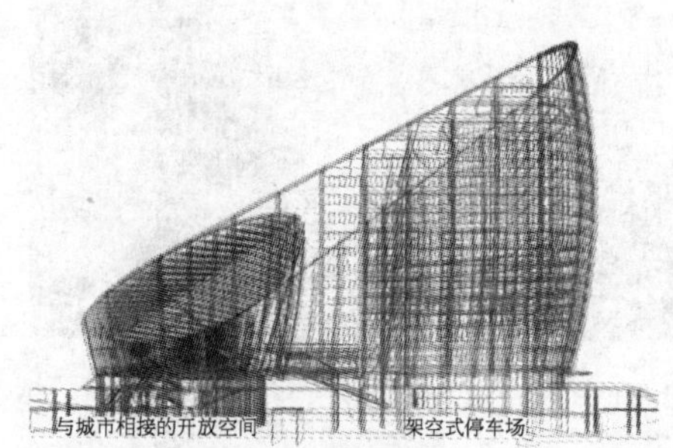

图 4-50　功能布局图

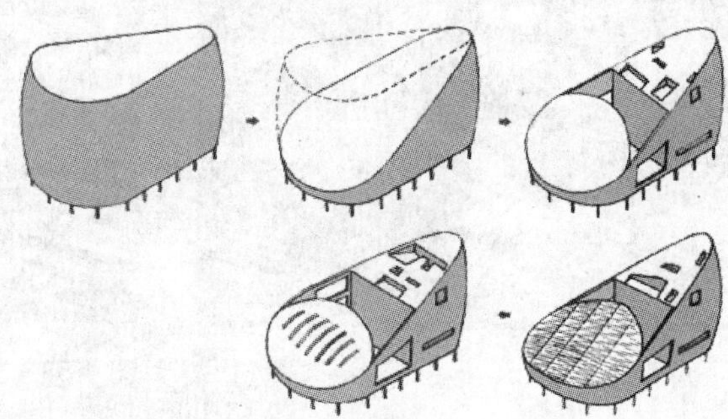

图 4-51　设计生成过程分解

案例：深圳文锦渡客运站

设计者：朱涛等；设计/竣工时间：2002～2006 年。

深圳文锦渡客运站位于一块极其狭窄的三角形用地上，周围被密集的高层建筑和高架桥所包围。针对周围畸形高密度、片段化、毫无特征可言的城市环境，建筑师的设计目标是摆脱以往高层建筑“塔楼＋裙房”的做法，而把所有的功能三维地压缩到一个巨大的体量之中，利用多种功能空间的相互复合与穿插，制造出一种新的建筑“完型”，以插入到现有的纷乱芜杂的城市空间中，使之与周边环境之间产生巨大的张力。用建筑师自己的话说，“该设计企图在一个高密度、芜杂的城市环境中，建造出‘另一种高密度城市’；它自身高度整合，对外制造出‘间离’和陌生化的效果，对内则提供一系列激动人心的公共空间，以供上演永不停歇的人、车、物流三维交织的都市文化的戏剧”。❶ 整个客运站综合体底层架空，与城市空间紧密相融，客车的进出站流线在一层架空的灰空间内解决；而车站的核心候车厅主要安排在二层空间，司乘公寓、办公等则被安排在另一侧的二层以上空间，两部分之间依靠空中平台进行连接。该设计除了内部能够给予人们精神享受的丰富的公共空间外，其能在最初竞赛中被选为实施方案，另一个主要原因是它能在如此狭窄的用地里，将各种复杂的流线在三维空间中组织得井然有序、并与城市路网达到顺畅、有机的接驳(见图 4-52～图 4-55)。

---

❶ 华筑设计．“另一种高密度城市”模式探索——深圳文锦渡客运站．时代建筑，2008(3)副刊

图 4-52　总平面

图 4-53　文锦渡汽车站外观

图 4-54　建筑模型

图 4-55　内部空间模型

多种功能空间进行整体化复合，必然需要妥善处理其相互之间的开放性与公共性问题，而且在功能空间组合过程中，还应充分考虑有关功能的“非确定性”，结合“动态—非确定性”的设计思想来进行公共空间与城市交通等功能空间的整体化复合。

(2) 城市交通空间将各空间节点串联一体化

可以说，通过多种形式的城市交通空间将复合型的城市公共空间重要节点串联起来，形成一种相互流通、渗透且延续的一体化状态，这是建设复合型城市公共空间系统的重要环节，也是实现二者一体化的有效途径(见图 4-56)。譬如，上海市轨道交通 10 号线在四川北路站地区的城市设计中，就很好地将该地区的地下空间网络、商业综合系统、交通以及城市道路主要交叉节点空间等串联组织起来，实现复合型的城市公共空间与城市交通发展的一体化，同时积极发挥城市轨道交通建设的连接作用，促进地区发展体系化，使得城市空间地上、地下得以一体化集约整合并创造优质的城市环境。

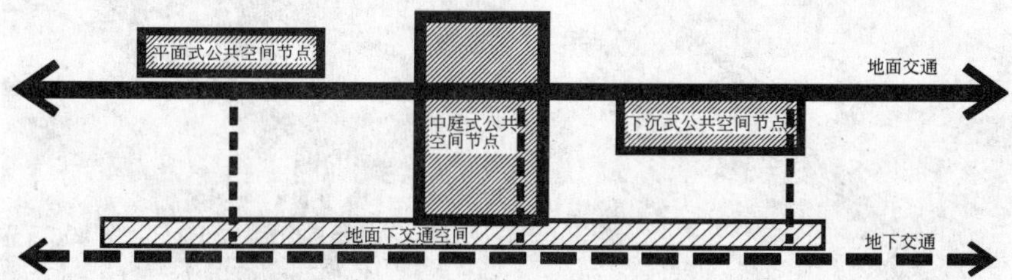

图 4-56 城市交通空间将各空间节点串联一体化概念图

案例：上海市轨道交通 10 号线四川北路站地区城市设计

设计者：卢济威等。

上海轨道交通 10 号线，北起江湾城，南至虹桥机场，四川北路站位于四川北路和武进路的交叉口上，涉及用地范围 16.37hm^2。四川北路是上海的传统商业街(长达 3.7km)，目前是城市南北向的机动车通道，但由于受商业街影响，车速受限制，运能差，同时东西向交通支持不足，长期以来影响其繁荣。

在该城市设计中要求周围地块结合地铁线建设进行城市更新与开发，促进地区的有序交通组织和地下步行网络的形成，建构地下地上一体化的商业综合系统。具体而言，在四川北路站地区城市设计中，以地铁站为核心，以 300m 为半径建立公众行为单元(约 8min 的步行距离)，从而着力构建地下一、二层的公共步行空间网络(见图 4-57 和图 4-58)。地下步行网络串联起通勤的消费空间与地铁站，并在行为单元范围内安排设置 10 余个与地面各类型空间相连接的出入口节点，有与建筑相结合、与下沉广场结合、与地面广场结合的，也有先通至商场中庭再到达地面的，不同节点的结合方式使得地下与地面空间有机融合(见图 4-59 和图 4-60)。同时，地铁站上部地块的开发也是一体化功能和空间形成的关键，在地铁站上部的 B 地块中，根据地铁站的走向，组织了由西南向东北的带状中庭，既解决了地下空间的采光，增加地下空间的地面感，又利于东侧 C 地块通向地铁站的人流导向，增加 C 地块的开发效益。❶ 在该地区的重要人流节点、空间节点均布置下沉广场，增加垂直方向的流动。

概括来说，设计师在 16.37hm^2 的城市设计范围内，通过组织全步行网络交通来联络规模达 20 万 m^2 的商业综合系统及与其相融互渗的复合型的城市公共空间节点，交通网络由地下一、二层与地面

❶ 卢济威，陈泳. 推进地铁站地区体系化——上海市轨道交通 10 号线四川北路站地区城市设计 [J]. 建筑学报，2008(1)：29～33

图 4-57　四川北路站基地范围

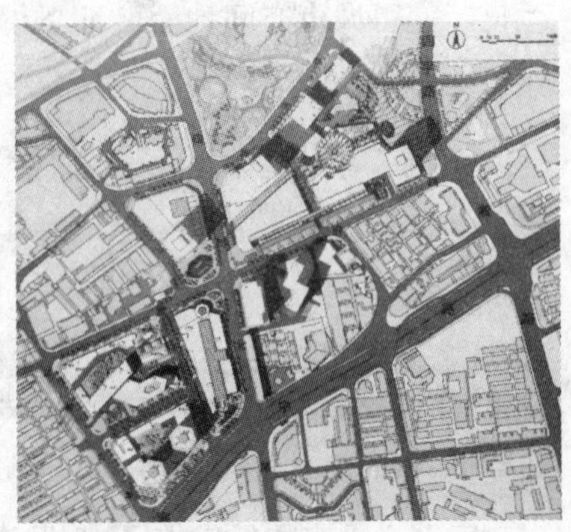

图 4-58　总平面图

图 4-59　下沉广场及建筑中庭位置示意

图 4-60　连接地面、地下空间的建筑中庭效果

一～五层所组成，其有效地组织了交通空间、公共空间与功能互补的商业业态，包括文化娱乐、休闲、购物、餐饮、健身、住宿等。因此，在该案例中通过以步行网络交通为主要手段，有机地将复合型的城市公共空间重要节点串联起来，同时结合地铁等城市交通进行一体化设计，使得城市交通与复合型的城市公共空间一体化运行的效能得到高效发挥，提高了空间、速度与时间的效率。

(3) 复合型的城市公共空间将多种功能与城市交通空间层叠立体化❶

❶ 部分内容曾以《谈交通建筑综合体中复合型的城市公共空间的营造——以日本京都车站为例》为题发表于《国际城市规划》2010 年第 4 期。

将多种功能与城市交通空间层叠的组织方法是复合型城市公共空间利用趋向立体化发展的一种重要表现形式。城市功能空间的垂直发展是城市集约化发展的必然，而如何将公共空间也趋向立体化是一体化设计的重中之重。香港建筑师严迅奇在总结当代香港城市空间特征时曾指出："香港的高楼本质上呈层叠状，它们是由一个包括公路、行人道、平台、桥梁、地下通道、大厅、堤顶大路等三维的连接网络连接在一起的，这张网在地下或在街道，在高架平台或高至半山的水平或垂直两个方向上，高度流动地将整个城市编织起来。这种现象不仅是一百多年来城市演变进化和这一地区迅猛发展的结果，也是地形条件影响与制约的结果，既是人为刻意造成的，也是自发形成的……"[❶]。下文以日本京都车站为案例，分析城市公共空间如何将城市交通等诸多功能空间层叠化发展。之所以选择此案例，原因在于在轨道交通网络化的今天，京都车站已不仅仅是一个建筑物，而是城市生活中不可缺少的一个重要公共空间节点。

案例：日本京都车站

设计者：原广司；设计时间：1991～1995年。

竣工时间：1995～1997年。

京都向来被认为是日本传统文化的代表，但由日本建筑师原广司设计的JR京都车站却是现代感十足的复合式建筑综合体，它占地约3.8万m^2，总建筑面积约23.8万m^2，地下3层，地上饭店部分16层，百货商店部分12层。它除了充满未来感的空间艺术设计，更是充分结合了交通运输、商业、住宿娱乐等多种功能进行立体层叠。京都车站大厦设计竞标要点是1990年1月发布的，当时竞标组委会为设计师规定了三大目标：1)更新公共交通系统；2)更好地接待旅客；3)焕发市区活力。而原广司设计的京都车站方案恰恰在这三方面都作了妥善考虑，京都车站交通网络包括了JR各线、近铁以及市营地铁等多种交通，车站综合体内部还有伊势丹百货、京都剧院、美术馆、观光资讯服务台、京都拉面小路等，其集结了酒店、百货商店、文化等设施于一身，最终用于车站的面积仅占总面积的1/20[❷]。此外，还有大量室外、半室外的公共活动空间(见图4-61～图4-63)。

京都车站由充当建筑核心的一个超大尺度灰空间大厅所控制，它联系着室内、室外及各层的使用空间，各功能空间沿着大厅向左右两侧层叠式展开。东侧室内空间功能为旅馆、京都剧场等，西侧

---

❶ 严迅奇．联系的美学［J］．世界建筑，1997(3)：28

❷ http：//www.863p.com/transportation/transporttransit/200708/49922_2.html

图 4-61　京都车站外观

图 4-62　中央大厅西侧的弧行宽台阶——同往屋顶花园

图 4-63　东侧结合旅馆设计的休闲平台

为大型的伊势丹百货商场、美术馆等，除此之外，东西两侧的升高方式也不同：东侧呈台地状，各台地之间通过自动扶梯联系，尽端是旅馆区围合的屋顶广场；西侧设置了一个巨大的弧形宽台阶，形成连续上升的坡面，位于西侧的百货店在各层都有开口与宽台阶相连，宽台阶尽端是位于百货店和停车场屋顶上的开敞观光广场。半开敞的大厅通过“地形”变化，促成了各功能区的融合，创造了可停留空间。主要的交通线、JR 各线和新干线等均位于大厅南侧和地下。

笔者在调研过程中感觉这不仅仅是一个车站，更像是一个展示公共生活的舞台。诸多当地人及一些旅客均停留在不同标高的广场上聊天、喝茶、交友，众多场所均可看到年轻人交友娱乐的身影。激发公共空间活力的最重要的两点是中央大厅东、西两侧的宽台阶，西侧的弧形宽台阶在纵向联系着室外广场和大厅，横向与商店各层相通，节假日人们在此举办各种活动，平时各不同标高的花园平台也是停留和观赏的休闲地(见图 4-64～图 4-66)。

图 4-64 从东侧平台俯视车站大厅场景

图 4-65 从大厅上部空中连廊俯视大台阶

京都车站通过复合型城市公共空间充分地将多种功能层叠立体化并且妥善处理了各种城市公共交通的流线组织关系，核心公共空间在各功能空间组织中发挥了驾驭和统率作用。由此，城市的功能产生了垂直方向的运动，并在垂直运动中加强了复合型的城市公共空间与城市交通的整合，从而起到了集约利用城市空间、改善环境质量、促进城市有机体运作的便捷高效性等多重作用(见图 4-67)。随着时代的发展，在越来越多的交通枢纽招投标中，都将会明确提出，地铁枢纽车站本身必须能够带动所在地区经济发展，带来地区活力。

图 4-66 西侧屋顶花园

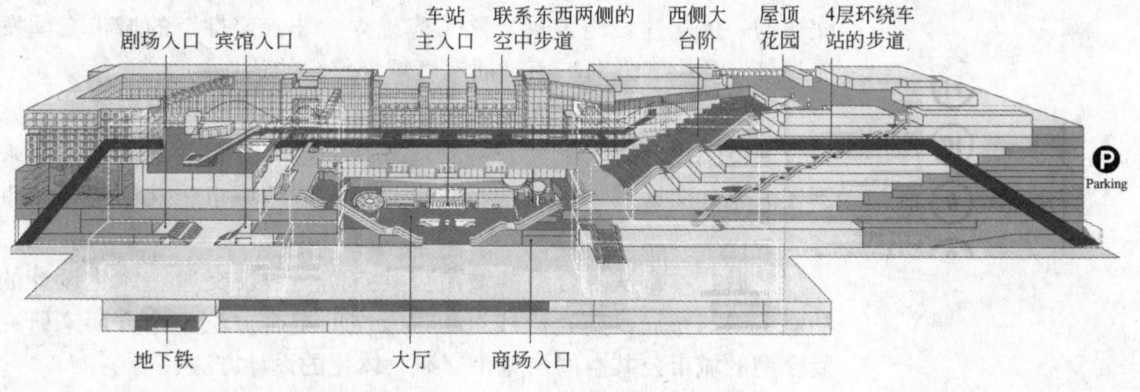

图 4-67 车站功能空间关系示意图

综上所述，在复合型的城市公共空间与城市交通一体化设计过程中，将多种功能空间进行复合整体化、利用城市交通空间将复合型的城市公共空间重要节点串联一体化以及通过复合型的城市公共空间将多种功能与城市交通空间层叠立体化是几种较为常用的空间组织方式，但我们在实际操作中，更多的是对它们的综合运用。

4.5　本章小结

本章首先从总体策划(进程与管理保障)、动态规划(技术保障)和建构大公共交通系统(重要途径)三个方面来归纳实现复合型的城市公共空间与城市交通一体化的规划策略。

(1) 总体策划阶段主要是围绕复合型的城市公共空间与城市交通一体化目标的确定，考虑相关的社会、经济、文化、地理等多方面因素，对整个项目的全过程进行的整体策划与设计。具体来说，总体策划是把复合型的城市公共空间与城市交通一体化建设意图转换成定义明确、系统清晰、目标清楚且富有策略性运作思路的系统活动，产物形式主要是计划或大纲，也就是说，策划的核心就是通过对复合型的城市公共空间与城市交通一体化项目的系统性分析与策划，逐渐实现对该项目有目标、有计划和有步骤的全面、全过程控制。

(2) 复合型的城市公共空间与城市交通一体化的动态规划策略是实现二者一体化建设与发展的重要技术保障，在本书中主要针对以下两个方面特性展开了探讨：1)城市空间发展的动态非确定性；2)城市交通发展使城市产生高度的动态性。提出“弹性控制”的观点，也就是应该以一种“刚性＋柔性”相结合的城市规划与城市设计中的协调控制，通过对不确定因素的分析，把规划设计要素按其不确定性的程度进行弹性分类，分别进行不同弹性程度的规划设计控制。要确立动态规划的思想来指引复合型的城市公共空间与城市交通的一体化建设与发展，除了应确立“非确定性”的城市空间发展观外，还应加强对城市交通速度规划整合的认识。

(3) 从以网络化公共交通为导向在城市开发中建构复合型的城市公共空间以及对实施大公共交通系统的进程分析两个主要方面来阐述大公共交通系统的构建，其也是复合型的城市公共空间与城市交通一体化的重要途径。

然后，本章从复合型的城市公共空间与城市交通一体化设计的功能组织与布局、交通流线组织以及空间组合方法三个方面来研究复合型的城市公共空间与城市交通一体化的设计方法：

(1) 复合型的城市公共空间与城市交通一体化设计的功能组织

与布局从总体上来分主要有依附于城市街道、城市综合体、城市交通枢纽中心等几种情况。但在实际项目设计与建设中，时常是将以上几种方式进行综合运用。

(2) 复合型的城市公共空间系统与城市交通结合的交通流线组织主要可分为分层式和交叠式两种模式。

(3) 在复合型的城市公共空间与城市交通一体化设计的空间组合方法上，主要有多种功能空间复合整体化、城市交通空间将各空间节点串联一体化以及复合型的城市公共空间将多种功能与城市交通空间层叠立体化三种较为常用的空间组织方式，而在实际操作中，时常也会对它们进行综合运用。

第5章 复合型的城市公共空间与城市交通一体化的运行机制

可以说，复合型的城市公共空间与城市交通一体化的建设是现在与将来城市规划与城市设计实践的一个重要组成部分，其与城市规划和城市设计的其他诸方面紧密关联且相互制约，可谓牵一发而动全身。为了进一步实现复合型的城市公共空间与城市交通一体化从可实施性走向可操作性，就必须探讨并建立保障二者一体化顺利进行的运行机制。应当立足于城市系统的整体层面，从城市规划与城市设计的视域来对各项运行机制展开相关研究。因此，本章主要从保障复合型的城市公共空间与城市交通一体化的相关法规制度的确立与完善、有效实行联合开发、加强联合设计与交流、完善复合型的城市公共空间与城市交通一体化设计的管理技术四个方面来对两者一体化的运行机制展开深入研究。

5.1 相关法规制度的确立与完善

在保障复合型的城市公共空间与城市交通一体化的相关法规制度的确立与完善方面，首先应确立公共利益首位度原则；其次，建立并完善复合型的城市公共空间与城市交通一体化的城市土地使用相容性管理规范体系；最后，为复合型的城市公共空间与城市交通一体化建立有效的规划控制与引导制度。

5.1.1 确立公共利益首位度原则❶

若要实现复合型的城市公共空间与城市交通一体化的城市设计思想与过程，首先必须在城市规划与城市设计领域确立公共利益首位度的原则，这样才能保证该“一体化”进程免受、少受其他不良因素的侵扰。

---

❶ 下文部分内容参见石楠. 试论城市规划中的公共利益［J］. 城市规划，2004(6)：20～31

董慰，王广鹏. 试论城市设计公共利益的价值判断和实现途径. 城市规划学刊，2007(1)：55～60

众所周知，以往那种就空间论空间的思维模式已经不能适应当前市场化、多元化的社会经济进程，因而复合型的城市公共空间与城市交通一体化必须研究空间背后的社会利益机制。揭开面纱我们会发现，其实几乎所有的城市规划与城市设计工作实际上都是围绕着利益问题而展开的，其已成为协调社会不同利益的一种工具，但应该说其根本目标就在于实现公共利益的最大化。因此，笔者认为，在城市设计中实现复合型的城市公共空间与城市交通一体化的公共利益最大化应该始终是城市设计师们❶基本价值观的核心内容之一。

1. 为何需要强调公共利益首位度原则

(1) 纠正当前时常出现“公共利益”主体偏颇的思想问题

众所周知，虽然城市规划与城市设计涉及诸多利益主体❷，但他们对城市规划设计成果及其实施情况的决策能力却存在着很大差异，其中占少数的政府部门、投资商和开发商由于政治、经济等因素而成为城市空间决策的强势群体，而占大比例的社会公众却成为相对弱势群体，往往只能无奈地接受城市环境现实结果。同时，在实践中，由于一些城市设计师立场与能力的差异而导致将服务对象混淆与错位的现象也时有发生，譬如把价值天平向相对强势群体倾斜，导致以经济为本、以速度为本、以车为本以及以政绩形象为本等观念长时期支配着城市空间的发展，从而导致公共空间私有化与形象化的现象也经常出现。这些现象一方面导致了城市空间的支离破碎，另一方面也导致了相关“民告官”法律诉讼案❸的频繁出现，以上这些都为我们加强正确认识和切实保障“公共利益”的首位度敲响了警钟。

同时，城市空间形态和谐也是社会和谐的重要表现形式之一，只有当复合型的城市公共空间与城市交通一体化满足公众的、整体的利益而非少数人的局部利益时，才会真正体现“和谐”的本质。

---

❶ 这里的城市设计师们主要指包括城市规划师、建筑师、城市交通规划师等在内所构成的群体人员。

❷ 诸多利益主体包括社会公众、投资商、开发商、经营管理者、政府部门以及相关设计师等群体。

❸ 近年来，随着社会整体素质和生活品质逐步提高，“公益诉讼”事件也日益增多。譬如，早在2000年，青岛市民状告青岛市规划局批准建设音乐广场北侧的住宅区，侵害市民的优美环境享受权；2001年，南京市民状告规划部门批准建设紫金山观景台，破坏紫金山优美的自然景观；2004年，一位杭州市民状告规划部门批准在西湖风景区建设老年大学的一个2万多平方米的项目违反了《杭州西湖风景名胜区保护管理条例》；2007年，南京市汉中门附近某小区居民群体要求政府因修建地铁造成住宅地基下沉事件进行赔偿等案例。这些现象从一定程度上反映出社会公众对自身相关利益与城市环境质量的广泛关注，而且诸类“民告官”事件频现，也警示大家要对“公共利益”予以重新认识与引起高度重视。

有专家认为，满足私人利益是城市设计的目标，但公共空间的本质是公共利益，实现公共利益才是城市设计的根本目标，而且满足私人利益也恰恰是为了更好地实现公共利益。

(2) 重新正确认识城市规划与城市设计维护“公共利益”的职能作用

城市规划与城市设计向来标榜自己是公共利益的代表，但究竟什么是公共利益，却似乎是一个既“明了”又“模糊”的问题。说它“明了”是由于这个问题似乎众人皆知，勿需进行解释；说它“模糊”是因为在社会生活中我们也很难准确界定它的内涵与外延，虽然它时常作为一种崇高的理想出现在城市设计师的脑海里，但是在城市规划设计工作中，大家却时常被这种模糊不清的命题所困扰。可能我们自己也觉得无法解释的是，城市规划与城市设计所反映的利益为什么就代表了公共利益，它到底是如何代表公共利益的呢？这多少让人感到“城市规划代表公共利益”是一句挂在嘴边的口号，而非一种制度安排。

值得注意的是，我们经常看到这样的客观情形，一些城市设计师并没有对公共利益问题达成共识，甚至少数设计师还没有把公共利益作为自己职业的基本价值观，也没有意识到在当前经济、社会发生巨变的国情下，我们必须对这个问题进行重新思辨。

因而，探究公共利益首位度问题，不仅是在理论上为城市设计寻找依据与出路，也是为了切实开展复合型的城市公共空间与城市交通一体化实际工作的需要。从实际操作层面上来看，以往的城市规划与城市设计以土地利用或者空间问题作为研究重点，迄今为止的主流依然是以“空间规划”作为城市规划与城市设计的旗帜，而对于土地或空间背后的利益关系却漠不关心，也说不清楚，所以常常出现一种矛盾的状态，即一边声称自己所代表的是公共利益，而另一边却连自己也讲不清究竟代表着谁的利益。虽然一些城市设计师在空间规律研究上花费了无数的精力与财力，觉得只需在理论上阐述清楚空间发展规律，那么城市公共空间与城市交通本身也就实现了科学化，与此同时，再加以程序上的民主化作为保障，就能够保证规划设计的理想得以实现。但遗憾的是，现实时常给予设计师们一次又一次沉重的打击，他们殚精竭虑创建起来的空间秩序在政治需要和市场经济的巨大力量面前显得如此脆弱而不堪一击，政治家、企业名流一次次扮演着“规划破坏者”的角色。因此，在一些设计师眼中，只有自己才是公共利益的代言人，而政治家、企业名流所代表的只能是他们个人或企业的野心与商业目的。

以往城市设计就空间论空间的思维模式已经与当前社会经济发

展状况不相适应了，因为空间不是一个理想中的独立客体，而是复杂的社会、政治与经济关系相互作用下的一种载体和产物。如若我们仍旧人为硬性地拆离它和社会、政治、经济过程之间的这种关联，那自然就不可能真正揭示空间秩序的内在科学规律，当然也就无法改变规划设计以往那种“墙上挂挂”的下场。从这个方面来分析规划“墙上挂挂”的原因，其不能仅仅归咎于领导和政府的不重视，另外一个重要根源则在于以往规划设计本身时常所揭示的也只是一种表象与形式，而不是事物的本源。因此，我们要真正实现城市设计的科学化，努力促进复合型的城市公共空间与城市交通一体化的发展，就必须从源头上找原因，充分研究土地利用和空间秩序背后的重要因素——探究决定土地利用和空间秩序的利益机制，这其中的核心就是公共利益问题。我们倡导与推动复合型的城市公共空间与城市交通一体化这样一个城市设计过程，主要目的在于实现城市土地、空间和时间等公共资源利用的最优化，同时兼顾社会公平性，最终真正实现公共利益的最大化。

2. 在复合型的城市公共空间与城市交通一体化的城市设计中如何实现公共利益

虽然强调城市设计代表公共利益，但这并不能说明在复合型的城市公共空间与城市交通一体化城市设计过程中就能自动实现公共利益。原因主要在于城市设计既是一种政府职能，更是一种职业实践。生活在商品经济时代的城市设计师，他们的思想与行为无疑会受到时代的影响，因此，如果要在城市公共空间与城市交通有机结合的城市设计中实现公共利益，那就必须克服设计师个人、利益集团、城市规划部门与政府等私利因素的影响，并建设达成公共利益的机制保障。

(1) 克服多方面的私利因素

1) 克服设计师个人私利因素

不可否认，在现实生活中，任何人都会有各自一定的利益追求，这是天经地义的事情，设计师也不例外，事实上，大家也一直处在一种公共利益观与个人私利追求的矛盾之中。虽说长时期以来规划教育与职业道德约束等一直在培养设计师的社会责任感，但人们对于自身利益的追求却也是一种与生俱来的欲望。自古以来，人首先是自利的，其次才是公利的，“穷则独善其身，达则兼济天下”的古语也可谓是对以往社会历史状况的一种概括表述，特别对于当前一个经济尚不够发达、法制尚不够健全以及社会价值观正处于急剧变化中的转型社会，个体的这种微观自利性往往很可能继续膨胀，乃至发生影响到他人与公共利益的不良情况。譬如，个别设计师可能为实现自己的某些个人愿望而放弃规划设计原则，或者可能为了换取某些特权而在不恰当的时机泄露某些信息，使得某些开发商由此获得巨大的经济利益等等。

此外，随着各地规划、建筑设计院改制工作的逐步开展，我国相当一部分规划师、建筑师的工作性质也正在悄然发生变化。他们已不再像以前那样是受雇于政府作为对城市整体发展负责的专业人员，而是受雇于一些规划、建筑设计等机构。从某种层面上来说，其职业的首要目标是为就职的机构服务，他们在遵守国家相关法律法规的前提下，竭力为就职机构(所在的规划、建筑设计院等)创造最大效益，而后从中获得自身工作的相应回报。如此一种建立在经济承包原则上的关系，既有可能带来社会公共利益的最大化，也很可能与社会公共利益发生冲突。在这种体制条件下，设计师个人的自利性得到很大促动。因此，在复合型的城市公共空间与城市交通一体化设计中，如若没有必要的职业道德严格约束，公共利益则很有可能会被置于不甚恰当的位置。

2）克服利益集团的自利性

不同学者对于当今社会利益集团有着不同观点，通常将其分为权力集团、资本集团、知识集团与劳动者集团四种❶。

利益集团通常分为两大类，一类主要是政府官员与企业家等，有时也包括社会知识阶层，他们对城市的建设与发展有着极强的参与意识和决策欲望，他们并不乐意将决策交给规划师与建筑师进行，在他们的心目中，设计师们只是具有专业技术与职业素养的从业者，具体的规划与设计真正得以确定必须要经过一定的政治过程与经济博弈。换句话说，在这些人看来，应该由他们来决定如何规划与设计，而后由设计师们在技术上进行论证、在文字上予以阐述，在图纸上予以表达罢了。而另一大类主要是普通市民，其主要特点是对政府有着极大的依赖性，对规划与设计的接受度也比较高，但随着民主意识观念的逐渐加深，更多的民众愿意或要求参与到城市设计中来，他们在相信设计师专业水准的同时，却并不完全信任设计师能真正代表他们自身的利益。

城市设计师主要应归属于知识集团的一部分，但有时又涉及权力集团范畴。譬如一部分规划师本身在政府部门工作，手中掌握着一定的行政权力，尤其是相关规划审批权；也有一部分规划师虽然在企业或技术部门工作，但由于其与相关政府行政部门联系密切，从而在客观上也起到“准管理者”的作用，因而其往往兼

❶ 具体来说，权力集团主要指政府以及公有制经济中的管理者；资本集团主要指私人以及外商等投资者；知识集团指人文知识分子和专业技术人员；劳动力集团主要指企业职工与农民等。

具权力集团与知识集团的优势。由于这样一种跨利益集团情形的存在，往往使得一些规划师处于一种矛盾状态之中，其具有双面性特点。

3）克服城市政府与规划部门的自利性，并提升其行政能力

20世纪60年代以来，以美国的J·M·布坎南(J. M. Buchanan,)为代表的公共选择理论将“经济人”的假设引入政府行为的相关研究，揭示了政府是一个具有自利性并谋求自身利益最大化的特殊组织。公共选择理论认为，城市政府并非抽象的理论实体，而是由众多官员组成的权力机构，构成政府组织基础的官员作为“经济人”，其追求自身利益最大化的特征决定了政府的自利性。

从政府与官员之间的目标取向关系而言，安东尼·唐斯(Anthony Downs，美国著名政治学家和官僚制理论家、公共选择理论主要代表人物)认为，官员的个人目标取向构成了政府目标的最底层(见图5-1)。个人目标取向有时候和政府的取向可以保持一致，但许多情况下，二者是相互冲突的。由于政府官员构成了政府价值取向的最底层和核心，因而官僚集团的“经济人”特征和政府组织的“公共利益”特征之间存在着不断的矛盾与冲突。该矛盾与冲突时常导致政府的公共政策失效、官僚机构提供公共产品的低效与浪费、内在效应、寻租与腐败等政府失败现象的产生。

所谓城市规划部门的自利性，主要指城市规划部门作为政府行政主管部门不但具有管理公共事务的本质属性，同时也有为自身行业或组织的生存和发展创造有利条件的属性，并且在和其他政府部门的竞争中，维护自身行业的地位与权威。长期以来，由于我国一直实行条块分割的政府管理模式，作为诸条之一的城市规划部门，客观上既是政府的一个职能部门，也是一种利益共同体，代表着其所有成员的共同利益，所以，出现为了本部门的利益和政府以及其他部门争利益的情况也就不难理解了。

而对于提高城市政府的行政能力，著名美国学者弗朗西斯·福山(Francis Fukuyama)在《国家建构——21世纪的国家治理与世界秩序》中曾经对政府行政能力的改革提出了一个框架，分别把政府职能范围和行政能力作为坐标系统的X、Y轴。他将各国政府按照职能范围和行政能力简化为四种模式，当然实际情况会复杂的多，

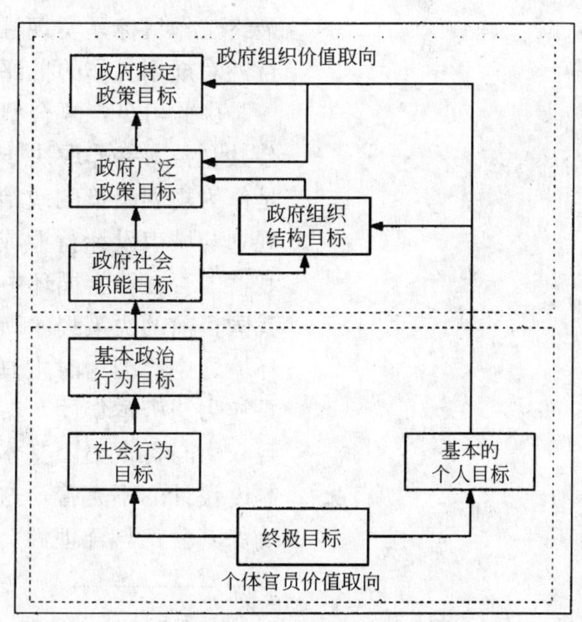

图5-1 官员与政府组织价值取向关系

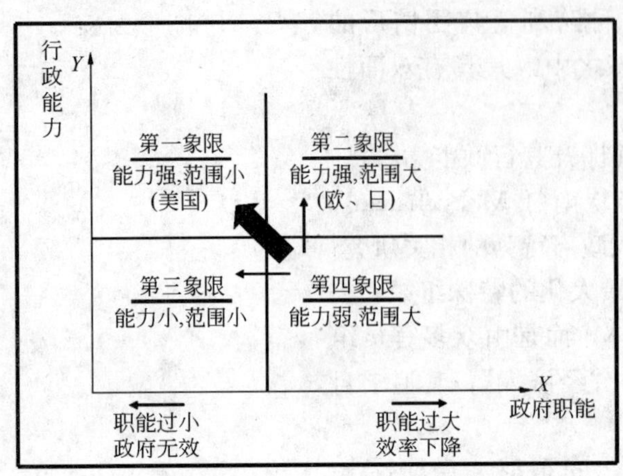

图 5-2　政府行政能力的改革方向

对此福山也作了较为详细的讨论（见图 5-2）❶。第一种，政府的职能范围小而行政能力强，处于第一象限，以美国为代表；第二种，政府的职能范围大但是行政能力也强，处于第二象限，以日本、欧洲为代表；第三种，政府的行政能力虽小但是职能范围也小，处于第三象限，如塞拉里昂；第四种，政府的职能范围似乎很大但行政能力却很小，处于第四象限，其以一些非洲发展中国家为代表。福山认为从行政效率而言，第一象限的模式最佳，一个能力强大而且事务集中的政府定然也比较强大而有效；第四象限的模式最差，因为政府铺开了一个大摊子，似乎样样都想管却又无能力全盘照看，必然导致政府无能、社会混乱的状况。福山建议，处于第四象限的国家应该向其他象限转变，目标是第一象限的那种小而精的政府。

我们也可以在上述同样的理论框架中讨论提升城市规划部门行政能力的问题，首先应当理清规划的职能范围，明确规划的核心职能，然后研究如何加强规划核心职能的行政能力。在经济正处于转型期的今天，我们必须将规划决策从强调增长的“效率考量”，转向强调再分配即共同分享增长成果的“公平考量”。如果城市建设政策不能体现社会公平，如果城市规划部门无法向全体市民证明自己的最终工作目标是实现社会公平而是帮助某些利益集团的话，那么老百姓对规划工作的批评，对规划部门的抱怨就永远不会减少。

由此可见，复合型的城市公共空间与城市交通一体化能否体现公共利益，并非取决于设计师一方，还取决于整个规划过程，尤其是作为规划决策的政治过程。值得注意的是，该过程不只是在城市规划与城市设计行业或专业领域内循环，更是一种社会循环，公共利益能否在社会循环中实现，关键看是否有真正的程序民主。当然，我国目前的决策程序尚不能完全保证设计决策处于程序民主的公共环境之中，因为时常真正对于“一体化”决策起决定作用的主要还是权力与资本集团，劳动力集团则基本被忽略在决策程序之外，导致权力与资本集团基本上决定了该城市设计的价值走向。由于相关制度设计的不完善，这种由一部分人决定社会事务的客观事实很难确保其公正与合理性，因而这种决策也就很难达到实现公共利益的

❶ 参见（美）张庭伟．转型时期中国的规划理论和规划改革［J］．城市规划，2008（3）：15～24

目的。因而，在这种情形下，当城市规划与城市设计的决策被社会各利益集团所接受时，城市规划与城市设计会被认为代表了公共利益；而当某些利益集团发现自己利益被城市规划与城市设计忽视时，便很有可能通过一定的利益诉求渠道，来修改或推翻规划与设计的决策。然而，这种遭受质疑的规划与设计决策往往并非城市设计师们基于科学与职业的考虑而得出的，而极有可能只是一种政治妥协或经济博弈的产物。这一点恰恰也正是复合型的城市公共空间与城市交通一体化城市设计是否能真正反映公共利益的一个主要制度根源。

(2) 达成公共利益的机制保障

虽然复合型的城市公共空间与城市交通一体化设计具有代表公共利益的内在属性，但由于以上诸方面原因在现实中的存在与作用，导致其并不能自动代表公共利益。如果要扭转这一状况，就必须有赖于宏观社会环境的转变，有赖于我国社会政治、经济体制的革新，同时城市规划与城市设计学科自身的变革也不可或缺。大家应充分认识到，公共利益首位度原则在城市规划与城市设计领域内的真正确立是保证复合型的城市公共空间与城市交通一体化科学、健康发展的重要前提。由此，为了保障在一体化设计中公共利益能得以实现，需要加强以下几方面的机制研究与建设：

1) 必须加强对社会利益机制问题的研究，特别应该关注社会主义市场经济体制下的产权制度问题、社会各种利益集团与各利益个体的利益需求问题。《世界建筑》记者乌尔夫·迈尔(Ulf Meyer)曾对德国著名建筑师克里斯托弗·英根霍芬进行悉尼"布莱大街1号"项目的采访，该项目现已正式被注册为"绿色之星"(澳大利亚绿色建筑署的办公建筑设计认证)。在访谈中，英根霍芬认为城市通过一些奖励体系来实现个体利益与社会公共利益各自需求的做法是可行的。正如在"布莱大街1号"项目底层部分设计中，建筑师通过加进一个餐厅、酒吧和儿童保育中心，让CBD中也纳入一些社会生活，同时将建筑整个一层对城市公众完全开放，把建筑完全架在了一个公共广场之上，从而使得开发者的利益与城市、社会公众的利益都得到满足(见图5-3)。因此，只有充分了解社会与个体的利益需求，才能从中找到实现社会公共利益的途径，才能在复合型的城市公共空间与城市交通一体

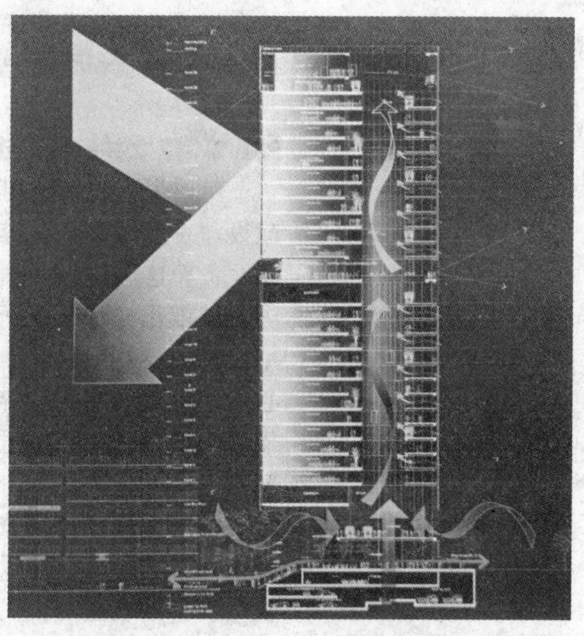

图5-3 悉尼"布莱大街1号"项目绿色生态设计与底部公共空间剖面示意

化过程中，制定一些诸如奖励体系之类的办法，通过合理的土地利用、空间开发等媒介来维护和实现公共利益。

2）城市规划与城市设计学科要努力实现从技术科学向政策科学的转变，实现从技术性、艺术性规划向政策性规划的转变。这一思想的转变并非否定以前的规划设计理论与技术、放弃土地利用和空间发展的"资本"，而是要广开思路，引进社会、政治和经济学等研究成果，从而将复合型的城市公共空间与城市交通一体化设计置入其运行的社会经济环境中加以更好地研究，真正从事物的本源上去探究土地利用与空间发展问题，这样才能真正实现复合型的城市公共空间与城市交通一体化发展的科学性。

3）必须在法律上确定、在实际操作中确立复合型的城市公共空间与城市交通一体化设计中的利益诉求机制。通过上文的论述可知，既然规划与设计的核心问题就是围绕利益协调展开的，那么自然就不能只按照通常的技术或者工程问题进行决策，而应该遵照政治学的程序进行民主决策，必须从制度上保证社会不同利益群体有公平的机会参与到规划与设计决策程序中来，从而保障具体决策能真正反映社会公众的公共利益，也彻底改变以往由少数社会精英把持城市规划与城市设计决策的局面。

4）必须强化城市设计师的职业道德精神，确保设计师对公共利益责任感的职业道德底线，而且要建立与完善对设计师违背职业道德的惩处机制和因维护公共利益而蒙受损失的利益补偿机制。

5.1.2　建立并完善城市土地使用相容性管理规范体系❶

可以说，土地使用是复合型的城市公共空间与城市交通一体化建设与发展的核心内容，其中涉及到用地性质与开发强度等方面的问题，而这也是城市规划与城市设计关注与控制的关键要素之一。随着城市化与城市更新进程的加快，城市土地的复合开发与集约利用成为主要发展趋势，用地功能的频繁变迁现象也已司空见惯，这必然使得土地使用相容性问题成为关注的焦点。但在目前我国城市规划与城市设计管理过程中，对于土地使用相容性的理解却仍模棱两可——处于似乎明白却又解释不清的状态，这对于顺利进行复合型的城市公共空间与城市交通一体化的城市建设与发展来说无疑是一大障碍与隐患。若没有明确的操作与管理的制度依据，非但无法从社会公共利益的正面层次充分推动复合型的城市公共空间与城市

❶　文中相关部分内容参见司马晓，邹兵．对建立土地使用相容性管理规范体系的思考［J］．城市规划汇刊，2003(4)：23～29

郑正，扈媛．试论我国城市土地使用兼容性规划与管理的完善［J］．城市规划汇刊，2001(3)：11～14

交通一体化进程，相反却容易被某些利益集团操控实现他们所谓的“公共利益”。

因此，加强城市土地使用相容性问题的研究，督促建立并完善相应的土地使用相容性管理规范体系，必将为保障复合型的城市公共空间与城市交通一体化建设科学而有效地实施提供技术支撑与制度依据，更有助于提高管理的决策效率与公正性。

1. 土地使用相容性的内涵解析

所谓相容，在《现代汉语大词典》中被解释为“同时并存；互相包容”的意思。相容性则主要是指不同事物之间可以共处、互换的程度或能力，也就是说，两种或两种以上事物之所以能够共处，其根本性的前提是其在不发生本质性转变的情况下，能够互相协让、和谐发展。具体而言，在互相接纳的过程中，一方面每个个体原有特性保留得越多，则说明相容性越强；另一方面，环境对事物个体本质特性的限制越弱，接受不同个体的种类越广泛，则环境的相容性也越强。相容只是相异事物间在一定程度上的相互并存与包容，并非指绝对意义上的完全接纳。因此，各种相容存在程度上的差别，而且对应于一定的前提与条件，否则也会随之改变。

土地使用相容性是指不同使用功能的土地之间可以共处、互换的程度，或者是在特定环境条件下能够同时容纳的多种土地使用功能的程度；其所关注的是不同类型的土地使用之间的相互间关系以及这些土地类型和所处环境之间的关系。从土地使用本身来分析，任何一种类型的土地使用所产生的城市活动，譬如城市道路用地产生的城市交通行为，在带来各种利益的同时都会对周边环境产生一定的影响；同时，其本身所能承受的外界压力也有一定限度，这种限度不仅是它对周边各类环境条件的客观要求，在一定程度上也是对其周边可能发生活动的一种制约。由此可以看出，任何一种土地使用均会在其所处位置产生一种特定的环境标准，而多种土地使用就会在一定的区域范围内形成一套“相互环境标准”，其决定着是否接纳其他类型的土地使用，如在复合型的城市公共空间与城市交通一体化土地利用的复合开发过程中，其多种功能与活动相互之间的作用与影响程度制约着相关功能类型的复合接纳程度。

土地使用相容性的规划管理主要指在遵循一定原则和目标的前提下，以土地使用和环境的协调关系为出发点，对土地混合使用、复合开发以及功能转换等实施科学管理与有效控制。当然，土地使用的相容性也具有一定的相对性，必须以一定时期的标准与目标作为前提条件，如若没有前提限定，则任何土地使用都将失去相容性判断依据。对于土地使用相容性的评判必须随着规划内容、目标以及环境条件等变化而调整。因此，在复合型的城市公共空间与城市交通一体化过程中确定土地使用相容性规划管理的目标与准则十分关键。

2. 土地使用相容性的影响因素与规范原则

(1) 土地使用相容性的影响因素

在复合型的城市公共空间与城市交通一体化中土地使用的相容性同时受到多种相关因素的作用与制约，并且具有相对性，尤其环境与土地使用方式之间的选择也是相互的，只有当二者条件契合，才能称为相容。特定的土地有选择不同种类的利用方式的可能，但契合的程度会有差异，而衡量的标准就来源于土地利用对环境可能带来的潜在压力的大小程度以及环境所能承受的各种影响的负荷大小。对此，概括来说，在复合型的城市公共空间与城市交通一体化发展中与土地使用相容性有关的主要因素包括城市用地分类标准、城市用地的功能与结构、公共设施配套、环境质量要求和城市景观与历史文脉等几个方面。

(2) 确定土地使用相容性规范的原则

根据以上对于复合型的城市公共空间与城市交通一体化发展中土地使用相容性的影响要素，可以确立土地使用相容性规范应遵循的几项主要原则：

1) 环境相容原则

确定是否允许土地使用相容，必须考量这种改变对复合型的城市公共空间环境质量产生的影响程度如何。通过参照噪声、废气、油烟等相关的环境标准来理性、客观地评判环境所受影响的程度以及相邻用地受影响状况，力争和相邻用地在一体化建设过程中形成互补、促进的有机联系。

2) 行为相容原则

确定是否允许土地使用相容，应当以保障城市形成健康、积极的社会空间结构作为复合型的城市公共空间与城市交通一体化建设行为目标，特别应该关注为老人、儿童及妇女等群体提供活动的用地与功能，同时还要重视支持各类公共活动的用地及其功能。由于这类用地通常处于经济效益的劣势地位，极易受到市场经济的排挤。因此，既要对这类用地加以维护不轻易改作他用，还要注意避免让对一体化有不良影响的土地使用邻近。

3) 总量控制和结构平衡原则

确定是否允许土地使用相容，必须以确保城市整体结构的平衡为前提，高度重视宏观的总量控制。土地使用相容性最重要的目的就是通过对用地性质的有效控制，使城市规划与城市设计的功能布局得以实现。因此，在处理相容性变更与调整时，必须确保这种变更在总体结构上不能超过总量所允许的最大调整幅度。具体而言，一方面应该强调交通、绿地、市政以及公共服务设施用地在结构平衡方面的不可更改性，另一方面必须确保地区的人口、市政以及公共设施的容量在适宜的水准。

4）景观协调原则

在复合型的城市公共空间与城市交通一体化建设中确定是否允许土地使用相容，还需要以确保地区范围内的城市景观与空间形态的整体协调为原则。通常土地使用的变更也会引起建筑形态与城市景观的改变，特别是涉及整体或区域城市形态的特征性要素，必须严格按城市设计的目标与相关具体要求对土地使用变更的外部形态与空间进行协调和控制。

3. 建立土地使用相容性规划管理的实施机制

为了确保复合型的城市公共空间与城市交通一体化发展的科学、合理性，必须在城市规划与城市设计过程中加强对城市土地使用相容性的研究，而与之相应的土地使用相容性规划管理实施机制的建立主要包括以下三个方面。

(1) 管理原则的确定

复合型的城市公共空间与城市交通一体化土地使用相容性的规划管理必须遵循如下四项原则：

1）明确性原则，在土地使用相容性的规划审批过程中应当尽可能减少个人自由裁定的范围与权限，而依照规范设置的明确性来执行；

2）一致性原则，在土地使用相容性的规划审批过程中的原则性依据应当是一致的，复合型的城市公共空间与城市交通一体化规划编制与规划审批关于土地使用相容性的原则依据也应当一致；

3）审批权层次原则，根据一体化相容程度与相容规模，分别设立相应层次的审批权，不能越权审批；

4）弹性原则，根据城市或者地区复合型的城市公共空间与城市交通一体化发展条件的变化情况，鼓励制度规划指引与特别规划区的方法来及时适应城市的发展变化。

(2) 审批权的设定

依照上述各原则，对于复合型的城市公共空间与城市交通一体化土地使用相容性的规划审批权应该在各城市法定图则操作规程中进行明确界定。譬如，深圳市就结合 20 多年来城市发展的实际情况和城市规划建设的探索与实践成果，并借鉴香港等先进地区城市规划的成功经验，确定了以市场为导向，以规划编制和管理的科学化与法制化为目标的“三层次五阶段”规划编制体系，该体系对于我们在进行复合型的城市公共空间与城市交通一体化土地相容性规划审批权界定中具有一定借鉴意义。我们可以在法定图则中针对地块的用地性质按照不同的审批层级进行分类，并在法定图则的图表的"土地利用相关性"栏中予以表述：1)一类指"规划确定的土地利用性质"；2)二类是指"须经规划主管部门批准方可变更的土地利用性质"；3)三类是指"须经市规划委员会批准方可变更的土地利用性质"。可以说，这种规定将对复合型的城市公共空间与城市交通一体化的市场化用地性质的变更给予一定的弹性，在一定程度上也顺应了市场经济发展、产业结构调整等方面对用地需求的变化。同时，可以有效地从审批部门的设置上抵制那些由于个人意志所可能带来的一些"假借"一体化用地性质变更的随意性与不科学性，从而使规划对用地性质的控制通过一定的弹性来保证了规划控制的刚性。

当然，对于超出所有既定的规划依据的土地使用相容性的规划审批，应慎重进行，并应启动法定图则调整的程序来作为决策支持。

（3）对于特别地区可有原则放宽

规划主管部门可以依据地区发展的具体情况，如地区功能的转型、新型发展模式的兴起、交通区位的改善等等，来指定复合型的城市公共空间与城市交通一体化特别规划政策区，编制《特别规划政策区规划指引》，其深度可以参照法定图则与详细蓝图，然后在上报城市规划委员会批准后，在明确的区域范围与时效范围之内便可以依据该指引适当放宽或者鼓励复合型的城市公共空间与城市交通一体化土地使用的更改与混合。

5.1.3　建立有效的规划控制与引导制度❶

复合型的城市公共空间与城市交通一体化的健康发展离不开有效的规划控制与引导制度的建立。在我国现行的规划体系框架中，各层次城市规划的主要作用均是为了控制与引导城市健康有序地发展。在城市规划与城市设计领域可以分配的最为重要的社会资源是城市土地的开发权以及在城市土地使用关系上建立起来的城市空间关系，这使得控制性详细规划成为实施规划管理的核心层次，同时对复合型的城市公共空间与城市交通一体化的建设起到至关重要的作用。

因此，需要通过对以往控制性详细规划在技术方面与实施方面的反思，来考虑如何提高其应有的科学性、公正性、经济性以及可实施性等问题，提出控制性详细规划应该走向以公共利益为核心、

❶ 下文相关内容参见唐历敏. 走向有效的规划控制和引导之路——对控制性详细规划的反思与展望 [J]. 城市规划，2006(1)：28～33

以市场需求为导向的产权地块项目动态开发与多类型不同深度的规划控制和引导，以保障在城市设计实践中复合型的城市公共空间与城市交通一体化建设的生机。

1. 对我国现行控制性详细规划❶的反思

或许大家都已看到，在现实中“控规”在对于城市建设的控制与引导方面经常出现失效的“故障”。究其因，除了需要整改由于一些地方政府为了招商引资而时常特设绿色通道，操控规划部门行政架构的能力，导致在相当程度上削减了“控规”的实际作用；或者因为开发商和建设单位盲目追求经济利益，不断要求更改建设用地性质或提高土地使用强度等影响“控规”实施的外部原因之外，还应当加强对于“控规”在技术方面、实施方面的成功经验和不足之处的思考，以逐步改善规划控制与引导方法，也有利于保障复合型的城市公共空间与城市交通一体化的健康发展。

2. 改善控制性详细规划的策略

增强“控规”应有的公平性、经济性、科学性与可实施性是亟待解决的关键问题。为保障复合型的城市公共空间与城市交通一体化的健康与持续发展，“控规”在以实现城市整体公共利益为核心的前提下，采取以市场需求为导向的产权地块项目开发规划不失为一条新路径，这样能较为有效地解决以往时常出现的城市公共空间规划与市场相背离或脱节的问题。此外，为了避免“随意性”修改、

---

❶ 在我国经济体制由计划经济转向市场经济这一宏观背景下产生的“控规”和传统详细规划相比较而言，其最大的差别在于它不再是计划经济的产物，而成为直接面向市场的规划手段，因而其规划目的更侧重于政府的控制职能，在建设项目、投资来源与建设时序等因素都不是很确定的情形下，政府通过对土地的开发控制来引导开发者依照城市规划开展建设活动。其主要有以下三方面基本特征：

（Ⅰ）文本、图则与法规三者相互匹配，并且各自关联，共同制约着城市建设的核心内容——土地开发建设活动，也包括投入开发土地总量、土地使用性质与开发强度、土地开发时序等几方面的限制。

（Ⅱ）超越规划设计的范畴成为规划管理的手段之一，其规划成果具有一定的法律约束功效。

（Ⅲ）实施该规划的手段不一定是通过政府的直接投资而进行，而通常是通过政府作为土地所有者制定出来的土地使用框架模式，广泛吸引来自各方面的投资进行城市开发活动。因此，在规划实施的过程中不可避免地存在着公私双方互相合作与利益分享的互惠互利过程。

而“控规”的作用大家基本一致认同的是主要在于将原本抽象的规划与复杂的规划要素进行简化和图解化，然后从中提炼出控制与引导城市土地功能的最基本要素，形成一套较为完善的规划编制方法，最大程度地实现了规划的“可操作性”，使规划实施的稳定性和政府任期改变的显化性之间的矛盾有所缓解，初步适应了投资主体多元化带来的利益主体的多元化和城市建设思路的多元化对城市规划的冲击，面对城市的快速城市化发展，实现了规划编制的速成与规划管理的最简化操作，缩短了决策、规划、土地批租与项目建设的周期，提高了城市建设和房地产开发的效率，成为城市国有土地使用权出让、转让与地价测算的重要依据，基本上满足了城市政府调控房地产市场与筹集城市建设资金的需求。

调整规划对“控规”控制与引导手段的严肃性和科学性造成的侵害，对其规划方法的完善也甚为重要。

（1）从以往关注空间为核心的规划走向以公共利益为核心的规划

为实现社会整体利益的公正、公平，在确定复合型的城市公共空间与城市交通一体化控制引导内容与标准时，首先应当坚持保障公共利益的原则，强调城市整体格局的优化和功能完善。维护公共利益毫无疑问应当是城市规划师基本价值观的核心内容，而社会整体利益是不可能通过所谓的自由、平等的市场主体的行为自身来达成的，其必须由一个超越市场主体的“裁决者”来识别与判定公众利益。因此，扮演这一“裁决者”的“控规”应该重于强调保证城市功能的公共、公用和公益设施的空间落实。

为城市公共空间与城市交通一体化发展创造条件、保障公共利益不受侵扰，研究区分在市场经济中何种条件下严格控制何种内容，哪些内容可以由市场主体自由发挥，并且合理确定相关设施的规模与用地，并体现分类指导的原则。也就是说，对于公共、公用和公益性公共设施的用地，即政府作为投资与经营主体的城市交通、城市公共空间、文化、体育、社会福利等设施应该加强对土地使用性质的控制力度，以保护其免受不良势力的负面影响，但对其开发强度可不作“刚性”规定，这可为复合型的城市公共空间与城市交通一体化发展创造良好的环境与合理的空间弹性，有利于其立体化、网络化与复合化等特点的充分发挥。而对于那些经营性公共设施用地在开发强度上则要严加控制，但对于土地使用性质则应留有较大的兼容性。当然，对于市政公用设施标准的选取与容量预测应当结合具体城市与用地性质的特点，在综合平衡与协调的基础上提出各项设施布局的综合优化方案，并且在城市公共空间与城市交通一体化土地利用规划中加以真正落实。

此外，为加强保障复合型的城市公共空间与城市交通一体化发展的科学性、合理性，在城市交通与复合型的城市公共空间有机结合的过程中也需对各类脆弱资源进行有效保护。譬如，应切实保护我们城市难以再生的“六线”资源，同时对关键基础设施进行合理布局。

（2）从“静态蓝图”式的规划走向以市场需求为导向的产权地块开发项目的动态规划

当前“控规”存在的主要问题之一是规划的基本操作还未能从“静态蓝图”的模式中跳出来。城市发展原本就是动态的，尤其在当今动态发展的速度异常突出的形势下，复合型的城市公共空间与城市交通的有机结合也是为了顺应未来综合密集型城市复合、高效发展的需要与集约、立体化趋向。因此，城市规划与城市设计如何确立动态和弹性的机制来更好地适应城市发展的需要，这是市场经济条件下的关键问题。复合型的城市公共空间与城市交通相结合的城市建设的不确定性、动态性与以往终极蓝图式的规划理想之间必然会出现矛盾，而且这种矛盾的调和往往不同于总体规划宏观层面的调整，它将切切实实地具体落实到某个建设项目、某用地的明细要求，牵涉到的都是实际的经济利益，尤其会涉及社会公共利益。

“控规”控制与引导的直接对象是地块开发设计，而我国的设计控制一直停滞于技术层面出具各种规划设计条件，而产生脱离地块具体项目建设的“终极蓝图”。其忽视了在当前市场经济条件下，城市规划与城市设计要真正实现复合型的城市公共空间与城市交通一体化的城市发展目标，就必须面对各类利益团体自身发展的利益诉求，考虑各项具体活动的特殊要求，兼顾其对自身利益的追求。实际上，“控规”控制与引导的概念在经济学上的含义可转变为：控制与避免市场投资向不希望的领域、地区与项目投入，或者在不希望的时间投入，保证城市能健康、有序地发展；引导城市向预期的目标迈进，引导投资尤其是市场投资向希望的领域、地区与项目投入。

与传统的用地布局规划不同，以市场需求为导向的产权地块开发项目针对不同区位条件的地块，提出适合开发的具体项目，这样可以适应城市公共空间与城市交通有机结合发展中的不确定性，便于灵活掌控，既利于复合型的城市公共空间与城市交通整体系统化的建立，又能保证开发的适宜性。具体来说，所谓适合开发，一是要符合地块的区位特点与市场需求并能充分实现地块的最优价值，而从长远来看，只有符合城市公共空间与城市交通一体化的城市发展的整体利益，才可能体现真正意义上的最优价值；二是该项目的开发应当能对该地区、该城市的综合效益最大化作出贡献，而并非仅仅考虑项目本身的投资回报问题，这和开发商对项目可行性考虑的出发点有极大差别；三是各项目之间能够相互协调、充分发挥协同作用，尽量避免相互间发生恶性竞争的状况；四是项目需要满足基本的投资可行性，否则很难招商成功❶。

概括而言，产权地块开发项目的动态规划旨在追求“动态的目标”，而非“终极的蓝图”，其能很好地适应未来城市快速发展中复合型的城市公共空间与城市交通一体化发展的规律，还可以对所规划地区的开发项目、开发量、开发时序尽快达成一致，便于进行整体调控，有助于改善并提高规划方案与城市设计的可行性和可实施性。

---

❶ 王红. 引入行动规划：改进规划实施效果 [J]. 城市规划，2005(4)：41～46

(3) 从单一的规划技术手段走向多类型不同深度的规划控制与引导

1) 编制全市区(片区)的密度分区规定

复合型的城市公共空间与城市交通一体化发展是适应于未来综合密集型城市密集、复合、立体发展趋势的城市公共生活的一种模式或策略。它与城市密度息息相关，能维持城市在较高密度下人们仍能舒适、便捷、高效地生活与工作，一体化的发展与完善程度直接影响到城市所能容纳的各类密度，譬如人口密度、建筑密度等，反过来，城市中不同密度区域对复合型的城市公共空间与城市交通相结合的立体网络化发展程度也有相应的不同需求。

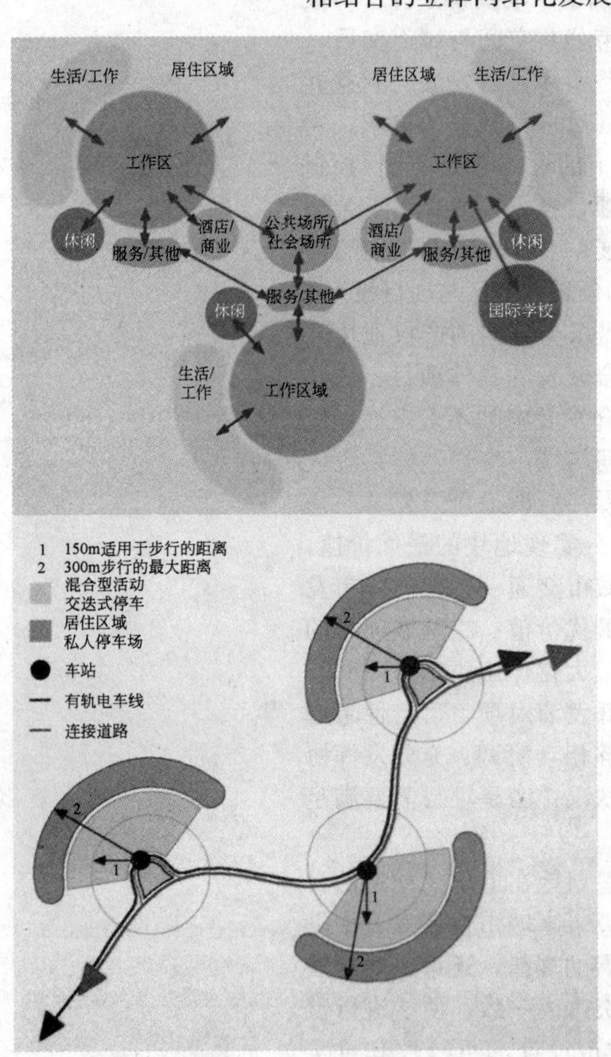

图 5-4　巴利阿里群岛的马略卡岛上的 ParcBIT 交通循环系统

为了科学控制与引导复合型的城市公共空间与城市交通一体化的发展，应当以城市总体规划为依据，在深入研究城市整体建筑容量、环境质量、资源承载力等宏观因素的基础上，对土地区位、地价、交通与设施条件、建设时序、城市设计与市场需求等多种要素进行划分并制定城市区域内不同密度分区内的各类建设用地的建筑容量(主要是容积率与建筑密度)，同时还需合理确定临街地块建筑容量的调整系数，原则上同一密度分区内的同类用地上的建筑容量指标基本相同。此外，还应当完善与复合型的城市公共空间相关的城市开放空间的控制与奖励办法，为“控规”的编制、审批、执行以及监督提供统一的标准与操作平台，也为保障一体化健康、有序发展提供制度依据，避免主观随意性。

譬如巴利阿里群岛政府曾委托理查德·罗杰斯建筑事务所，在群岛首府帕尔玛北部新建一个可持续社区总体规划。理查德·罗杰斯和各个专业的设计小组通过对城市布局、交通、建筑、能源管理以及项目特定位置与地形环境的分析研究，进行了社区密度分区，并且据此提出了综合交通系统的概念，城市交通空间与城市公共空间有机结合设计(见图 5-4)。概念中认为，道路设计的重点应为公共交通系统，包括有轨电车、公共汽车和电车等。同时绿色自行车和步行通道为人们提供了从公路和有轨电车的交通环节通往住宅区的通路，并且将每个组成部分与自然环境有机相连。此外，停车区的规划设计保证居民和上班族能够共享停车空间，从而减少了总的空间需求量。

2）实施多类型不同深度的规划控制与引导

在对于整个城市范围内进行复合型的城市公共空间与城市交通一体化控制与引导时，应当依据不同情况进行不同的规划控制与引导。

为在适应市场对建设用地需要的同时能确保公平的原则，应该努力扩大控制性详细规划的覆盖面。而所谓全覆盖主要是在采取不同深度和要求的情况下而进行的，"控规"在修编过程中的工作量通常显得特别大，其原因之一就是没有分清区划与城市设计的概念及各自的管辖范围。具体而言，前者应该是全覆盖型的，有较为严格的立法与执法程序，不能随意更改，而后者则主要是针对特殊、重点区域的成果预期性、鼓励性建设，其在目前我国有关城市设计立法程序尚不完善的情况下，尚不属于法规。我们只有切实、合理发挥二者的不同作用，方能不管市场如何变化，都有管理的依据，保持城市发展有条不紊的发展。因此，为了合理控制与引导复合型的城市公共空间与城市交通一体化发展，有必要系统地研究对整个城市用地多类型的规划控制与引导方法，可划分为三类地区进行控制与引导。

① 重点控制区

重点控制区主要包括城市中心区、城市重要节点、城市重要景观区、历史文化保护区以及城市生态保育区等。

城市中心区与城市重要节点往往因为对城市高密度、高容量以及大量交通流疏解的需要，通过采取复合型的城市公共空间与城市交通一体化有机结合的复合、立体化途径来保持运行秩序。那么，城市中心区的"控规"就应当首先解决中心区和各种功能组成部分的布局和交通组织问题，确定各部分的建筑容量、高度、建筑群体与绿色开放空间的有机组织，对复合型的城市公共空间与城市交通一体化建设进行合理控制与引导。城市重要景观区与历史文化保护区等由于城市景观塑造、城市特色塑造以及历史风貌保护等有特别开发意图而需要进行特殊规划控制的区域，应划定特殊意图区范围界线。一体化发展要按照城市空间特色的维护与塑造原则，制定出规划的重要内容，包括特定意图区的环境特征要素，并且需要进行更加细致深入的三维城市设计来引导复合型城市公共空间与城市交通一体化的有机结合。由 ARTE&Charpentier 规划设计的漕河泾新技术开发区项目，建筑师在注重地块功能复合开发、空间与交通流

图5-5　漕河泾新技术开发区项目规划鸟瞰

线立体营造的同时还结合可持续景观的理念，创造了一个集约、高效、生态与节能的城市功能空间(见图5-5)。

② 详细控制区

对于旧城区与近期建设区等，由于会涉及较多的现状利益关系，在复合型的城市公共空间与城市交通一体化发展的问题上，规划应当以“刚性”控制为主，编制深度应该较为严格细致，需要进行详细控制，以利于实行。规划控制与引导的思路应自上而下，维护公共利益，体现规划与城市设计的全局性和系统性。

③ 一般控制区

对于工业开发区、大型企业以及现状基本完好的街区，在复合型的城市公共空间与城市交通一体化方面只需进行一般性控制，在规划上可做到相当于分区规划深度的控制性规划，控制其道路以及土地使用等主要内容。对于城市新区，由于其面临诸多不确定性因素，规划对城市公共空间与城市交通一体化建设应以进行基本的管理和控制为主，以实现城市的正常和健康运转，并为一体化留有较大的发展弹性和提供多种选择机会。

总之，在当今我国快速城市化的背景下，复合型的城市公共空间与城市交通一体化发展迫切需要探索新的“控规”的应对策略与保障制度。要从实际出发，以问题为导向，针对问题产生的主要原因加以研究、调整和突破，以公共利益为核心，综合运用以市场需求为导向的产权地块项目动态开发与多类型不同深度的规划控制与引导制度，保障一体化在城市设计实践中健康、有序发展。

5.2　在复合型的城市公共空间与城市交通一体化过程中有效实行联合开发

联合开发对于复合型的城市公共空间与城市交通一体化发展具有积极的引导与推进作用。在一体化发展过程中往往会涉及到建设投资资金紧缺、不同土地使用权协调、多种不同功能组合以及城市交通疏导等方面的问题，而联合开发则是协调和解决这些问题的有效途径。下文先对我国联合开发现状与问题进行正确审视，在此基础上对联合开发概念进行重新定义，然后对联合开发的多样性及其在我国复合型的城市公共空间与城市交通一体化过程中的有效实行展开论述。

5.2.1 正确审视我国联合开发的现状与问题

联合开发的发展对我国未来综合密集型城市中复合型的城市公共空间与城市交通的一体化建设具有举足轻重的作用。虽然当前我国土地制度已逐步从完全计划模式转变为国家主导下的市场机制，城市开发类型及方式和西方主要国家的开发类型有相似之处，但目前我国城市开发形式尚处于政府主导控制下的市场开发为主的阶段，公共与私人联合开发的模式还并不多见，这与一些西方国家相比还相差甚远，同时政府对民间资本开发的约束作用和对公私部门利益的协调作用还较弱。

如在美国，政府与官员都已意识到交通运输可以运用在恰当的地点，使城市重新活跃起来。因为城市经济越来越趋向于以服务与行政功能为主，在本质上则走向人口密集区，这些开发机会也由于主要城市的角色改变而加强。那么在这种因果关系之下，由于可以把城市客运交通与房地产开发的关系效能发挥到极大，因此联合开发在一些西方国家已成为达到经济开发的关键手段。通过联合开发，房地产计划将获得因运输优点而带来的通路优势，并且获得行人交通量所制造出来的相应市场效益。在美国，联合开发不仅出现在轨道交通系统中，还时常出现在如巴士设施与运输中心等较低密度的运输开发中。而当前，我国在城市功能的联合开发方面却仍处于起步阶段，各城市的地铁、轻轨站与城市土地综合开发等方面还尚未产生较大的关联与互动。

相比之下，这也反映出我国城市各投资主体之间、主管部门之间条块分割严重，联合意识不强。由于城市管理部门也未能对联合开发的组合效应产生足够的认识，那么自然也就未能运用控制性详细规划、城市设计等有效途径将各种不同的城市要素加以整合性地思考，从而导致我国的城市往往处于各自片断化的、独善其身的、孤立与低效的运行之中，严重阻碍了我国城市公共空间与城市交通的结合发展。

虽然有专家研究指出我国城市建设投资主体多元化格局已经形成，但对投资规模还没有一个有效的控制机制。投资规模的大、中、小多元化结合会对我国将来复合型的城市公共空间与城市活力的建构产生相当大的作用，然而政府尚未对此给予足够的重视，导致城市形态常常显现出无序和混乱状态。我们不仅应研究如何吸引多样化投资来实施复合型的城市公共空间与城市交通一体化及其相关城市设计项目的联合开发，并且应实现反映社会公共利益前提下的多元化利益关系，也更应对多元的投资规模加以有效组合，从而促使复合型的城市公共空间与城市交通一体化发展更具多样化和多层次的活力。

5.2.2 对联合开发概念的重新认识

"联合开发"已是一个大家较为熟悉的概念，从许多国外的城市开发案例来看，由于联合开发能够有效提高城市活力并促进其健康发展，所以已经广受关注。早在20世纪初，纽约市的中央车站综合开发及洛克菲勒中心的开发就已率先运用这一观念，即运输系统可促进开发商在道路设施附近的土地上进行投资。也就是说，早期的联合开发主要是一项房地产开发，但它与城市交通有着密切关联性，它依赖于运输设施(城市交通)所提供的市场活动及区域利益，与大众运输服务和车站设施紧密相连。这种房地产开发包括一些城市公共交通空间，诸如过街天桥、地下通道等非直接的行人通道以及通往地铁站的公共性道路。值得注意的是，联合开发不仅指公共与私人合作的实际建筑行为，还包括双方的密切合作关系，因此有时也需要通过书面契约来规范和约束彼此的行为，即规定私人团体、各主管运输机构以及国有团体之间的权、责、利，以切实保障在联合开发中社会公众的整体公共利益[1]。

当一个国家的公共资源已达到有限程度时，对城市公共投资是否能达到最大效能的发挥，就必将成为迫在眉睫的重要课题。建立在对城市土地与空间资源集约利用基础上的复合型的城市公共空间与城市交通一体化相当于正在提供资源为城市所使用。联合开发技术恰对复合型的城市公共空间与城市交通一体化发展具有强化作用，联合开发可以使得在一体化过程中公共与私人利益各得其所，主要体现在：公共及私人设施成本均有所降低、有效提高城市公共交通客运系统使用效率、运输成本支出得到有效控制、完善城市公共空间体系的同时提升城市设计品质以及开发者的投资回报率提高等方面，并且可以有效控制和管理城市的成长与发展。

当前在我国以公有制经济为主体、多种经济成分并存的社会主义市场经济体制下，私有经济业已成为我国多元化国民经济的重要组成部分，并且发挥着积极作用。这种经济体制也应当映射到复合型的城市公共空间与城市交通一体化的城市发展中去，二者一体化的城市建设投资渠道也应朝多元化发展以广泛吸纳各类投资，而城市建设的多元化投资渠道主要应包括：政府公共投资与私人投资以及政府与私人合作投资等诸多形式[2]。具体来讲，在复合型的城市公共空间与城市交通一体化过程中，政府公共投资主要包括政府对城

---

[1] 参见美国城市土地协会编．联合开发——房地产开发与交通的结合［M］．郭颖译．北京：中国建筑工业出版社，2003

[2] 参见蒋涤非著．城市形态活力论［M］．南京：东南大学出版社，2007

市公共建设的直接投资，以及对一些亟待政府推动的项目的启动资金。私人投资方面主要是指广泛吸纳城市个人资金力量并将其投入一体化及其相关的建设中。政府与个人合作投资即称为公私联合开发，公私联合开发不仅表现在开发形式上，更多地体现在资金渠道上。在一些资金需求量较大的城市公共空间与城市交通结合的公共建设项目上，政府可以为所授权的私人开发机构提供项目开发所需的启动资金，然后由私人机构来完成后续投资与建设，这样可以充分发挥公私部门的不同作用来进行联合开发，积极推进复合型的城市公共空间与城市交通一体化建设。因此，在城市建设中应当根据不同情况来采用不同的投资方式，使建设融资方式往更灵活多样的方向发展，使城市投资建设更富有活力，满足一体化发展中各个不同项目和地区的特殊情况与具体要求。

概括而言，促进复合型的城市公共空间与城市交通一体化发展的联合开发主要包含以下两方面含义：1)不同投资渠道的联合，譬如公共与私人合作的开发；2)不同功能的组合与复合开发，譬如复合型的城市公共空间与城市交通一体化过程中与商业地产等内容适度联合。值得关注的是，以上两种不同的联合开发类型在一体化发展中又时常是相互渗透、相互交织的。在本书第3章中提及的美国明尼阿波利斯市城市公共空间与城市交通成功结合的城市设计与建设在相当程度上就得益于公私机构之间密切的配合与协作，也得益于城市管理部门、业主和建筑师之间的相互理解与尊重。在其一体化过程中，由立体步道系统串接的各不同功能组合的重要公共建筑都不可能独立存在，它们在整体系统中扮演着空间环节的重要角色(见图5-6)。

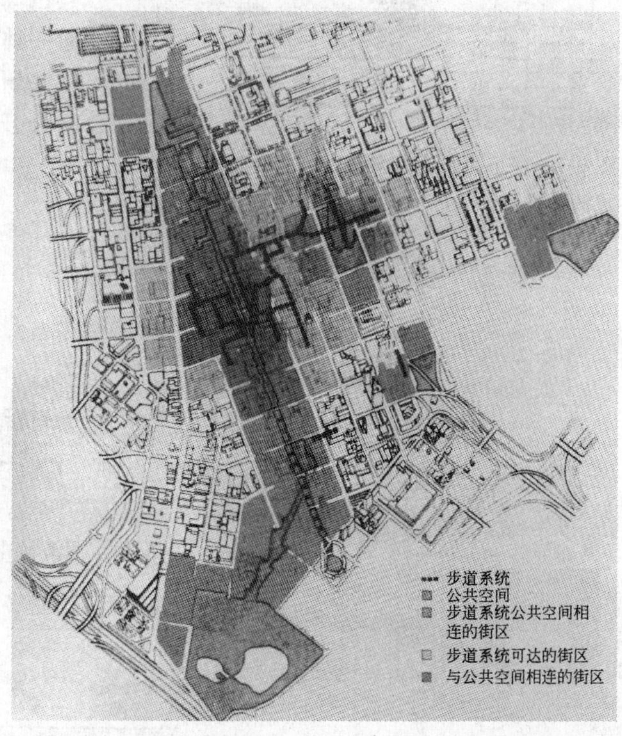

图5-6 美国明尼阿波利斯市立体步行系统与公共空间组织

5.2.3 联合开发规划方案的多样性分析[1]

为促进复合型的城市公共空间与城市交通一体化而进行联合开发存在着多种形式，尤其是通过重要的城市交通运输设施的改善与

[1] 参见美国城市土地协会编. 联合开发——房地产开发与交通的结合［M］. 郭颖译. 北京：中国建筑工业出版社，2003

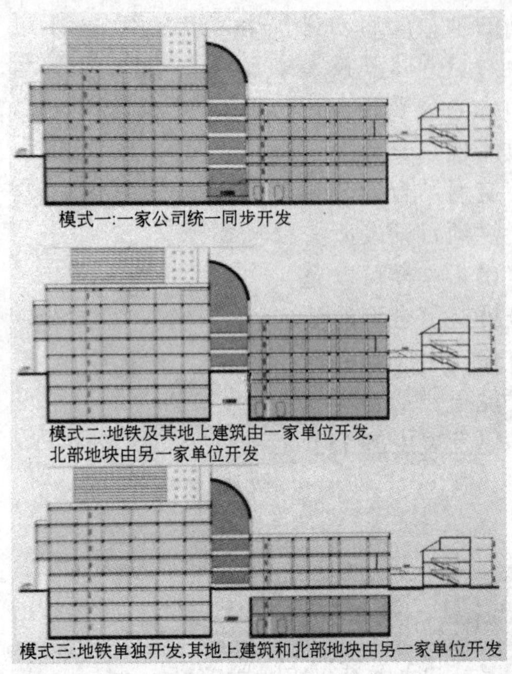

图 5-7　保证不同开发模式的中庭设计

一些商业性工程的结合。也就是说，一个明确的商业计划方案可以与城市交通运输设施的关系、规模、位置以及使用组合等存在多种形式。这取决于城市公共空间与城市交通相结合的需要程度、政府公共团体的介入程度以及公司之间所需要的交易程度。为了能给联合开发一个清楚的定位，使其在复合型的城市公共空间与城市交通一体化过程中更好地发挥作用，以下将对诸实质性问题作相关论述。

1. 联合开发各部分的实体相连性

显而易见，在联合开发中，城市公共交通站点与房地产部分的相连性是二者最重要的关系，其也深刻影响着复合型的城市公共空间与城市交通一体化建设。它们之间的关系是空间的，美国一些研究者将其主要归为空间权、紧邻或地区性联合开发三类（见图 5-7～图 5-9）。

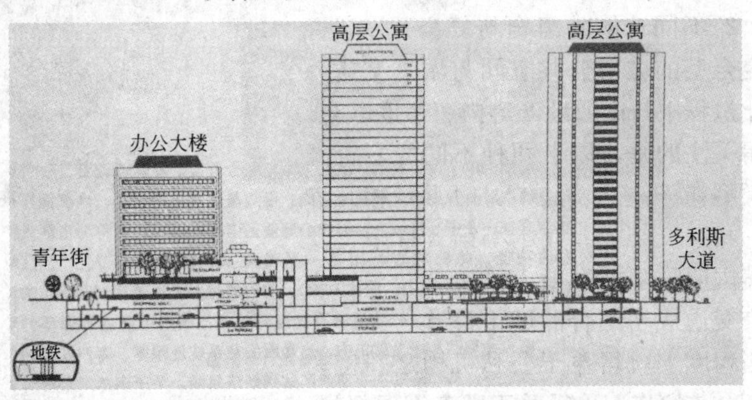

图 5-8　多伦多市谢泼德中心剖面

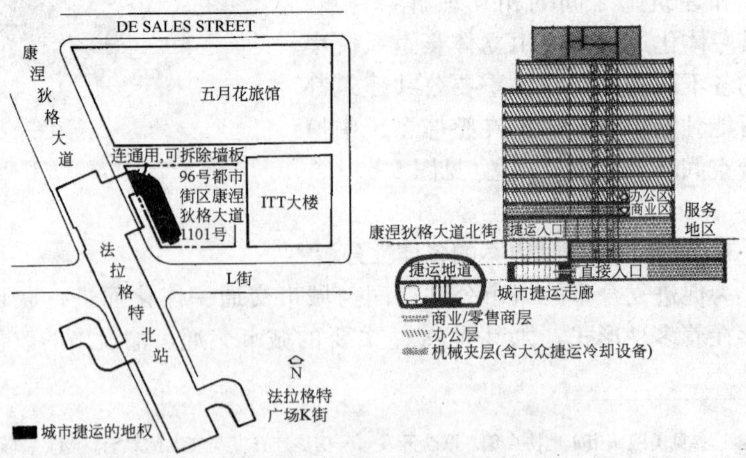

图 5-9　华盛顿 1101 康涅狄格大道总平面与东西方向剖面

2. 联合开发规划方案的合成使用

联合开发规划方案的合成使用与其规模有密切关系。在为促进城市公共空间与城市交通有机结合的联合开发进行决定用途的组合与混合时，相同的因素也应该用来考虑决定规模的大小以及规划方案的长远管理方向。当然，就联合开发本身而言，其可以是单一用途，如购物中心、公寓建筑群、办公楼等，但出于强化复合型的城市公共空间体系的营造与规模的需要，我们提倡进行多种用途混合与城市交通相结合的联合开发(见图 5-10)。

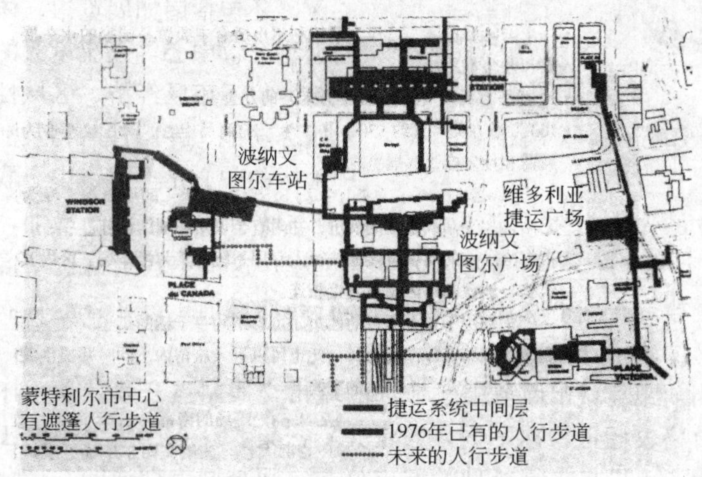

图 5-10(*a*) 波纳文图尔广场规划总体布局。地下人行道系统将地铁车站及商场、办公室等连接

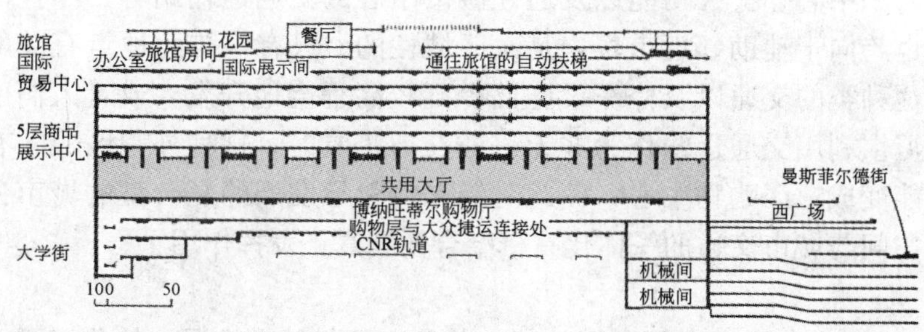

图 5-10(*b*) 波纳文图尔广场东西剖面。从北边看该图显示建于前检查街路权上的西边广场，地铁穿越西边广场和地铁层相连接

由于使用城市交通运输系统的人口数量庞大，运输车站的联合开发为复合型的城市公共空间与城市交通一体化混合开发的功能集中及多样化提供了极好的机会。在国外许多成功的案例中，也充分发挥了轨道交通与巴士、汽车以及辅助客运系统中间转接的作用，且这些运输点之间行人的大量流动为零售业及服务业的发展提供了很大的市场。

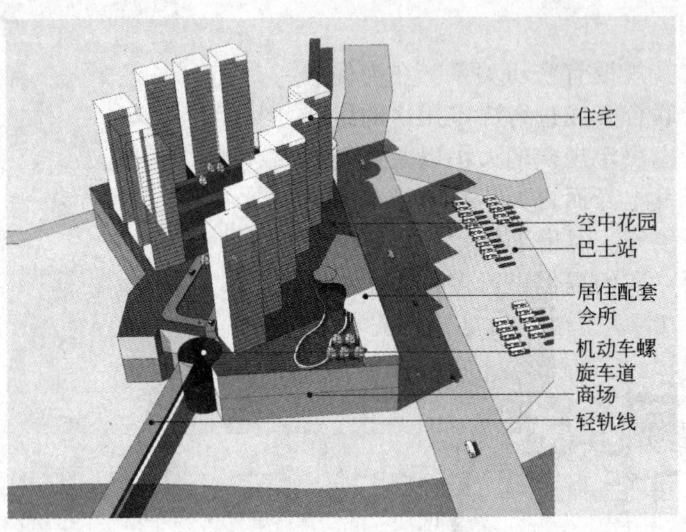

图 5-11　香港青衣站与居住区盈翠半岛联合开发的组成及配套设施空间分布情况

3. 联合开发的地点及形态

为了引导并促进复合型的城市公共空间与城市交通一体化发展，联合开发的地点多位于大都市区以及城市交通运输系统内，其对开发方案形态的选择及其混合使用会产生深刻影响。具体而言，市中心的联合开发通常集中于商业、办公中心区，还包括诸如展览馆、体育馆与大型会议中心等人流量大的活动区域。位于市区经济、区域性行政及服务功能、专门性购物及活动集中地区的中心是上述市中心联合开发建立的先决条件。随着城市化发展与城市人口密度的增加，市区联合开发也可能包括高密度的住宅工程，这类工程通常位于混合开发区内或者在城市交通运输车站步行距离以内，譬如香港青衣站与居住区的联合开发(见图 5-11)。

当前距离城市商务中心较远的城市交通站点开发计划由于一般土地价格较低且用途不同，通常并不密集。设立这些大规模工程主要是为了引导将来复合型的城市公共空间与城市交通的一体化发展与建设，便于通往城市商务中心，因此其商业功能对市中心商业也具有辅助作用与关联性。这些地点的主要用途包括高密度的住宅开发、副中心办公区功能以及通往城市中心的交通运输站等，零售活动也趋向于辅助邻近市场，是次区域性的。只有当与此地点有关的其他种类的交通以及停车设施已得到较高程度地开发，或者人们已经习惯利用交通运输作为非上班的交通工具时，这种外围区域才有可能变成地区购物中心，而此时经先前引导发展的复合型的城市公共空间与城市交通的一体化有机结合便能真正发挥作用了。

5.2.4　联合开发在复合型的城市公共空间与城市交通一体化过程中的计划及协议❶

1. 计划及协议概念阐释

计划及协议是为联合开发创造合适条件的两个必要活动。政府、公营机构可以凭借慎重的路线规划、城市公共空间规划、车站设置和计划，以及改变土地使用过程等来制造有利条件。如若这个计划过程

---

❶　参见美国城市土地协会编．联合开发——房地产开发与交通的结合［M］．郭颖译．北京：中国建筑工业出版社，2003

并没有经过正常的市场行为制造有利于联合开发的条件，那么这种情况可以经过主要参与者的协议而改善。联合开发的协议提供了方法，使开发条件更趋完美，而条件则取决于计划过程，这有利于顺利引导和推进复合型的城市公共空间与城市交通一体化的建设与发展。

在进行复合型的城市公共空间与城市交通一体化发展相关的联合开发项目谈判中，投资者、开发商、土地所有者、贷方以及公营机构经由磋商而达成诸项协议。“协议”主要是指一份观点独特的合约，这在联合开发中很常见。联合开发通常比多数的单纯房地产工程项目需要更为复杂的协议，因为在设计、组合施工、共同区域、相通性等方面需要发挥相辅相成的作用，而且为了维护整体上的公共利益，在公众及私人关系上还会面临诸多问题。虽然说联合开发的各项安排未必都需要公共和私人团体间签订协议，但这种特性却是联合开发与其他房地产开发的重要区别之处。这里需要着重指出的是，“协议”一词并非暗示存在任何有疑问的或者在法律允许之外的安排，实际上，其具有高度的公开性与透明性，所以联合开发比起其他的公众与私人间的合作，其更不可能涉及任何有违律法的不正当行为。

2. 联合开发中需要签订协议的情况

在复合型的城市公共空间与城市交通一体化过程中，在交通运输与非运输要素过渡之间的公共空间设置或行人通道连接上，联合开发往往需要一定程度的公众与私人间的协调。通常在协议之后会产生工程改动，因此主要由于希望或需要而达成此种决定。以下指出了在联合开发中公共和私人间的协议在何种情况下可能发生。

(1) 在联合开发机会较大的城市交通站点，公共和私人团体可能达成协议以充分发挥该地点的最大潜力，促进复合型的城市公共空间与城市交通的一体化建设与发展。

(2) 不可避免的是，有些城市交通站点区域的联合开发潜力较低。在这种情形下，协议可以有效克服障碍并且鼓励联合开发，为未来复合型的城市公共空间与城市交通的有机结合充满活力奠定发展基础。譬如协议中如果提供公共设施或以预租办公区的方式来改善市场条件，则可以推进一个地点的开发潜力。

(3) 由于以往土地所有权不完整往往会阻碍联合开发的顺利进行，也会进一步影响到复合型的城市公共空间与城市交通一体化的持续发展。解决这类情况的协议通常包括征收、奖励划分或公众代表主动统合所有权。若要从根本上尽量避免这类问题的出现，就应如在5.1.3节中所论述的，从“静态蓝图”式的规划走向以市场需求为导向的产权地块开发项目的动态规划。

(4) 当公众机构参与其中时，可能一个或数个机构并不具备法律行使权以执行特定功能。一个典型的例子就是有些城市交通运输主管部门无法执行某些相关房地产活动，但凭借协议，这些交通运输主管部门也许可以求助主管再开发的机构或其他公众机构实现。

(5) 在复合型的城市公共空间与城市交通一体化建设与发展中，为完成一项有效率与符合技术要求的工程，许多联合开发会面临复杂的实质设计问题，以及施工建造的相关要求。为了满足这类要求，可能必须进行一些包括相通性、合并施工、合约成本分担以及交通运输通道合约制定等工作。

(6) 既然说城市交通是政府的责任，而运营中的房地产管理则属于私人功能，那么联合开发使双方必须为持续中的营运分担责任与风险。因而最终的协议将包括管理合约及正式的责任归属划分。

此外，在看待公众与私人团体在联合开发中的关系时，不应忽视数个私人团体之间的协议及交易。譬如私人合资、所有权保证、建造及永久财政援助、土地集中、土地出租或买卖、工程建造、再出资及其他协议等各种情况，都是一项大规模的私人房地产工程中的环节，并非只是在联合开发的情况下才存在。但值得引起注意的是，公共与私人团体之间的协议必须要充分构思成熟并磋商一致，否则很可能对往下的私人安排部分产生不良影响，这样的话，势必也会影响到复合型的城市公共空间与城市交通一体化过程中的整体联合开发的正常进行。

综上所述，笔者认为应当在推进复合型的城市公共空间与城市交通一体化建设中，加强并完善联合开发机制，充分利用联合开发的特点与优势，解决在一体化进程中可能出现的建设资金、土地使用、功能组合以及空间权分配等方面的困难与问题，尽可能为一体化建设扫除阻碍。

5.3　加强联合设计与交流

通过前文的相关论述，我们可以看出复合型的城市公共空间与城市交通一体化设计是一个涉及到多方面因素的动态城市设计过程。为了实现该一体化设计的科学性、合理性与高效性，在此设计过程中，必须通过如下一些有效途径来加强由城市规划师、交通规划师与建筑师等所构成的城市设计师团体的联合设计与有效交流。

5.3.1　确定城市设计师的主要行为准则❶

1. 正确选择“为”与“不为”

要求城市设计师确立“为”与“不为”准则主要是为了避免在

❶ 下文相关内容部分参见余柏椿. 论城市设计行为准则及方式 [J]. 城市规划，2003(9)：45～48

复合型的城市公共空间与城市交通一体化设计中出现盲目的城市设计行为。概括而言，城市设计的行为类型和行为对象是不同的，而不同类型与相同类型不同对象的行为价值与行为意义也是不同的。

具体而言，城市设计行为的不同类型包括城市设计的研究、编制、管理和教育等行为，它们的价值与意义既有相同之处，又有不同之处。说它们相同，是因为都在为实施城市设计目标而行为；说它们不同，是由于这些行为处于不同行为层次关系之中：研究行为是其他行为的先导，教育行为是其他行为的基础，编制(设计)行为是管理行为的依据，而管理行为则是实现其他行为目标的手段。由此可见，这些行为在复合型城市公共空间与城市交通一体化城市设计中都有着各自的不同价值与意义。

城市设计行为类型与行为对象的差异性要求复合型的城市公共空间与城市交通一体化城市设计行为要奉行“有所为与有所不为”的准则。

“有所为”主要是指依据复合型的城市公共空间与城市交通一体化城市设计行为的重要性以及轻重缓急，有选择地实行“重”和“急”的行为；“有所不为”则指延缓非重要的和免除不必要的城市设计行为，避免那种“眉毛胡子一把抓”的盲目行为，也可以有效避免以往那些缺乏合理性与持续性的反复拆建行为。

2. 有效发挥“导控”作用

根据现代城市设计学科产生的背景以及城市设计内涵与目标来看，单一的城市设计行为难以提高城市公共空间环境质量，那些仅仅依靠编制实施性城市设计方案的做法的弊端更是明显。因此，只有城市设计与相关设计共同努力、相互作用，才能真正实现复合型的城市公共空间与城市交通一体化城市设计的目标，提高城市公共空间环境质量，改善城市交通状况。尽管大家不能否认实施性城市设计方案对改善城市环境质量的积极作用，但是城市设计的主要目的和作用是为自身与其他相关设计共同实现城市设计目标而提供指导与实施控制(简称为“导控”)，而非局限于现实的城市局部空间环境方案设计及其局部微弱的作用。

“导控”不仅是复合型的城市公共空间与城市交通一体化城市设计编制行为的主要目的与作用，同样也是城市设计研究与管理行为的主要目的与作用。也就是说，城市设计研究是为城市设计的编制、管理和教育提供新理论和新方法，研究成果是城市设计正确的行为或者更好的行为的指导与保障；城市设计管理的“导控”目的与作用是通过审批和实施“导控”性城市设计成果来指导与维护城市的整体利益，并且有效控制不良的城市设计与营造行为。

因而，“导控”应当成为城市设计的一个重要行为准则，在复合型的城市公共空间与城市交通一体化设计中发挥积极作用。复合型的城市公共空间与城市交通一体化设计行为实行“导控”准则，应当把重点放在研究与实行有利于维护城市整体利益、改善城市整体交通状况、有效控制不良设计和营造行为的“导控”法则上，研究和实行有利于相关设计共同提高城市空间环境质量和改善城市交通状况的“导控”规则。

3. 坚持“以民众为本”

复合型的城市公共空间与城市交通一体化城市设计主要是为了维护城市发展整体利益，为了满足大众行为需求与体验，因而主导该城市设计行为的应当是广大民众而非少数专家与决策者。虽然这些并非是什么新道理，可是在现实中，长期以来，诸多城市设计行为却“蛮不讲理”，主要由专家与决策者来完成城市设计编制、审批和管理的全过程行为。现存的这种“不讲道理”的行为是必须要尽快转变的，因为城市公共空间环境是为广大民众服务的，民众参与编制、决策城市设计是合情合理的。

我们必须重申：城市设计行为必须实行“以民众为本”的准则，让广大民众能够实质性地参与城市设计，为大众设计，让民众认同。

当然，若要实行“以民众为本”准则，还要从以下三个方面入手：1)要进一步强化民众参与城市设计行为的思想意识；2)要研究怎样提高民众参与城市设计行为的效能，而不是留于走过场形式；3)要加大对民众的教育力度，逐渐提高民众参与和认同城市设计的行为能力。

5.3.2　加强城市设计师团体联合设计与交流的主要行为方式

1. 加强开展城市设计与交通规划相结合的研究

往上追溯，现代城市设计源起 20 世纪 60 年代，与建筑和城市规划等学科相比，城市设计是一门年轻的学科，而且城市设计与交通规划相结合有许多值得研究的课题。为了顺利开展未来综合密集型城市中复合型的城市公共空间与城市交通一体化设计，对我国来说，加强开展城市设计与交通规划相结合的研究更为重要。通过开展城市设计与交通规划相结合的研究，可以为城市规划师、交通规划师以及建筑师等构成的城市设计师团体提供联合设计与相互沟通的渠道和交流平台，为复合型的城市公共空间与城市交通一体化设计能够科学、高效、持续进行而提供智力与技术保障。

2. 编制“城市设计与交通规划指引”

事实上，编制“城市设计与交通规划指引”是基于上述“导控”准则的一种有效实现复合型的城市公共空间与城市交通一体化城市设计目标的城市设计行为方式。城市设计与交通规划指引是一种导控性城市设计，而不是一种实施性城市设计。城市设计与交通规划指引是在整个或者城市某特定区段内，以提高城市公共空间环境质量与改善城市交通状况为目标，以指导和控制具体的城市设计或详细规划设计、城市交通设计、建筑群体设计等行为为目的，在深入研究的基础上，对城市公共空间环境与交通系统和因素提出设计规定与建议，用文字和示意性图纸阐释“指引”的意图(见图5-12)。

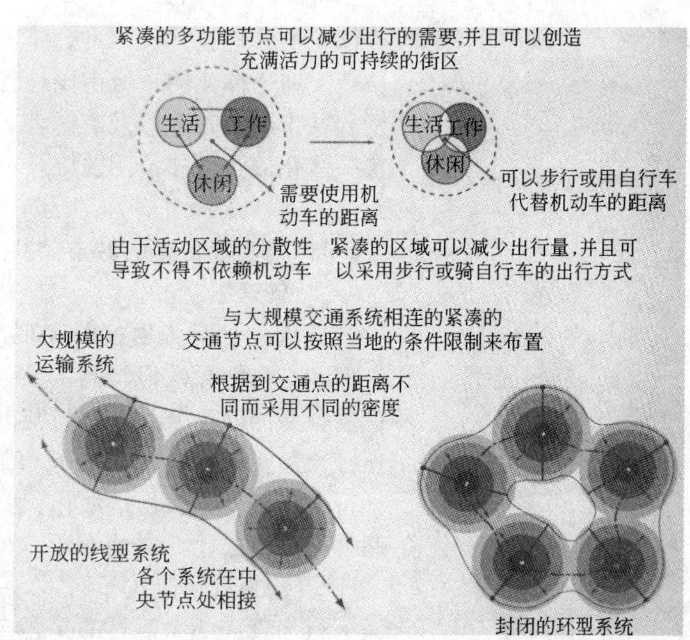

图5-12　大规模交通系统与紧凑的多功能节点组织关系模式

3. 实施“城市设计参与”措施

“城市设计参与”可以分为“相关设计参与”和“公众参与”两类具体行为方式。当前，“公众参与”虽然已经不是新话题，但是如何真正有效落实“公众参与”仍是热点话题，其作为复合型的城市公共空间与城市交通一体化设计的一项管理技术将在5.4.3节中进行详细阐述，“相关设计参与”主要是强调的意识与行为方式。

事实上，实施“相关设计参与”要求城市设计师们在一体化城市设计中进行相互交流、相互沟通。学科专业分工明确是当前我国学科结构与专业人员结构以及知识和能力结构的显著特点，因而，就现行的学科专业特点而言，城市设计是跨学科专业的，与现行的城市规划、交通规划、建筑设计、环境艺术设计等学科专业密不可分，相关学科专业还有许多，譬如系统工程、环境工程、管理学、美学、心理学等等。因此，复合型的城市公共空间与城市交通一体化城市设计目标的真正实现必须有相关学科专业的共同参与。具体而言，这种参与行为主要包括相关学科专业人员参与城市设计的研究和应用城市设计理论与法则，也包括相关学科专业人员参与编制城市设计和实施管理城市设计。可以说，这种“相关设计参与”是复合型的城市公共空间与城市交通一体化城市设计中不可缺少的行为方式。

一言以蔽之，加强城市规划师、交通规划师以及建筑师等设计师团体相互之间的联合设计与交流，可以从本源上真正为复合型的城市公共空间与城市交通一体化有效进行提供智力与科学保障。

5.4　完善复合型的城市公共空间与城市交通一体化的管理技术

在保障复合型的城市公共空间与城市交通一体化顺利运行的机制中，除了上文所阐述的有关法规制度的确立与完善、联合开发的有效实行以及加强设计师团体的联合设计与交流之外，还必须完善一体化的管理技术。因此，下文将从落实复合型的城市公共空间与城市交通一体化的“城市设计管理”、在市场经济下规划引导市场开发的城市经营管理以及有效实行公众参与管理三个方面来对如何完善一体化的管理技术问题展开论述。

5.4.1　落实复合型的城市公共空间与城市交通一体化的“城市设计管理”

任何设计行为目标的实现都必须依赖于管理行为，若缺乏有效管理则必将会导致设计行为混乱甚至无法真正实现行为目标。为推进复合型的城市公共空间与城市交通一体化设计的健康、有序发展，还必须落实二者一体化的城市设计管理，其也是极为重要的城市设计行为，概括来讲，该城市设计管理主要包括行为管理与实施管理两种行为模式。

1. 行为管理模式

行为管理的主要目的是规范和约束复合型的城市公共空间与城市交通一体化的城市设计行为，其主要内容包括研制和应用城市设计编制的有关法规与技术规定、鉴定和审批复合型的城市公共空间与城市交通一体化的城市设计成果以及调控城市设计市场等。

2. 实施管理模式

实施管理的主要目的是确保一体化的城市设计成果能够有效实施，指导和控制相关的城市建设行为，从而保障城市设计目标的实现。实施管理的主要内容是按规程和需要，全方位实行复合型的城市公共空间与城市交通一体化的城市设计成果的实施、调整或修改的动态管理，对实施该城市设计成果的建设行为进行指导和监督，对违法建设行为实行处罚等。

而我国当前尚未有效落实复合型的城市公共空间与城市交通一体化的城市设计管理，既缺乏相应的管理机构，又缺乏相应的管理规定。自发性的地方管理机构与相关管理规定也仅存在和应用于极少数城市。以上这些情况对规范我国将来的城市设计行为、建设行为以及设计市场行为等都是缺乏有效力度甚至是极为不利的，因此，我们呼吁相关管理部门应该尽快有效落实复合型的城市公共空间与城市交通一体化的城市设计管理，全面实行城市设计管理行为。

综观我国诸多城市发展状况可见，我国城市设计管理的现状与形势是严峻的，也是令人担忧的，但是要建立并完善复合型的城市公共空间与城市交通一体化的城市设计管理机构与管理制度并真正得以贯彻落实是仍然需要一定时日的。因而，在此期间，应该加强督促有关管理部门对该项工作的推动进程，而有关主事单位也应该将相关工作的进展情况主动公开化、透明化，以利于社会公众的监督促动。

5.4.2 实行市场经济下规划引导市场开发的城市经营管理

立足当前的城市、社会与环境发展的紧迫状况，对一体化建设应引起高度关注，并且不失时机地在城市设计实践中抓紧落实。但长期以来，国内对于城市规划与城市设计实施的讨论似乎远不及对城市规划与城市设计方案来得重视，而事实上，政府城市规划管理部门的主要功能在于贯彻实施与实现所制定的规划与城市设计目标，而城市规划与城市设计目标的实现是规划与市场紧密互动的结果。因此，从宏观意义上来讲，城市规划与城市设计是旨在引导市场实现社会目标的城市经营工具，也就是说，复合型的城市公共空间与城市交通的一体化设计是旨在引导市场实现城市土地集约开发与利用、城市交通高效与迅捷等社会目标的城市经营的有效工具。

城市设计若要引导复合型的城市公共空间与城市交通一体化的城市开发，则规划师与建筑师等就必须理解复合型的城市公共空间与城市交通相结合的城市经济及土地房地产的经济规律和政府管理市场的方法，而且必须掌握规划管理引导市场投资实施规划与城市设计目标的手段和措施。

1. 从行政管理与经济学角度看城市经营管理

(1) 行政管理角度

在经济全球化浪潮的推动下，各种不同规模与功能的城市都在竞相把自己发展为不同范围内的生产要素，尤其是资本集聚和流动的中心，诸多专家预测并断言，城市与地区的政治经济体系将逐步更替“民族国家”相对独立的政治经济体系和秩序。在这种情形下，城市的管理进入了一个新的转型期，传统政府所强调的单纯服务和管理已远不能适应这种需要了。于是近年来在西方国家涌现了各种各样的新城市治理模式，譬如“企业家化城市治理模式”、“公私合制型模式”、“超多元化模式”、“规制型政府治理模式”、“合作型治理模式”以及“发展型政府模式”等等。以上诸模式中最为盛行且可资借鉴的应当是“企业家化城市治理模式”，其主要特征如下：

1) 政府官员，特别是市长以企业家的姿态进行城市管理，敢于创新，敢冒风险，并且注重实效；

2) 以发展地方经济为主要经营目标；

3) 公共决策的形成与实施主要都是通过“公私合作联合体”来完成的。这说明西方国家的城市政府普遍实行“城市经理人”的制度，而且企业型的城市管理模式也被受到进一步的确认与发展。

自我国加入 WTO 之后，WTO 的国际规则要求我国政府建立起更公开、公正与公平的市场经济体制，各大城市也主动或被动地纳入到全球性的竞争网络中，这些都深刻地影响着我国城市发展的动力与运作机制，更关系到复合型的城市公共空间与城市交通一体化的健康、有序发展。城市政府普遍被认为应当在经济全球化时代发挥其重要的组织经营作用，正如《世界银行发展报告》(1997)中所说，“如果没有有效的政府，经济的、社会的和可持续的发展是不可能的”。城市行政管理必须确立以城市经营为核心的理念，这也实际上是从行政管理学的角度，阐释了复合型的城市公共空间与城市交通一体化发展中城市经营的必要性与合理性。

(2) 经济学角度

如若将城市当作一个大型企业来看待的话，那么事实上我国政府早就在经营这个企业了。只不过在以前计划经济时代，城市实际上就如同一个超级大型的国有企业，政府是其所有者、经营者与管理者。伴随着经济体制改革的深化，我国政府的职能已经逐渐从直接生产经营领域退出，而转向为城市发展提供外部环境与公共物品。由于城市自身就是最为重要的外部环境与公共物品，而且其空间区位价值、土地资产价值与文化环境价值等都具有不可替代的垄断性，所以城市公共空间与城市交通也自然成为市场经济条件下政府可资经营的、极大的活化国有资产，成为政府获取城市建设资金回报的重要渠道。在复合型的城市公共空间与城市交通一体化发展中，要注重规划引导市场的城市经营的经济合理性依据主要在于：

1) 市场是有缺陷的。由于市场的外部效应，私人收益所花费的成本与社会获得的收益往往是并非一致的，从而导致环境污染、城市交通拥堵等一系列城市不经济现象的出现；

2) 由于复合型的城市公共空间与城市交通这样的公共产品具有消费的非竞争性与非排他性，所以，市场并不会主动提供社会所需要的这类公共产品；

3) 由于市场竞争的非对称性，所以必须由政府来维持某些行业竞争的有效性。譬如现在一些城市将公交运营权进行拍卖，从而在经济效益获得提高的同时也使得公共交通的服务水平有效提高；

4) 由于财富市场分配的不公平性存在，必须由政府通过实施必要的干预手段来保证社会的基本公平，譬如政府可以通过对复合型的城市公共空间与城市交通的合理规划，引导大众人流走向、提升公共空间活力并聚集市场人气，从而调整改善商机的合理分布。

2. 从“资金导向”转向“功能导向”的城市经营——明确复合型的城市公共空间与城市交通一体化城市经营的最终目的

(1) 以往“资金导向”的城市经营的主要问题

要明确将来复合型的城市公共空间与城市交通一体化城市经营的最终目的，有必要先对以往城市经营的情形作一概述。当前，学术界对于城市经营最为普遍的定义是指以政府为主体，对国家及城市的公共资源通过市场化运作，而获得社会与经济效益的活动。而诸多的概念定义与城市实践又都将城市经营的最终目标归结为获取可观的城市建设资金。往前追溯，经营城市策略在我国的提出，是在我国城市化加速发展的背景下，在资金成为城市发展最大制约瓶颈的背景下应运而生的。因此，以往将筹措城市建设资金作为城市经营的一个直接目的(资金导向的城市经营)也是有其客观性与必然性的。

但是，现在我们可以发现，以前这种“资金导向”的思路不仅对城市经营理论的广泛传播产生误导，而且在城市经营实践中也产生了一系列的不良后果：

1）往往因为过于重视城市建设资金的筹措，在城市资源的开发与经营上，经常导致为追求短期资金收入而对城市资源进行过度开发、不合理开发和破坏性开发，造成对城市资源的破坏与浪费，譬如过度侵占城市公共空间与公共交通资源等，甚至导致这些资源出现功能性衰退；

2）一些具有短期市场价值的城市资源在发挥城市功能的时候，往往表现为直接的或短期的资金效益。然而注重城市资源开发的短期经济效益，必然会追求其眼前的经济利益而忽视对城市资源发挥城市功能的战略性经营意义，从而在很大程度上将直接影响城市功能的持续发挥与整体优化；

3）对于那些在市场条件下，或者在近期条件下难以产生直接经济效益的城市资源，在城市建设和发展过程中未能给予足够的重视，从而忽略了其对城市发展的功能价值。所以，从根本上来说，以往资金导向的经营城市方式未能有效处理好城市短期建设扩容和长期规划发展的相互关系，过于重视筹集城市建设资金的短期利益，却忽视了服务于城市功能的城市环境对城市建设和发展的综合性要求，也忽视了城市资源经营对于城市功能优化和提升的作用。

概括而言，资金导向的经营城市理念使得城市规划、发展与管理以及经营本身面临着许多矛盾，并且已经成为“当前经营城市的基本矛盾”。值得一提的是，过于强化资金导向的城市经营思路，甚至很可能会影响复合型的城市公共空间与城市交通一体化建设与发展过程中的联合开发的正常运行，因过于关注资金问题而影响联合开发的科学性、合理性，甚至公正性。

(2) 转向“功能导向”的城市经营

从上述问题中，我们可以看出，资金导向的城市经营往往是立足于“即期发展”，而复合型的城市公共空间与城市交通一体化从城市经营的最终意义上来说，其根本目的在于不断增强和优化城市功能，要确立“功能导向”的城市经营模式。也就是说，复合型的城市公共空间与城市交通一体化的城市经营就是要经营城市环境、城市公共空间以及城市交通等城市功能，城市经营必须由资金导向转向功能导向，最终目的是为了实现城市功能的优化与完善。因此，我们看待城市资源，不仅仅要关注资源本身的经济意义，更多的则要看到它的外延功能意义。

从这个角度我们可以给复合型的城市公共空间与城市交通一体化的城市经营作更为准确的定义：政府根据城市功能对城市环境的规划要求，运用市场经济手段，对以复合型的城市公共空间、城市交通等公共资源为主体的各种可资经营的资源进行资本化的市场运作，以实现这些资源资本在容量、结构、秩序与功能上的最大化与最优化，以实现复合型的城市公共空间与城市交通一体化的城市建设投入与产出的良性循环、城市功能的提升以及城市的可持续发展。

如若从广义的功能导向的城市经营的过程来看，城市资源的资本化经营几乎涵盖了城市资源从产生到转让以及增值的全过程：在城市化进程中，自然资源从单纯的自然形态到发挥城市功能而成为城市资源的过程，以及城市社会资源的建设、发展与形成过程，实质上就是城市的建设、发展与管理过程。功能导向的城市经营具有极宽的覆盖面，而复合型的城市公共空间与城市交通一体化城市经营贯穿于城市的建设、发展与管理的全过程。就一体化的城市经营实际工作来说，首先必须通过规划明确复合型的城市公共空间与城市交通一体化过程中的各种功能定位，然后，考察满足这些功能所需要的条件来进行运作，这便是经营城市所要达到的真正目标。

3. 政府规划引导市场的双重推动——复合型的城市公共空间与城市交通一体化城市经营管理的依托平台

经营城市，尤其是复合型的城市公共空间与城市交通的一体化发展本质上就可以说天然具有市场行为和政府行为的两面性。当前，经营城市中尚存在一个较为严重的误区，那就是认为经营城市就是把政府部门原先控制的公共资源完全地交由市场去进行运作。在目前我国市场主体发育尚不完全、市场机制也未完全建立、工业化过程还未成熟、国际化大门也方才开启几年的背景之下，若单纯依靠市场来推进城市化发展、提升城市产业以及提高城市的竞争力是远远不够的，其也定然不能有力保障复合型的城市公共空间与城市交通一体化的健康、持续发展。

因此，城市经营管理实质上是系于经济转型期的一种政府行为方式变革，所采用的模式往往是和政府自身职能转变与市场经济的成熟程度紧密关联的。可见，在着眼于功能导向的复合型的城市公共空间与城市交通一体化发展中，城市经营管理要发挥政府规划引导市场的双重推动作用，必须走市场行为与政府行为有机结合的道路，当然，也必须对政府职能进行合理的界定。与此同时，要积极推进政府控制或引导下的城市经营制度创新与技术创新。此外，在复合型的城市公共空间与城市交通一体化发展中，还需要大力推进新的市场环境与制度，并且在技术创新的环境下，进行相应的政府职能的积极创新。

(1) 复合型的城市公共空间与城市交通一体化城市经营管理的主要特点

1) 功能导向的城市经营管理

这一点实质上就已决定了政府的职能与职能创新。这意味着政府在复合型的城市公共空间与城市交通一体化的城市经营管理时，必须着眼于“一体化”功能的形成、发挥与提升，明确哪些是可以由市场来运作的，哪些是市场无能为力，而必须由政府来操作的。值得一提的是，在进行政府行为时，政府还必须明确哪些是现有的政府职能所能办到的，哪些是需要通过进行政府职能改革与创新才能办到的。政府职能的合理界定的基本原则是，在功能导向前提下，政府从市场与企业能够经营的领域中逐步退出，而政府所需经营的对象，主要就是上文所分析的市场无法实现的相关城市功能。

2) 动态的城市经营管理

必须将其放在城市化进程加速、城市快速发展的背景中考察城市的市场化经营。一方面，制度与技术创新可能会创造出与城市公共空间、城市交通等相关的新的城市资源形式、城市功能载体和城市经营方式，而制度创新和技术创新必须首先发挥政府的主动性和引导性；另一方面，城市经营管理的对象，并非仅是复合型的城市公共空间与城市交通等能够发挥城市功能的现有的城市资源，还包括在城市发展中，那些在将来可能发挥相关城市功能的资源，其也可以成为经营管理的潜在对象。政府应当通过行政手段与市场手段相结合的办法来开发这些潜在的功能性资源。

(2) 规划引导市场开发与城市经营管理

复合型的城市公共空间与城市交通一体化的城市经营管理除了依靠政府、市场的制度效率和主体活力之外，还必须依靠城市规划的指引和控制，以使得各种相关资源能有效聚合、重组并实现外部效应与整体效应的衍生。

在城市经营管理中，对于时常提及的“城市规划要尊重市场规律”，不能简单理解为一种对市场的消极或被动的适应过程，而是更应强调城市规划与城市设计主动适应、调控、放大市场正面效应的功能，实质上这在复合型的城市公共空间与城市交通一体化过程中本身就是一种重要的城市经营管理方式。在对城市公共空间、城市

(公共)交通等城市资源的资本资产运作中，政府对城市发展的规划权，还决定着各种城市资源未来的使用、运作与发展形态。因此，城市规划本身也构成了复合型的城市公共空间与城市交通一体化城市经营管理的战略性资源，它成为城市资源的资本资产运作的基础平台。而这些，也决定了城市规划在城市经营管理中具有非常重要的地位，因而，应用经营城市的理念指导城市规划，不仅仅是学术问题的探讨，而且也关系到我国在城市化推进过程中如何以最小的代价赢取最大的效益，如何实现城市的可持续发展。

从总体而言，经营城市的首要内容是规划好城市、合理界定城市的空间、功能与审美形态，使城市地理意义上的空间和功能意义上的空间和谐统一。在城市规划中，必须架构适应城市功能的城市空间，因为合理、有序的城市空间(结构)是城市发展的载体，也是复合型的城市公共空间与城市交通一体化持续发展的重要前提。对于一个城市而言，要实现期望的城市功能与城市地位，就必然要选择一个最适合形成与发挥既定城市功能的空间形态，包括合理的、具有可持续发展性质的城市空间结构以及基于这种空间结构的城市功能结构分布。

5.4.3　真正有效实行复合型的城市公共空间与城市交通一体化城市设计中的公众参与管理

目前，公众参与已经不是新鲜事物，而是一个老话题了，但公众参与的有效实行却依然有待进一步提高。从我国公众参与的总体情况来看，还是泛泛而论的多，谈具体策略的少；谈重要性的多，谈实施途径的少；谈有关社区范围内的公众参与的多，谈关系到城市、社会公共利益的城市公共空间与城市交通规划设计的公众参与的少。本节将在对我国当前城市设计中公众参与现状与问题进行有关分析的基础上，对我国复合型的城市公共空间与城市交通一体化设计中的公众参与问题进行探讨，旨在通过有效实行公众参与管理技术来促进一体化的健康、持续发展。

1. 公众参与的内涵与现状概述

(1) 公众参与的内涵

自 20 世纪 60 年代以来，西方城市政治生活兴起了公众参与浪潮，20 世纪 70 年代初开始影响城市规划专业实践领域。诸多西方国家，如美国、英国、德国、加拿大、法国等，纷纷于 20 世纪 60 年代便建立了城市规划方面的公众参与制度，并且在理论与实践探索中取得了很多成果。其中，较为著名的有谢里 · 安斯汀(Sherry Arnstein)于 1969 年提出的“市民参与的梯子”理论，该理论归纳为三类，如表 5-1 所示。

安斯汀的梯子理论 表 5-1

参与层次(Levels of Participation)							
实质性参与 Degrees of Citizen Power			形式性参与 Degrees of Tokenism			非参与 Non-participation	
1. 市民控制 Citizen Control	2. 权力委任 Delegated Power	3. 公私合作 Partnership	4. 安抚 Placation	5. 咨询 Consultation	6. 告知 Informing	7. 治疗 Therapy	8. 操纵 Manipulation

直到1980年代末，公众参与才被引入我国城市规划学界，伴随着“以人为本”、“福利经济”、“民主参与”等现代规划理念逐步融入我国城市规划体系，公众参与的呼声也越来越高，大家对公众参与的理解也基本上形成了一种共识。

概括来讲，公众参与主要指在社会分层、公众需求多样化以及利益集团介入的情况下所采取的一种协调对策，它重于强调公众对城市规划编制、管理过程的参与、决策与管理。

(2) 我国城市规划与城市设计公众参与的现状

根据相关统计表明，目前我国已经运用的公众参与方式，大多是对规划编制与城市设计过程中的设计方案的展示与评价；规划审批阶段的公众参与主要限于学术研究机构与地方政界的精英层次，主要是专家论证与地方相关部门审批；规划与城市设计实施阶段的公众参与则主要是针对某项城市建设活动所产生的妨碍公众正常生活、工作与学习等方面的严重问题；规划与城市设计前期的公众参与也仅仅局限于设计师为调查现状而走访群众、召开座谈会等形式的民间调查活动，只能说是一种基本的“被动式”的过程性参与，其与真正意义上的公众参与尚有相当差距。真正意义上的“主动式”决策性参与——普遍社会公众有组织地对规划与城市设计过程进行的参与仍然没有被真正涉及，我国全面而有效地反映市民期望的参与方法与组织机构依然处于缺乏状态。

由此可见，要使公众参与在我国复合型的城市公共空间与城市交通一体化设计过程中真正起到有效的社会管理监督作用，则必须要加强研究适于社会公众参与的方法并且建立相应的组织机构。

2. 相关问题产生的原因分析

从上述我国城市规划与城市设计过程中的公众参与现状来看，由于我国的公众参与尚处于一个起步阶段，所以无论从公众参与的立法、制度、机构组织，还是具体的运营方法等方面来看，都存在着很大的缺口，而这些问题的产生，主要受到以下几方面因素的影响。

(1) 历史原因

长期以来，由于受到我国计划经济影响，我国的规划与城市设计也主要只是国家管理城市建设的工具，其表达国家的需要并反映国家意志。关于城市发展的政策目标通常由政府指定，而后经由规划师转译，这些目标中关于公众利益的问题在政府的拟定改善方案中是否优先则主要由决策者凭借意愿或政治性原则来确定，从而导致公众切身的急迫需求往往得不到满足。这就是所谓的“精英规划”，是少数专业人员用来表达政府意志以获得利益的手段。最后出现了可笑的一幕，即公众被领导者、规划师们所代表了，公众的真正心声只能间接传递而不能直接有效表达。

(2) 法律法规制度不健全

目前，虽然我国有关城市设计立法工作正在进行中，但城市规划立法由来已久，从现状来看，以往规划立法主要注重对规划建设部门的授权，而公众参与方面则相当薄弱。我国“政府强制实施，公众被动配合”的一边倒城市规划法制体系容易造成社会公众的正当权益不断遭受侵害。相当部分的政府官员视城市建设为其政绩的一部分，把向上级汇报、向上级负责视作第一位的，却将公众——城市的真正主人放到了其次，造成大量的社会资源流向了“面子工程”、“政绩工程”。

(3) 公众维权意识不强

虽然目前我国城市化进程迅速，但发展时间尚短而且由计划经济向市场经济过渡也为时不长，所以相当部分市民的民主意识不强，文化素质也偏低，而且公众中仍有一种根深蒂固的老观念，即认为城市建设是政府的工作，与自己无关，通常只有到出现生活不便时才勉强呼吁一下，希望得到政府有关部门的重视与解决，从而形成了社会公众关系到切身利益的事务参与多，而公共利益方面的参与少的局面。因此，我国的公众参与规划一般都属于临时召集型，尚无正规合法的专业民间机构来组织承担长期参与监督和管理的工作，致使公众通常只能被动地接受政府和规划部门的安排。

3. 建立复合型的城市公共空间与城市交通一体化设计的公众参与管理监督机制[1]

随着市场经济体制的逐步建立，各种利益冲突表象化，公众要求参与城市规划和城市设计的呼声也越来越高。为促进复合型的城市公共空间与城市交通一体化设计的顺利进行，有必要建立相关的公众参与管理监督机制。该机制的建立要从转变观念、建立保障措施与实施途径三个方面展开。

---

[1] 下文部分相关内容参见赵秀敏，葛坚．城市公共空间规划与设计中的公众参与问题［J］．城市规划，2004(1)：69～72

龙元．交往型规划与公众参与［J］．城市规划，2004(1)：73～77

(1) 转变观念

若要改变我国当前城市规划与设计中公众参与存在的问题，在复合型的城市公共空间与城市交通一体化城市设计中真正发挥公众参与的管理监督作用，首先要做到在项目策划阶段社会各界在思想、职能与角色上实现彻底转变。

1) 政府职能的转变

为了有效促进公众参与，发挥公众参与在将来城市设计中的管理监督作用，各地方政府应当做到规划管理放权与政务公开透明。管理权限下放为公众参与提供了可能，而政务的公开透明则是公众参与的前提条件。政府应当及时发布有关规划与城市设计的政策、法规以及相关管理程序，由指导者角色转变为推动者，从而增进公众在城市规划、城市设计、建设和管理上的知情权、参与权和管理权，真正广泛吸引公众参与现代城市管理。譬如在国外诸多成功的城市规划与城市设计项目中，往往政府所做的只是委托工作，而具体技术和规划设计的审批工作，则主要由城市设计委员会等具体负责。

2) 城市设计师角色的调整

如果将复合型的城市公共空间与城市交通一体化城市设计作为产品，那么社会公众则是最终用户。按照这个逻辑，在规划编制和城市设计这个经济活动过程中，城市设计师负责生产产品，政府与相关行政部门选择生产商，而市民则对生产的产品进行选择和评判。也就是说，城市设计师们应当为市民服务，而绝非是为某个政府部门服务，设计师们应该是公众参与的组织者。在许多情况下，城市设计师应当直接负责设计或组织一个公众参与活动，该活动将会对最终决策的起重要作用。由此可见，城市设计师在鼓励公众参与中处于极为重要且有利的地位，可以为规划与城市设计过程的每个部分选择最为合适的参与方式，可以促使这类参与为城市设计过程作出有效贡献，而不是再像以前那样，仅靠求助于技术与专业技能。

3) 社会公众主人翁意识的建立

大家有目共睹，近年来，随着城市建设已成为广大市民共同关注的焦点，公众对于城市建设的知情权、参与权和决策权的要求也日益强烈，但这种关注时常尚处于一种无意识状态，这样的话仍旧不能对一体化城市设计或建设产生实质性的作用。因而，广大社会公众应当不断提高自身素质，积极而有组织地参与到城市规划与城市设计活动之中，应该充分意识到公众参与是一种法律赋予的权力，而并非是一种“形式”。

(2) 建立有效的保障措施

建立合理的组织机构与强有力的法律制度是保障公众参与在复合型的城市公共空间与城市交通一体化城市设计中顺利展开的根本前提。

1）组织机构的建立

根据国外与我国其他行业的实例来看，实行城市设计公众参与来管理监督复合型的城市公共空间与城市交通一体化设计与建设，建立一个独立于行政组织之外，具有一定的决策与管理权限，由关心城市发展的、有相当的规划与城市设计知识装备的公众所组成的团体(暂称作城市规划公众参与委员会)是极为必要的。其可以参照各城市消费者协会的管理模式，由各社区的业主委员会、居民委员会构成社区一级的公众参与组织。该组织的职能主要是努力坚持公正、客观的原则对有关利益集团做出界定，为他们创造对话的环境，使它们在相互交换更多信息的同时，认识到公共利益的重要性，并且理性地做出让步；直接受理居民的维权要求，对于公众的不合理意见予以解释与引导，对于切合实际的良好建议则积极采取有效的措施予以回应；有权综合多方意见提出完整的规划方案作为公共改建项目的参考，并且对复合型的城市公共空间与城市交通一体化设计公众参与的成果进行监督、评判。概括来讲，就是最大限度地扩展公众参与的范围和推进城市民主建设进程，以真正实现公共利益与各私人利益最大化。

2）法律制度的保障

根据我国当前城市规划与城市设计公众参与的问题来看，也迫切需要强化城市规划与城市设计公众参与的法制建设，真正从法律上明确行政机关承担的义务和公众、各类团体拥有的权利，并且对公众参与城市规划与城市设计编制、审批与实施的形式和范围提供制度化保障。

(3) 公众参与主要实施途径

1）目标界定阶段

在现实生活之中，普通市民多愿意参加与其利益直接相关联的规划活动，而对于涉及全体社会公众利益的有关城市公共空间与城市交通结合的设计却可能不太关心。当然，这可能和市民的城市规划与城市设计素质不高有关，往往只关注自身利益，但从另外一个角度来分析，公众对于城市公共空间与城市交通一体化城市设计的参与兴致不高，与其缺乏相关背景资料，仅靠走马观花式的浏览就需要做出选择判断有很大关系。因此，在复合型的城市公共空间与城市交通一体化城市设计的目标界定阶段实现公众参与的关键是项目相关信息的有效发布与反馈信息的及时收集、处理和反馈两个方面。

① 信息发布

为了使公众对复合型的城市公共空间与城市交通一体化建设项目的背景与前景有一个全面的了解，应通过信息发布来培养社会公众的兴趣，激发其参与的兴趣和欲望，信息发布具体的步骤如下：

首先，信息的来源由政府委托规划部门负责。其中，建设项目的可行性研究报告主要由相关专家与规划设计人员负责；项目的环境评价报告，交由环境评价部门负责；并且对可能涉及到经济问题、环境生态问题、相关利益群体等都必须对社会公众给予足够的明示。其次，信息的发布主要采用广播、电视、网络以及报纸等多渠道并行的方式，最大程度地向市民传达信息。

② 信息收集、处理以及反馈

信息收集、处理以及反馈能使社会公众提出的问题与建议得到有效的传达。这项工作可以由建立的城市规划公众参与委员会负责，各大媒体协助开展。这样，一方面可以设置广播电视热线，接受公众的反馈信息，也可以设置专栏提供一个公开、公平的讨论机会，并且邀请专家给出专业意见，从而使建设性的意见能够发挥应有的作用，也使意见偏执者得到正确的引导。另一方面，可以采用网络资源，建立专门的网站公布建设项目的有关信息，发表公众见解，由城市规划公众参与委员会安排专门的技术人员对公众建议进行处理，并且将处理结果(包括主要理由)，利用网站及时进行反馈，从而可以增强公众参与的热情与信心。对于一些具有建设性意义的意见，由城市规划公众参与委员会负责与有关规划部门进行交流，然后及时把交流结果通过网络和媒体对公众进行公布。

2）方案优选阶段

复合型的城市公共空间与城市交通一体化城市设计方案的制定由城市规划管理部门按相关程序邀请规划设计单位进行，在方案招标的任务书中应当根据目标界定阶段的结论明确设计任务和要求。在设计与选择方案时期，传统的公众参与方式主要由规划管理部门负责，选择一处公共场所，把各个竞标方案的设计图纸与模型进行公开展示，然后公开请社会公众进行投票。可以说，虽然以上这种方式目前已被国内各大城市广泛地采用，但其在操作中却存在相当大的缺点，需要进一步改进完善。

① 若需要社会公众对复合型的城市公共空间与城市交通一体化城市设计方案做出选择，则必须让公众对方案有足够的认识与理解能力。显然，当前流行的三维动画模拟技术为解决这一难题提供了可能。也就是说，通过该技术模拟人在三维空间中的运动状态，可以使相当部分的社会公众有一种身临其境的感觉，切身游历于“未来世界”之中，进而有助于让他们选出自己真正喜欢的方案，提出有关的修改建议。

② 由于供选方案以往时常在单一场所展出，导致许多市民因为可达性等原因而失去参与该活动的兴趣，从而使相当部分的潜在参与者流失。可以通过网络、媒体等将供选方案向社会公众全面展示，对于反馈信息的收集、处理可以参照目标界定阶段的做法进行，并

且将公众投票结果通过网络、媒体向社会公众发布，从而真正实现最广泛的公众参与。

③ 方案的最终确定还必须通过专家的论证与政府的审批。众所周知，在以往传统的公众参与方式中，公众投票——专家评审——政府审批呈现出一个单向性的过程，至于公众的投票在最终的决策中是否真实地发挥作用，到底能发挥多少作用不得而知，或许时常成为政府搞“走过场”形式的障眼法而已，因此也严重地打击了公众参与的积极性。鉴于此，为了实现真正的公众参与，方案的最终确定可以采取将公众、专家、政府三方的满意度进行权重对比的方式，以满意度最高的作为最终的可发展方案，同时根据城市规划公众参与委员会整理出来的市民的建设性建议、专家建议和政府的意见提出方案改进要求，可由中标单位负责进一步深化、完善设计。

3）实施阶段

以往城市规划与城市设计的公众参与往往在方案确定后就停止了，至于具体的实施似乎只是政府与规划部门的事，而与公众无关了。然而，从复合型的城市公共空间与城市交通一体化城市设计的发展与建设来看，其是一个动态发展的过程。因此，当一个城市设计成果出台后，必须有相应的后续研究进行追踪，从而不断完善规划与城市设计，这就要求一体化城市设计的公众参与也必须有一个动态的持续过程。

该过程的具体操作可以由城市规划公众参与委员会负责，凭借网络、媒体定期通报项目的实施情况，社会公众也可以就实施过程中出现的问题或可能出现的问题及时提出自己的意见或建议，由城市规划公众参与委员会负责对其行汇总、处理，并且与规划部门进行相关交涉，从而实现真正的互动，使复合型的城市公共空间与城市交通一体化设计与时俱进、不断完善。

概括而言，通过上述分析，在复合型的城市公共空间与城市交通一体化设计过程中，引入公众参与的监督管理技术可以通过图 5-13所示的流程实现。

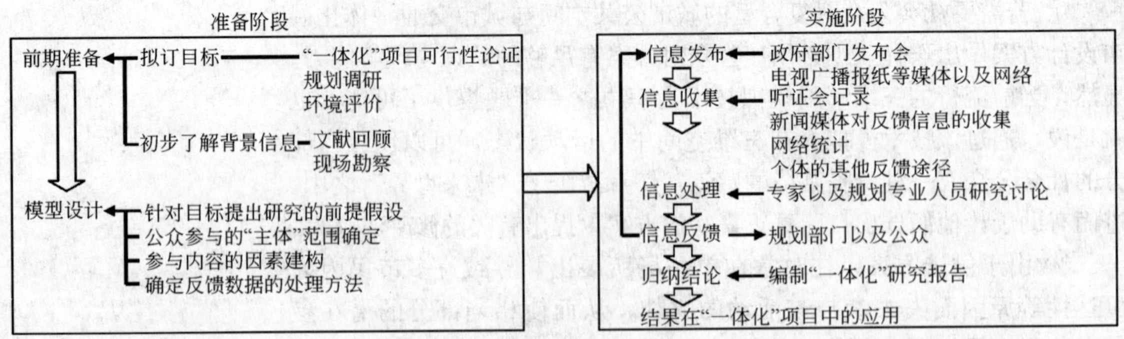

图 5-13　公众参与在复合型的城市公共空间与城市交通一体化设计中的实施流程

可以说，这些管理技术的提出是对以往相关方面存在问题的一次彻底“手术”，也是在新形势与城市发展要求下的一次“革新”与“再生”。相信，只要我们坚持，只要我们用心，机制的活力就会显现，复合型的城市公共空间与城市交通一体化建设与发展就会富有朝气与生命力。

5.5 本章小结

本章主要从保障复合型的城市公共空间与城市交通一体化的相关法规制度的确立与完善、有效实行联合开发、加强联合设计与交流、完善一体化城市设计的管理技术四个方面来对两者一体化的运行机制展开深入研究。

(1) 在相关法规制度的确立与完善方面，首先应该确立公共利益首位度原则；其次，建立并完善城市土地使用相容性管理规范体系；最后，为复合型的城市公共空间与城市交通一体化建立有效的规划控制与引导制度。

(2) 在一体化发展过程中往往会涉及到建设投资资金紧缺、不同土地使用权协调、多种不同功能组合以及城市交通疏导等方面的问题，而联合开发则是协调和解决这些问题的有效途径。

(3) 复合型的城市公共空间与城市交通一体化设计是一个涉及到多方面因素的动态城市设计过程。在此设计过程中，必须通过确定城市设计师的主要行为准则和加强城市设计师团体联合设计与交流的主要行为方式等途径来加强由城市规划师、交通规划师与建筑师等所构成的城市设计师团体的联合设计与有效交流。加强城市设计师团体之间的联合设计与交流，可以从本源上真正为一体化有效进行提供智力与科学保障。

(4) 在保障一体化顺利进行的机制中，还必须完善管理技术。本章主要从落实一体化的“城市设计管理”、在市场经济下规划引导市场开发的城市经营管理以及有效实行公众参与管理三个方面来对如何完善一体化的管理技术问题展开论述。

图表索引

导论

图 0-1 http：//congrifang. blog. sohu. com/ 2007-10-07 23：36 enjoy the journey，enjoy the life

图 0-2 (法)薛杰(Serge Salat)主编. 罗福午等审. 可持续发展设计指南：高环境质量的建筑［M］. 北京：清华大学出版社，2006

图 0-3 龙固新编. 大型都市综合体开发研究与实践［M］. 南京：东南大学出版社，2005

图 0-4 (英)理查德・罗杰斯著. 小小地球上的城市［M］. 仲德崑译. 北京：中国建筑工业出版社，2004

图 0-5 http：//pop. pcpop. com/zpt/default. html？MainUrl 2008-01-25 10：07：38

图 0-6 作者自摄

图 0-7 作者自绘

表 0-1 中国科学院可持续发展研究组，中国可持续发展研究报告，2002

第 1 章

图 1-1，图 1-33，图 1-39 和图 1-40 韩冬青，冯金龙著. 城市・建筑一体化设计. 南京：东南大学出版社，1999

图 1-2，图 1-9，图 1-10，图 1-11，图 1-20，图 1-21 和图 1-31 (日)黑川纪章著. 黑川纪章城市设计的思想与手法［M］. 覃力，黄衍顺等译. 北京：中国建筑工业出版社，2004

图 1-3 EL croquis 86＋111/MVRDV. EL croquis Editorial，2003

图 1-4 岑乐陶主编. 城市道路交通规划设计［M］. 北京：机械工业出版社，2006

图 1-5 澳大利亚 Images 出版公司编. 世界建筑大师优秀建筑作品集锦：理查德・基廷［M］. 向克珍译. 中国建筑工业出版社，1999

图 1-6，图 1-7，图 1-12 王建国著. 城市设计(第二版)［M］. 南京：东南大学出版社，2004

图 1-8 Rowe Colin，Koetter Fred. Collage City. Cambridge，Massachusetts：The MIT Press，1978

Rykwert Joseph，Louis Kahn. New York：Harry N. Abrams. Inc.，2001. 17

图 1-13，图 1-17　韩冬青，冯金龙 著. 城市·建筑一体化设计［M］. 南京：东南大学出版社，1999

图 1-14　顾震宏，韩冬青. 系统化、立体化、人性化——从城市设计角度看斯德哥尔摩的城市交通［J］. 世界建筑，2005(8)：80

图 1-15　陆臻. 城市居住综合体的研究［硕士学位论文］. 上海：同济大学建筑系，2001

图 1-16　作者自绘

图 1-18，图 1-19　维普资讯 http：//www. cqvip. com

图 1-22　南京冰林影像

图 1-23　徐洁，林军. 六本木山——城市再开发综合商业项目［J］. 时代建筑，2005(2)：70-81

图 1-24～图 1-29　作者自摄

图 1-30　李书音，张凡. 城市公共空间的复兴——新加坡克拉码头［J］. 时代建筑，2007(1)：68-73

图 1-32　Luis Rojo de Castro. Interview with Zaha Hadid Conversation 1995. El Croquis 52＋73［I］

图 1-34　作者自摄

图 1-35　作者自摄

图 1-36，图 1-37　黄文菁. 何新城访谈——D 轨：一个为显著缩小城市网络而进行的大胆尝试［J］. 世界建筑，2007(8)：111

图 1-38　李翅. 土地集约利用的城市空间发展模式［J］. 城市规划学刊，2006(1)：49-55

第 2 章

图 2-1～图 2-3，图 2-6 和图 2-7　文国玮著. 城市交通与道路系统规划(新版). 北京：清华大学出版社，2007

图 2-4，图 2-5　岑乐陶主编. 城市道路交通规划设计. 北京：机械工业出版社，2006. 343，246

图 2-8　欧阳之曦. 以公交动线为依托的城市公共空间设计探析［硕士学位论文］. 南京：东南大学建筑学院，2005

图 2-9，图 2-11　转引自(法)薛杰(Serge Salat)主编. 罗福午等审. 可持续发展设计指南：高环境质量的建筑［M］. 北京：清华大学出版社，2006. 81

图 2-10　周扬. 集约型居住综合体的研究：［硕士论文］. 南京：东南大学建筑学院，2005

图 2-12　http：//www. china. com. cn/city/txt/2007-04/13/content_8110999. htm

图 2-13，图 2-14　叶亮. 城市空间结构与交通结构相互关系探析——以淮安市为例［J］. 现代城市研究，2007(2)：60-65

图 2-15　惠颉、张倩、王芳编著. 城市住区规划设计概论［M］. 北京：化学工业出版社，2006

图 2-16　作者自摄

图 2-17　董国良、张亦周著．畅通城市论——21 世纪城市交通与城市规划［M］．北京：中国建筑工业出版社，2005.2

图 2-18　作者自摄

图 2-19　http：//www.news.sohu.com/20070516/n250042478.shtml

图 2-20～图 2-22（日）黑川纪章著．黑川纪章城市设计的思想与手法［M］．覃力，黄衍顺等译．北京：中国建筑工业出版社，2004

图 2-23　作者自摄

图 2-24　作品视窗［J］．建筑师，2008(2)

图 2-25　作者自摄

图 2-26　黄建中著．特大城市用地发展与客运交通模式［M］．北京：中国建筑工业出版社，2006

图 2-27，图 2-28　福斯特及合伙人事务所．德累斯顿车站重建工程及马斯达开发项目［J］．城市建筑，2008(2)：36-41

第 3 章

图 3-1，图 3-5 和图 3-6　韩冬青，冯金龙著．城市・建筑一体化设计．南京：东南大学出版社，1999

图 3-2　(英)理查德・罗杰斯著．仲德崑译．小小地球上的城市［M］．北京：中国建筑工业出版社，2004

图 3-3　转引自(法)薛杰(Serge Salat)主编．罗福午等审．可持续发展设计指南：高环境质量的建筑［M］．北京：清华大学出版社，2006

图 3-4，图 3-12　黄建中著．特大城市用地发展与客运交通模式［M］．北京：中国建筑工业出版社，2006

图 3-7，图 3-8，图 3-13～图 3-15　北京中建国际

图 3-9　作者自摄

图 3-10　赵杰，李东梅，赵永勃．北京东直门综合交通枢纽暨东华国际广场商务区［J］．建筑创作，2008(3)：62-65

图 3-11　(法)让-皮埃尔・奥佛耶．机动性与社会排斥［J］．城市规划汇刊，2004(5)：89-93

图 3-16　刘晓都，孟岩，王辉．城市填空作为一种城市策略的都市造园计划［J］．时代建筑，2007(1)：22-31

图 3-17　王建国著．城市设计(第二版)［M］．南京：东南大学出版社，2004.8

图 3-18　杨宇振．桥上的风景——美国捷得国际建筑师事务所中国区总监叶祖达先生访谈［J］．城市建筑，2005(8)：56-73

表 3-1　黄建中著．特大城市用地发展与客运交通模式［M］．北京：中国建筑工业出版社，2006.123

第 4 章

图 4-1，图 4-2　刘宛．总体策划——城市设计实践过程的全面保障［J］．城市

规划，2004(7)：59-63

图 4-3 魏皓严，郑曦. 并置、重叠——溶解系统 [J]. 城市建筑，2004(12)：6-7

图 4-4 (日)黑川纪章著. 黑川纪章城市设计的思想与手法 [M]. 覃力，黄衍顺，徐慧，吴再兴译. 北京：中国建筑工业出版社，2004

图 4-5 作者结合相关材料整理绘制

图 4-6 Brian Richards. New Movement in Cities，12/6 UK Studio Vista Ltd，London，1966

图 4-7 (英)理查德·罗杰斯著. 小小地球上的城市 [M]. 仲德崑译. 北京：中国建筑工业出版社，2004.

图 4-8 作者自绘

图 4-9，图 4-10 作者自摄

图 4-11 欧阳之曦. 以公交动线为依托的城市公共空间设计探析 [硕士学位论文]. 南京：东南大学建筑学院，2005

图 4-12 作者自绘

图 4-13～图 4-15 作者根据相关资料整理绘制

图 4-16 http：//picasaweb. google. com/CheWei. Chang/LqcnRC/photo＃5097033446165501586

图 4-17 http：//picasaweb. google. com/CheWei. Chang/LqcnRC/photo＃5097033510590011074

图 4-18 作者自绘

图 4-19 作者自绘

图 4-20，图 4-22 王建国著. 城市设计(第二版) [M]. 南京：东南大学出版社，2004

图 4-21 程大锦著. 刘丛红 译. 邹德侬 审校. 建筑：形式、空间和秩序(第二版). 天津大学出版社，天津，2005

图 4-23，图 4-24 作者自绘

图 4-25 根据 http：//blog. linkshop. com. cn/u/ybmybm/archives/2005/16647. html 图片加以整理

图 4-26 杨宇振. 桥上的风景——美国捷得国际建筑师事务所中国区总监叶祖达先生访谈 [J]. 城市建筑，2005，(08)：56-73

图 4-27～图 4-30 作者自摄

图 4-31，图 4-32 作者自摄

图 4-33 作者自摄

图 4-34 http：//youngforever1. spaces. live. com/blog/cns！34FAF 450BE2D8D17！444. entry

图 4-35，图 4-36 作者自摄

图 4-37 http：//blog. sina. com. cn/s/blog _ 48395044010006cv. html

图 4-38，图 4-39 作者自绘

图 4-40～图 4-43 作者自摄

图 4-44，图 4-45，图 4-47 和图 4-48 B＋H 建筑事务所. 阿联酋迪拜商业湾西区商业园区 [J]. 世界建筑导报，2008 [2]：23-25

图 4-46　作者根据 B+H 建筑事务所作品图加以绘制

图 4-49　作者自绘

图 4-50、图 4-55　根据 http：//blog. sina. com. cn/s/blog _ 49e53b73010007vl. html 中图片加以绘制

图 4-51　http：//blog. sina. com. cn/s/blog _ 49e53b73010007vl. html

图 4-52　www. szvillas. com/talk/zhutao. htm

图 4-53、图 4-54　华筑设计. "另一种高密度城市" 模式探索 [J]. 时代建筑(副刊)，2008(3)：25-26

图 4-56　作者自绘

图 4-57～图 4-60　卢济威、陈泳. 推进地铁站地区体系化——上海市轨道交通 10 号线四川北路站地区城市设计 [J]. 建筑学报，2008(1)：29-33

图 4-61～图 4-66　作者自摄

图 4-67　作者根据车站导游图整理绘制

第 5 章

图 5-1　(美)安东尼·唐斯著. 官僚制内幕 [M]. 郭小聪等译. 北京：中国人民大学出版社，2006

图 5-2　(美)张庭伟. 转型时期中国的规划理论和规划改革 [J]. 城市规划，2008(3)：15-24

图 5-3　乌尔夫·迈尔. 双层表皮深度——环境友好的可持续建筑设计往往依赖于立面 [J]. 孙凌波译. 世界建筑，2008(4)：18-21

图 5-4，图 5-5　(法)薛杰(Serge Salat)主编. 罗福午等审. 可持续发展设计指南：高环境质量的建筑 [M]. 北京：清华大学出版社，2006

图 5-6　韩冬青、冯金龙著. 城市·建筑一体化设计. 南京：东南大学出版社，1999

图 5-7　卢济威，陈泳. 推进地铁站地区体系化——上海市轨道交通 10 号线四川北路站地区城市设计 [J]. 建筑学报，2008(1)：29-33

图 5-8～图 5-10　美国城市土地协会编. 联合开发——房地产开发与交通的结合 [M]. 郭颖译. 北京：中国建筑工业出版社，2003

图 5-11　作者自绘

图 5-12　(英)理查德·罗杰斯著. 小小地球上的城市 [M]. 仲德崑译. 北京：中国建筑工业出版社，2004.

图 5-13　作者根据相关材料整理绘制

赵秀敏，葛坚. 城市公共空间规划与设计中的公众参与问题 [J]. 城市规划，2004(1)：69-72

表 5-1　Arnstein, S. R. . A Ladder of Citizen Participation. Journal of American Institute of Planners. Vol. 35，No. 4，July 1969：216-224

参考文献

[1] 王伟强著. 和谐城市的塑造——关于城市空间形态演变的政治经济学实证分析 [M]. 北京：中国建筑工业出版社，2005.

[2] 荷兰根特城市研究小组著. 城市状态：当代大都市的空间、社区和本质 [M]. 敬东译. 北京：中国水利水电出版社，知识产权出版社，2005.

[3] (英)理查德·罗杰斯等著. 小小地球上的城市 [M]. 仲德崑译. 北京：中国建筑工业出版社，2004.

[4] 冯健著. 转型期中国城市内部空间重构 [M]. 北京：中国建筑工业出版社，2004.

[5] 段进著. 城市空间发展论 [M]. 南京：江苏科学技术出版社，2000.8.

[6] 卢济威著. 城市设计机制与创作实践 [M]. 南京：东南大学出版社，2004.

[7] 朱喜钢著. 城市空间集中与分散论 [M]. 北京：中国建筑工业出版社，2002.

[8] 董国良，张亦周著. 畅通城市论——21 世纪城市交通与城市规划 [M]. 北京：中国建筑工业出版社，2005.

[9] 韩冬青，冯金龙 著. 城市·建筑一体化设计 [M]. 南京：东南大学出版社，1999.

[10] 王建国著. 城市设计(第二版) [M]. 南京：东南大学出版社，2004.

[11] 王建国著. 现代城市设计理论和方法(第二版) [M]. 南京：东南大学出版社，2001.

[12] (英)克利夫·芒福汀著. 街道与广场 [M]. 张永刚，陆卫东译. 北京：中国建筑工业出版社，2004.

[13] (英)克利夫·芒福汀著. 美化与装饰 [M]. 韩冬青等译. 北京：中国建筑工业出版社，2004.

[14] (英)克利夫·芒福汀著. 绿色尺度 [M]. 陈贞，高文艳译. 北京：中国建筑工业出版社，2004.

[15] (丹麦)扬·盖尔，拉尔斯·吉姆松著. 新城市空间(第二版) [M]. 何人可等译. 北京：中国建筑工业出版社，2003.

[16] 刘先觉主编. 现代建筑理论 [M]. 北京：中国建筑工业出版社，1999.

[17] 董国良. 建设汽车时代真正紧凑型不堵车城市理论和方法(论文集) [M]. 北京：中国建筑工业出版社，2004.

[18] 周进著. 城市公共空间建设的规划控制与引导 [M]. 北京：中国建筑工业出版社，2005.

[19] 徐慰慈编. 城市交通规划论 [M]. 上海：同济大学出版社，1998.

[20] 仇保兴著. 中国城市化进程中的城市规划变革 [M]. 上海: 同济大学出版社, 2005.
[21] 汪德华著. 中国城市规划史纲 [M]. 南京: 东南大学出版社, 2005.
[22] 王鹏著. 城市公共空间的系统化建设 [M]. 南京: 东南大学出版社, 2001.
[23] 刘滨谊著. 现代景观规划设计 [M]. 南京: 东南大学出版社, 1999.
[24] (日)黑川纪章著. 黑川纪章城市设计的思想与手法 [M]. 覃力, 黄衍顺, 徐慧, 吴再兴译. 北京: 中国建筑工业出版社, 2004.
[25] 于雷著. 空间公共性研究 [M]. 南京: 东南大学出版社, 2005.
[26] (丹麦)扬・盖尔著. 交往与空间 [M]. 何人可译. 北京: 中国建筑工业出版社, 2002.
[27] 刘贵利著. 城市生态规划理论与方法 [M]. 南京: 东南大学出版社, 2002.
[28] (美)理查德・瑞吉斯特著. 生态城市: 建设与自然平衡的人居环境 [M]. 王松如, 胡聃译. 北京: 社会科学文献出版社, 2002.
[29] 田银生, 刘韶军著. 建筑设计与城市空间 [M]. 天津: 天津大学出版社, 2000.
[30] (美)L・芒福德著. 城市发展史 [M]. 倪文彦等译. 北京: 中国建筑工业出版社, 1989.
[31] (美)凯文・林奇著. 城市意向 [M]. 项秉仁译. 北京: 中国建筑工业出版社, 1989.
[32] (加)简・雅各布斯著. 金衡山译. 美国大城市的死与生 [M]. 南京: 译林出版社, 2005.
[33] 戴志忠, 刘晋川, 李鸿烈著. 城市中介空间 [M]. 南京: 东南大学出版社, 2003.
[34] (美)埃德蒙・N・培根著. 城市设计(修订版) [M]. 黄富厢, 朱琪译. 北京: 中国建筑工业出版社, 2003.
[35] 唐军著. 追问百年——西方景观建筑学的价值批判 [M]. 南京: 东南大学出版社, 2004.
[36] (美)伊恩・L・麦克哈格著. 设计结合自然 [M]. 芮经纬译. 北京: 中国建筑工业出版社, 1992.
[37] 邬建国著. 景观生态学——格局、过程、尺度与等级 [M]. 北京: 高等教育出版社, 2002.
[38] 刘捷著. 城市形态的整合 [M]. 南京: 东南大学出版社, 2004.
[39] (美)斯坦纳著. 生命的景观——景观规划的生态学途径 [M]. 周年兴等译. 第2版. 北京: 中国建筑工业出版社, 2004.
[40] 汤桦著. 营造乌托邦 [M]. 北京: 中国建筑工业出版社, 2002.
[41] 金俊著. 理想景观——城市景观空间系统建构与整合设计 [M]. 南京: 东南大学出版社, 2003.
[42] 张庭伟等著. 城市滨水区设计与开发 [M]. 上海: 同济大学出版社, 2002.
[43] 任致远著. 21世纪城市规划管理 [M]. 南京: 东南大学出版社, 2000.
[44] (美)凯勒・伊斯特林著. 美国城镇规划: 按时间顺序进行比较 [M]. 何华, 周智勇译. 北京: 知识产权出版社, 中国水利水电出版社, 2003.

[45] 陆地著. 建筑的生与死—历史性建筑再利用研究 [M]. 南京：东南大学出版社，2004.
[46] 龙固新编. 大型都市综合体开发研究与实践 [M]. 南京：东南大学出版社，2005.
[47] (法)勒·柯布西耶著. 走向新建筑 [M]. 陈志华译. 西安：陕西师范大学出版，1994.
[48] (美)伊利尔·沙里宁著. 形式的探索——一条处理艺术问题的基本途径 [M]. 顾启源译. 北京：中国建筑工业出版社，1989.
[49] 顾朝林等著. 集聚与扩散：城市空间结构新论 [M]. 南京：东南大学出版社，2000.
[50] 任致远著. 透视城市与城市规划 [M]. 北京：中国电力出版社，2005.
[51] (英)迈克·詹克斯等著. 紧缩城市——一种可持续发展的城市形态 [M]. 周玉鹏等译. 北京：中国建筑工业出版社，2004.
[52] 陈瑛著. 城市CBD与CBD系统 [M]. 北京：科学出版社，2004.
[53] 宛素春等编著. 城市空间形态解析 [M]. 北京：科学出版社，2004.
[54] 张承安著. 反吸引体系——现代城市规划理论 [M]. 北京：科学出版社，1993.
[55] 辞海编辑委员会编. 辞海(1989年版) [M]. 上海：上海辞书出版社，1989.
[56] 戴志中等著. 城市中介空间 [M]. 南京：东南大学出版社，2003.
[57] 惠颉，张倩，王芳编著. 城市住区规划设计概论 [M]. 北京：化学工业出版社，2006.
[58] 岑乐陶主编. 城市道路交通规划设计 [M]. 北京：机械工业出版社，2006.
[59] (法)薛杰(Serge Salat)主编. 可持续发展设计指南：高环境质量的建筑 [M]. 北京：清华大学出版社，2006.
[60] 潘海啸编译. 城市交通空间创新设计：建筑行动起来可 [M]. 北京：中国建筑工业出版社，2004.
[61] (美)林奇(Lunch，K)，海克(Hack，G). 总体设计 [M]. 北京：中国建筑工业出版社，1999.
[62] 黄亚平编著. 城市空间理论与空间分析 [M]. 南京：东南大学出版社，2006.
[63] 石京著. 城市道路交通规划设计与运用 [M]. 北京：人民交通出版社，2006.
[64] 陆臻. 城市居住综合体的研究 [硕士学位论文]. 上海：同济大学建筑系，2001.
[65] 刘波等编著. 城市公共交通管理 [M]. 北京：中国发展出版社，2007.
[66] (英)J. M. 汤姆逊著. 城市布局与交通规划 [M]. 倪文彦，陶吴馨译. 北京：中国建筑工业出版社，1982.
[67] 童林旭著. 地下空间与城市现代化发展 [M]. 北京：中国建筑工业出版社，2005.
[68] 林钦荣著. 都市设计在台湾 [M]. 台北：创兴出版社有限公司，1995.

[69] (法)埃德加·莫兰著. 方法：天然之天性 [M]. 吴鸿缈，冯学俊译. 北京：北京大学出版社，2002.
[70] (美)德鲁克著. 巨时代的管理 [M]. 台北：台湾中天出版社，1998.
[71] 潘海啸，杜雷编. 城市交通方式和多模式间的转换 [M]. 上海：同济大学出版社，2003.
[72] 姚国华. 全球化的人文审思与文化战略 [M]. 深圳：海天出版社，2002.
[73] 美国城市土地协会编. 联合开发——房地产开发与交通的结合 [M]. 郭颖译. 北京：中国建筑工业出版社，2003.
[74] 蒋涤非著. 城市形态活力论 [M]. 南京：东南大学出版社，2007.
[75] 杨靖. 与城市互动的住区规划设计理论与实践研究 [D]. 南京：东南大学建筑学院，2005.
[76] 李德仁，关泽群著. 空间信息系统的集成与实现 [M]. 武汉：武汉测绘科技大学出版社，2000.
[77] 田宝江著. 城市空间解析与设计 [D]. 上海：同济大学建筑与城市规划学院，1998.
[78] (美)西蒙兹. 大地景观——环境规划指南 [M]. 程里尧译. 北京：中国建筑工业出版社，1990.
[79] 欧阳之曦. 以公交动线为依托的城市公共空间设计探析 [硕士学位论文]. 南京：东南大学建筑学院，2005.
[80] 段汉明编著. 城市设计概论 [M]. 北京：科学出版社，2006.
[81] 黄建中著. 特大城市用地发展与客运交通模式 [M]. 北京：中国建筑工业出版社，2006.
[82] 澳大利亚 Images 出版公司编. 向克珍译. 世界建筑大师优秀建筑作品集锦：理查德·基廷 [M]. 中国建筑工业出版社，1999.
[83] 杨德昭著. 新社区与新城市 [M]. 北京：中国电力出版社，2006.
[84] 周扬. 集约型居住综合体的研究 [硕士学位论文]. 南京：东南大学建筑学院，2005.
[85] 文国玮著. 城市交通与道路系统规划(新版) [M]. 北京：清华大学出版社，2007.
[86] 张京祥编著. 西方城市规划思想史纲 [M]. 南京：东南大学出版社，2005.5.
[87] (美)安东尼·唐斯著. 官僚制内幕 [M]. 郭小聪等译. 北京：中国人民大学出版社，2006.
[88] 丁成日，宋彦，Gerrit Knaap，黄艳 著. 城市规划与空间结构——城市可持续发展战略 [M]. 北京：中国建筑工业出版社，2005.
[89] (法)薛杰(Serge Salat)主编. 可持续发展设计指南：高环境质量的建筑 [M]. 北京：清华大学出版社，2006.
[90] 王世福著. 面向实施的城市设计 [M]. 北京：中国建筑工业出版社，2005.
[91] 林家彬. 日本国土政策及规划的最新动向及其启示 [J]. 城市规划汇刊，2004(6)：34～37.
[92] 敬东. 城市经济增长与土地利用控制的相关性研究 [J]. 城市规划，

2004(11)：60～70.

[93] 周丽亚，邹兵．探讨多层次控制城市密度的技术方法——《深圳经济特区密度分区研究》的主要思路［J］．城市规划，2004(12)：28～32.

[94] Federico Oliva，Marco Facchinett．关于城市蔓延和交通规划的政治与政策［J］．国外城市规划，2002(6).

[95] 李翅．土地集约利用的城市空间发展模式［J］．城市规划学刊，2006(1)：49～55.

[96] 徐吉谦，张迎东，梅冰．自行车交通出行特征和合理适用范围探讨［J］．城市研究，1994(6).

[97] 毛蒋兴，闫小培．国外城市交通系统与土地利用互动关系研究［J］．城市规划，2004(7)：64～69.

[98] 叶亮．城市空间结构与交通结构相互关系探析——以淮安市为例［J］．现代城市研究，2007(2)：60～65.

[99] D·Gregg Doyle．美国的密集化和中产阶级化发展．国外城市规划［J］，2002(3).

[100] 卓健．运动中的城市：城市规划研究的新视野［J］．城市规划汇刊，2004(1)：88～91.

[101] (法)让-皮埃尔·奥佛耶．机动性与社会排斥［J］．城市规划汇刊，2004(5)：89～93.

[102] 文西．简讯：阿姆斯特丹拟建地下城［J］．世界建筑，2008(4)：13.

[103] 赵珂，赵钢．“非确定性”城市规划思想［J］．城市规划汇刊，2004(2)：33～36.

[104] 魏皓严，郑曦．并置、重叠——溶解系统［J］．城市建筑，2004(12)：6～7.

[105] 卓健．中国城市是否可以作为一种“城市模式”？——记法国规划师的一次座谈会［J］．城市规划，2005(4)：104～108.

[106] 钱才云，周扬．对复合型的城市公共空间与城市交通一体化设计方法的探讨［J］．建筑学报学术论文专刊，2009(2)：135～140.

[107] 钱才云．对当代城市空间“顽疾”的理疗之策——谈复合型的城市公共空间内涵及其发展必要性研究［J］．华中建筑，2009(9)：99～103.

[108] 周扬，钱才云．集约型居住综合体的主要特征及其发展必要性的研究［J］．华中建筑，2008(07)：45～49.

[109] 周扬．集约型居住综合体的设计方法研究［J］．华中建筑，2009(05).

[110] 贺崇明．区域中心城市交通网络的构建［J］．城市规划，2006(7)：75～78.

[111] 王峰．广州城市快速轨道交通的规划与实践［J］．城市规划，2006(7)：79～84.

[112] 孟欣，牟连臣，王珊，胡春晖．网络化公共交通导向下的新城开发［J］．城市问题，2007(2)：31～35.

[113] 郑时龄．未来的城市与今天的城市——记香港“都会前瞻国际研讨会”［J］．时代建筑，1997(2).

[114] 石楠．试论城市规划中的公共利益［J］．城市规划，2004(6)：20～31.

[115] 董慰，王广鹏. 试论城市设计公共利益的价值判断和实现途径. 城市规划学刊，2007(1)：55～60.

[116] (美)张庭伟. 转型时期中国的规划理论和规划改革 [J]. 城市规划，2008(3)：15～24.

[117] 司马晓，邹兵. 对建立土地使用相容性管理规范体系的思考 [J]. 城市规划汇刊，2003(4)：23～29.

[118] 郑正，扈媛. 试论我国城市土地使用兼容性规划与管理的完善 [J]. 城市规划汇刊，2001(3)：11～14.

[119] 杨经文. 绿色摩天楼的设计与规划 [J]. 单军摘译. 世界建筑，1999(2)：21～29.

[120] 唐历敏. 走向有效的规划控制和引导之路——对控制性详细规划的反思与展望 [J]. 城市规划，2006(1)：28～33.

[121] 王红. 引入行动规划：改进规划实施效果 [J]. 城市规划，2005(4)：41～46.

[122] 余柏椿. 论城市设计行为准则及方式 [J]. 城市规划，2003(9)：45～48.

[123] 舒可文. 小区是城市的情人还是仇人 [J]. 三联生活周刊，2001(1).

[124] 张钦楠. 城市应当如何发展 [J]. 读者，2007(12)：3～10.

[125] 周干峙. 春日保健争丰收——在 2005 城市规划年会上的讲话 [J]. 城市规划，2005(11)：14.

[126] 周江评. 关于中国城市交通的文献与政策综述 [J]. 城市规划学刊，2006(5)：73～80.

[127] 赵波平，孔令斌. 城市交通——中国面临的挑战 [J]. 城市规划，1999(3)：46～51.

[128] 徐循初. 我国 10 年来城市交通规划的发展 [J]. 城市规划汇刊，1991(3)：41～45.

[129] 徐洁，林军. 六本木山——城市再开发综合商业项目 [J]. 时代建筑，2005(2)：70～81.

[130] 李书音，张凡. 城市公共空间的复兴——新加坡克拉码头 [J]. 时代建筑，2007(1)：68～73.

[131] 张鸿武. 创新融合动态场景——同济大学教学科研综合楼设计 [J]. 建筑学报，2005(9)：42～44.

[132] 黄文菁. 何新城访谈——D 轨：一个为显著缩小城市网络而进行的大胆尝试 [J]. 世界建筑，2007(8)：111.

[133] 刘宛. 总体策划——城市设计实践过程的全面保障 [J]. 城市规划，2004(7)：59～63.

[134] 乌尔夫·迈尔. 双层表皮深度——环境友好的可持续建筑设计往往依赖于立面 [J]. 孙凌波译. 世界建筑，2008(4)：18～21.

[135] 李滨泉，李桂文. 在可持续发展的紧缩城市中对建筑密度的追寻——阅读 MVRDV [J]. 华中建筑，2005(02)：90～93.

[136] 朱喜钢，张晔. 概念规划：从宏观走向微观——南京市广州路科技街概念规划 [J]. 规划师，2005(03)：78.

[137] 陆臻. 城市居住综合体及其对城市空间结构的调整作用 [J]. 福建建

筑，2002(03)：22.
[138] 费移山，王建国. 高密度城市形态与城市交通——以香港城市发展为例 [J]. 新建筑，2004(05)：4～6.
[139] 陈海燕，贾倍思，S・Ganesan. "紧凑住区"——中国未来城郊住宅可持续发展方向? [J]. 建筑师，2004(02)：4～11.
[140] 杨军. 当代中国城市集合居住模式的重构 [J]. 建筑学报，2002，(12)：29～31.
[141] 邹经宇，张晖. 适合高人口密度的城市生态住区研究——关于香港模式的思考 [J]. 新建筑，2004(04)：51～54.
[142] (日)日野雅司，栃泽麻利. 李江译. 建外SOHO/混合型都市社区 [J]. 设计新潮，2004111(04)：62～73.
[143] 福斯特及合伙人事务所. 德累斯顿车站重建工程及马斯达开发项目 [J]. 城市建筑，2008(2)：36～41.
[144] 赵秀敏，葛坚. 城市公共空间规划与设计中的公众参与问题 [J]. 城市规划，2004(1)：69～72.
[145] 卢济威，陈泳. 推进地铁站地区体系化——上海市轨道交通10号线四川北路站地区城市设计 [J]. 建筑学报，2008(1)：29～33.
[146] 黄解军，潘和平，万幼川. 构建智能交通推动数字城市的发展 [J]. 城市规划汇刊，2002(3)：69～72.
[147] 龙元. 交往型规划与公众参与 [J]. 城市规划，2004(1)：73～77.
[148] 彭海东，尹稚. 政府的价值取向与行为动机分析——我国地方政府与城市规划制定 [J]. 城市规划，2008(4)：41～48.
[149] 沈杰，蔡强新，苟中华. 大城市更新改造工程与可持续发展——概析波士顿中央干道/隧道改建工程 [J]. 建筑学报，2008(5)：47～50.
[150] 盛志前，赵波平. 基于轨道交通换乘的枢纽交通设计方法研究 [J]. 2004(10)：87～90.
[151] 刘晓都，孟岩，王辉. 城市填空作为一种城市策略的都市造园计划 [J]. 时代建筑，2007(1)：22～31.
[152] 卓健. 速度・城市性・城市规划 [J]. 城市规划，2004(1)：86～92.
[153] 何卓恩. 关于交通的文化审视 [J]. 武汉交通管理干部学院学报，1999 (2)：30～34.
[154] 李林波，杨东援，能文. 大公共交通系统之构建 [J]. 城市规划学刊，2005(4)：72～75.
[155] 国务院. 优先发展城市公共交通的通知 [L]. 2005.
[156] Robert E. Lang. Edgeless cities：exploring the elusive metropolis. Brookings Press，Washington，D. C.，2003.
[157] George F. Thompson and Frederick R. Steiner. Ecological Design and Planning. John Wiley&Sons，Inc.，New York，1997.
[158] Chung Wah Nan. Contemporary Architecture in HongKong. HongKong：Joint Publishing(H. K)Co.，Ltd，1989.
[159] W. Boesiger. Le Corbusier1957—1965. London：Thames and Hudson，1965.
[160] Luis Rojo de Castro. Interview with Zaha Hadid Conversation 1995. El

Croquis 52+73 [I].

[161] Elizabeth Burton. The Potential of the Compact City for Promoting Social Equity. Achieving Sustainable Urban Form. E&FN Spon，2000.

[162] Stares，S. and Liu Z. (eds)，China's Urban Transport Development Strategy：Proceedings of a Symposium in Beijing. Washington，D. C.：The World Bank，1995.

[163] Liu，R. and Guan C.，Mode Biases of Urban Transportation Policies in China and Their Implications. Journal of Urban Planning and Development 2005，131(2)：58～60.

[164] E. Bacon. Design of Cities. Thomas and Hudson，1974.

[165] Rowe Colin，Koetter Fred. Collage City. Cambridge，Massachusetts：The MIT Press，1978.

[166] Rykwert Joseph，Louis Kahn. New York：Harry N. Abrams. Inc.，2001.

[167] EL croquis 86+111/MVRDV. EL croquis Editorial，2003.

[168] El Croquis. MVRDV/1991—2003. El Croquis editorial，2003.

[169] El Croquis. Amoma Rem Koolhaas 1996—2006. El Croquis editorial，2006.

[170] Arnstein，S. R.. A Ladder of Citizen Participation. Journal of American Institute of Planners. Vol. 35，No. 4，July 1969：216～224.

[171] Brian Richards. New Movement in Cities，12/6 UK Studio Vista Ltd，London，1966.

[172] http：//nj. house. sina. com. cn.

[173] http：//www. newurbannews. com.

[174] http：//www. gdchain. com. cn/News/newsdetail. asp? NewsID....

[175] http：//news. QQ. com 2008年01月08日22：24 解放日报 上海轨道交通进入网络化规模超越巴黎香港.

[176] http：//news. QQ. com 2008年01月19日10：40 新华网 长三角将新建10条铁路助推"同城化".

[177] http：//www. china. com. cn/city/txt/2007—04/13/content _ 8110999. htm.

[178] http：//www. nj35. com/News/content/2007/12/5527. html.

[179] http：//www. abbs. com. cn/bbs/post/view? bid=1&id=3828984&sty=1&tpg=4&ppg=3&age=－1＃3828984.

[180] www. gdchain. com. cn/News/newsdetail. asp? NewsID....

[181] http：//pop. pcpop. com/zpt/default. html? MainUrl 2008-01-25 10：07：38.

[182] http：//congrifang. blog. sohu. com/2007-10-07 23：36 enjoy the journey，enjoy the life.

[183] http：//www. static. chinavisual. com/storage/contents/2007/....

[184] http：//www. news. sohu. com/20070516/n250042478. shtml.

[185] http：//www. js. xinhuanet. com/.../16/content _ 10043591. htm.

[186] 维普资讯 http：//www. cqvip. com.

[187] http：//www. news. sohu. com/20070516/n250042478. shtml.

[188] http://www. china. com. cn/city/txt/2007-04/13/content _ 8110999. htm.